# 淮沂水系水资源调度研究

水利部淮河水利委员会　著

中国水利水电出版社
www.waterpub.com.cn
·北京·

# 内 容 提 要

本书是关于跨流域水资源调度的专著，分为上、下两篇。上篇阐述了国内外跨流域水资源调度的研究进展和调度实践，重点介绍淮河流域水资源调度研究实例，全面总结我国水资源调度取得的成效与经验，探讨了水资源调度的关键技术和发展趋势；下篇详细介绍研究区域水资源开发利用现状，深入分析淮沂水系丰枯遭遇的特点和规律，在此基础上提出淮沂水系水资源调度的基本思路与方法，研制出两湖水资源调度模型并开发了两湖水资源调度系统软件，基于两湖联合调度规则，制订了两湖水资源调度控制线并进行调度风险分析。

本书适合水资源管理工作者阅读，可供水文水资源、生态环境等相关领域的科研人员参考，也可供高等院校相关专业的师生参阅。

**图书在版编目（CIP）数据**

淮沂水系水资源调度研究 / 水利部淮河水利委员会
著. -- 北京 : 中国水利水电出版社，2018.7
ISBN 978-7-5170-6949-2

Ⅰ. ①淮… Ⅱ. ①水… Ⅲ. ①淮河流域－水资源管理
－研究 Ⅳ. ①TV882.8

中国版本图书馆CIP数据核字(2018)第223894号

审图号：GS（2018）1752 号

| 书　　　名 | **淮沂水系水资源调度研究** HUAIYI SHUIXI SHUIZIYUAN DIAODU YANJIU |
|---|---|
| 作　　　者 | 水利部淮河水利委员会　著 |
| 出 版 发 行 | 中国水利水电出版社 （北京市海淀区玉渊潭南路 1 号 D 座　100038） 网址：www.waterpub.com.cn E-mail：sales@waterpub.com.cn 电话：(010) 68367658（营销中心） |
| 经　　　售 | 北京科水图书销售中心（零售） 电话：(010) 88383994、63202643、68545874 全国各地新华书店和相关出版物销售网点 |
| 排　　　版 | 中国水利水电出版社微机排版中心 |
| 印　　　刷 | 北京合众伟业印刷有限公司 |
| 规　　　格 | 184mm×260mm　16 开本　14.5 印张　344 千字 |
| 版　　　次 | 2018 年 7 月第 1 版　2018 年 7 月第 1 次印刷 |
| 印　　　数 | 0001—1000 册 |
| 定　　　价 | **66.00 元** |

# 《淮沂水系水资源调度研究》
## 编 写 组

主　　编：苗建中

副 主 编：徐邦斌

编写人员：苗建中　徐邦斌　杨朝晖

　　　　　詹同涛　王启猛

# 前言

## FOREWORD

随着经济社会的快速发展和人口的不断增长，人类对水资源需求量越来越大，水资源供需矛盾日趋突出。我国水资源时空分布不均，尤其是北方地区普遍存在水资源供给不足、水生态环境恶化的状况，水资源短缺已成为制约我国经济社会可持续发展的"瓶颈"。解决这一问题的"良方"就是要通过开展水资源优化调度来实现水资源合理配置，提高水资源承载能力，满足经济社会发展对水资源的需求，以水资源的可持续利用支撑经济社会的可持续发展。实施水资源统一调度是《中华人民共和国水法》确立的水资源管理重要制度，是落实最严格水资源管理制度，合理配置和有效保护水资源，加强水生态文明建设的关键措施，是落实用水总量控制指标和江河流域水量分配方案的一项重要措施，也是当前和今后一个时期水利工作的一项重要任务。

跨流域调水是在两个或两个以上的流域系统之间通过调剂水量余缺所进行的水资源开发利用，是通过工程措施将一个流域的水调至另一个流域，它是解决水资源时空分布不均的一条有效途径，有助于促进水资源的合理配置和高效利用。洪泽湖、骆马湖分别是淮河流域淮河水系和沂沭泗水系的两大湖泊，由于降水时空分布不均，两大水系存在丰枯遭遇不同步的情况。为充分利用淮河水系与沂沭泗水系水资源量，缓解淮河流域水资源供需矛盾，实现两湖水资源优化配置和丰枯调剂，增强流域抗旱减灾能力，提高所在区域的水资源承载能力，合理实施两大水系的水资源互调是十分必要的。为此，淮河水利委员会组织天津大学、中水淮河规划设计研究有限公司分别开展了淮沂水系骆马湖与洪泽湖水资源联合调度模型研究及淮沂水系水资源调度方案编制工作。本书以这两项技术成果为基础，全面总结国内外水资源调度工作取得的成功经验，结合近年来开展的引沂济淮、南四湖生态补水等调水实践，同时也参阅了国内外相关领域水资源调度研究成果，对淮沂水系水资源调度方法、调度模型和调度方案进行了深入研究。

跨流域水资源调度是一项复杂的系统工程，涉及面广、影响因素多、学科交叉性强。跨流域水资源调度是在本流域年度水资源配置不足或难以有效调配的情况下，考虑相邻流域水资源情势和调水条件，进而相机进行的水资源调度。分析并制订两湖系统水资源联合调度规则与水资源调度控制线是本书研究需要解决的关键技术问题。本书在国内外水资源优化配置研究的基础上，充分考虑两湖水系相互连通的实际情况，基于淮沂水系丰枯遭遇特性分析，通过构建两湖水资源优化配置与调度模型，科学拟定两湖水资源调度控制线，进而制订淮沂水系水资源调度方案，并进行实例验证，所提出的跨水系水资源调度技术与方法为开展淮沂水系丰枯不同步年份水资源调度工作提供了技术依据。研制两湖水资源优化调度耦联模型系统是编制淮沂水系水资源调度方案的核心内容，为跨水系多目标水资源优化配置和联合调度提供了全新的技术思路和方法。系统开发过程中采用了 GIS、数据库和数据流交互控制等信息技术，实现了两湖水资源互调与优化配置、存储与共享等系统复杂功能的高度融合和综合集成，为两湖水资源优化调度耦联模型系统的推广应用提供了条件。淮沂水系水资源联合调度可实现水资源余缺互补，缓解两水系水资源供需矛盾，促进水资源合理配置，提高其抗旱减灾能力。本书研究成果为淮河流域更大范围、更高程度的水资源联合调度奠定了基础，研究思路与成果可为开展类似问题的研究提供经验借鉴。

全书分上下两部分，上篇是水资源调度的理论与实践，下篇是淮沂水系水资源调度模型研究与应用。编写人员及编写分工如下：前言由苗建中编写，第 1 章由徐邦斌、王启猛编写，第 2、第 4 章由苗建中、王启猛编写，第 3 章由徐邦斌、詹同涛编写，第 5、第 6 章由杨朝晖、徐邦斌编写，第 7～9 章由詹同涛、杨朝晖编写，第 10 章由苗建中编写。全书由苗建中、徐邦斌负责统稿。

本书凝聚了课题组人员的辛勤劳动，在编写过程中也参阅和引用了有关资料成果，还曾得到有关领导、专家及同行的支持和帮助，在此谨表真诚的谢意！限于作者对水资源调度的认识、理论和管理实践水平，书中难免存在疏漏或不足之处，敬请广大读者批评指正。

编者

2018 年 5 月

# 目录

CONTENTS

下篇　淮沂水系水资源调度模型研究与应用

# 上篇

# 水资源调度的理论与实践

# 第1章

# 水资源调度研究综述

## 1.1 水资源调度概念

水资源调度是水资源管理工作的重要内容之一，是实现流域或区域水资源合理配置、充分发挥水资源利用综合效益的有效措施，是协调流域或区域内部用水矛盾，落实江河流域水量分配方案并配置到具体用水户的管理过程。目前，水资源调度概念还没有确切的定义，一般常用的是水量调度或水利调度，有的也以水库调度来代替，但水资源调度是一个宏观概念，涵盖的内容极为广泛，而水量调度、水利调度、水库调度则主要指具体的调度内容，应属于水资源调度的范畴之内。本书所称水资源调度（通常也称水量调度），是指在保证系统内水利工程安全的前提下，依据水利工程的运用规划和调度规则，以尽可能满足用水需求为目标，制定水利工程对各用水户供水策略的一种控制运用技术。

水资源调度通常需要综合考虑防洪、供水、灌溉、发电、生态、航运、旅游等多种效益，是典型的多目标群决策问题，其研究涉及气象学、水资源学、水力学、经济学、水生态、水环境、管理科学等多个领域的知识，具有很强的学科交叉性。水资源调度涉及地区多、范围广、距离长，各地区的来水情势和需水情况季节性变化大且存在一定的不确定性，流域及地区间水事关系复杂，调水方式形式多样，水资源调度的目标与人类社会的发展及其对水资源开发利用的实际需求密切相关。

随着科学技术和调度实践的发展，人类对于水资源调度的认识和理解也在不断深化。水资源调度的范围从小区域逐步发展到大流域，甚至是跨流域，水资源调度的模式从传统的"以需定供"和"以供定需"模式发展到现在综合考虑供需的"可持续发展"模式，水资源调度的目标从最初简单的水量分配到目前协调考虑流域和区域经济、环境和生态各方面需求进行有效的水量宏观调控，系统科学、控制科学、信息科学中的先进理论、方法和技术逐步应用到传统的水资源调度研究中来，不同学科的交汇更加紧密，水资源调度的方法也更加复杂和先进，水资源调度研究日益受到重视。

## 1.2 水资源调度类型

水资源调度涵盖的内容极为广泛，可以按照不同的标准分为多种类型。

从空间范围来看，水资源调度既可以针对单个或多个水利工程，也可以是区域，甚至是整个流域或者跨流域，可以是干流也可以是支流。

从时间尺度来看，水资源调度可划分为长期、短期和实时调度。长期调度的主要任务是根据整个调度期（多年、年、季）调度区域整体的水资源状况，将有限的水量合理分配到各个子区域和各个较短的时段（月、旬、周），制订出各个水利工程的长期调度计划及各个子区域长期的水资源分配方案；短期（月、旬、周）调度的主要任务是结合最新的来水和需水情势，将长期调度计划分配给本时段的水量在其中更短时段（日、小时）间合理分配，制订出各个水利工程的短期调度计划及各个子区域短期的水资源分配方案；实时调度的主要任务是进行实时操作控制，落实短期的调度方案。

按照调度方法划分，水资源调度可分为常规调度和优化调度。常规调度是以历史的实测资料为依据，利用传统的水文学、水力学和径流调节的基本理论，研究调度方式、调度规则，绘制调度图，编制调度规程。该方法具有简单、直观、可靠的优点，但难以处理多目标、多约束、复杂的水利调度问题，调度结果不一定最优。优化调度是以系统工程学为理论基础，利用现代计算机技术和最优化技术，以一定的最优目标为调度准则，充分利用水库的调节能力，对来水量进行时间和空间的再分配，在满足需水条件及约束条件下获得更大的综合效益。它是一种通过建立水资源系统调度的数学模型，然后用最优化方法求解由目标函数和约束条件组成的系统方程组，使目标函数取得极值的控制运用方式。在早期阶段，水资源调度尤其是水库调度多采用常规调度，目前多采用优化调度。

从调度对象来看，既可以是单一水源，也可以是几类水源的联合调度，还可以是水量水质联合调度。

从调度目标来看，可分为防洪调度、兴利调度、生态调度、发电调度、航运调度、泥沙调度以及综合调度。

从调度任务来看，又可分为正常调度和应急调度。

水资源调度分类见表 1.2-1。

**表 1.2-1** 水 资 源 调 度 分 类

| 分类原则 | 调 度 类 型 |
| --- | --- |
| 空间尺度 | 水利工程、区域、流域、跨流域、干流、支流 |
| 时间范围 | 长期调度、短期调度、实时调度 |
| 调度任务 | 正常调度、应急调度 |
| 调度方法 | 常规调度、优化调度 |
| 调度对象 | 单水源、多水源、全水源 |
| 调度目标 | 防洪调度、兴利调度、生态调度、发电调度、航运调度、泥沙调度及综合调度 |

# 1.3 水资源调度特点

水资源调度通常具有下述特点。

（1）多目标：调度目标向防洪、供水、灌溉、发电、养殖、旅游、航运及改善生态环境等方面综合利用的多目标方向发展，特别强调水资源配置、节约和保护，注重人与自然和谐相处。

（2）多时段：包括多个连续调度时段，当前调度决策不仅影响面临时段的调度效益，而且对余留期的调度产生直接影响。水资源调度是一个随时间变化而不断调整的动态过程。

（3）多利益主体：涉及地区多、范围广、距离长，上下游、左右岸、不同流域和行政区、不同行业、城市和农村等各类不同利益主体之间存在复杂的水事关系，用水竞争性强。

（4）多不确定性：在高强度人类活动作用下，流域水循环及其伴生的水环境、水生态过程呈现出越来越明显的"自然-人工"二元特性。受水文风险、经济风险、工程风险、技术风险、政策风险等多类风险的影响，水资源调度呈现出多重不确定性。

（5）多决策者：水资源调度决策涉及国家、流域机构、地方政府、工程管理单位及用水户等不同层次的决策者，各类决策者通过群决策制订调度方案。

## 1.4　水资源调度方法

### 1.4.1　常规方法

常规调度方法是根据各类水文水资源资料，计算和确定水资源调度规则，并以此指导水资源调度实践。水资源调度的常规方法是以调度准则为依据，利用径流调节理论和水能计算方法，并借助于水库的抗洪能力图、防洪调度图等经验性图表实施防洪调度操作，是一种半经验、半理论的水库调度方法，包括时历法和统计法。1926年，莫洛佐夫提出水电站水库调节的概念，其后逐步发展形成以水库调度图为指南的水库调度方法，这种方法一直沿用至今。但常规方法存在着经验性且不能考虑预报，调度结果也不一定最优，所以一般只适用于中小型水库群的防洪联合调度。常态化调度的优点在于简单易操作，但是由于水资源的来量不可控性，尤其在复杂的水网系统调度当中，往往很难实现调度目的。

### 1.4.2　数学规划法

优化调度是运用系统工程理论和最优化技术，借助计算机寻求最优准则达到极值的最优运行策略及相应决策。传统的优化方法主要有牛顿法、共轭梯度法、变尺度算法、单纯形法、模式搜索法、方向加速法和罗森布郎克法等，这些是与初始点有关的优化方法。优化问题的求解是在优化问题的可行解空间进行有效搜索，进而找出其最优解。按照搜索策略不同，传统方法可分为枚举法、导数法、直接法、随机法四类。

传统优化方法常常是找出初始点附近的一个极值点，至于它是否为全局极值点，在多数情况下不得而知。但在实际优化过程中，常常希望找到给定条件下的全局最优极值点，而求全局极值的方法本质上是一种试探性搜索方法。至于全局极值点在可行域 $D$ 中确切位置事先并不知道，而是通过构造序列 $\{x_n\}$ 来估计，这必然要求 $\{x_n\}$ 在 $D$ 中分布均匀且有一定的密度。为满足 $\{x_n\}$ 在 $D$ 中分布均匀，同时为了提高解的精度，势必在极值点附近加密投点，这就导致了在 $D$ 中盲目加密了投点，使得运算量加大。

20世纪50年代以来，随着系统工程的迅速发展与广泛应用，系统分析方法被引入到水资源优化调度研究中来，一般可分为数学规划及概率模型两大类。数学规划是系统分析中广泛应用的数学方法，它研究一定数量的各种资源、物品、人力应怎样使用，才能发挥最大的作用、产生最佳的效果；或者是对于一个规定的任务，怎样用最少的资源、物品、人力去完成，其使用的数学语言是在一组约束条件下寻求目标函数的最大值或最小值。数学规划包括线性规划、非线性规划、动态规划、多目标优化方法及网络技术等；概率模型考虑事态发生的不确定性，包括排队论、马尔可夫决策过程、系统可靠性分析等。以下重点介绍在水资源系统分析中最常用的几种数学规划方法。

1. 线性规划

线性规划（Linear Programming，LP）是数学规划的一个重要分支，用于分析线性约束条件下目标函数的最优化问题，其特点是目标函数及约束条件的数学形式均为线性。线性规划是用来处理在线性等式及不等式组的约束条件下，求线性函数极值问题的方法。1939年，法国数学家傅立叶提出了线性规划的想法；1947年，美国数学家丹捷格提出了一般线性规划问题求解的方法——单纯形法之后，线性规划在理论上趋于成熟，目前已经有比较成熟、通用的求解方法及程序。

在国内，1983年，李寿声等人根据我国灌区实际情况，首先采用美国哈佛大学史密斯教授灌溉模型，并作了修正，拟定了水资源联合运用的线性规划模型。王厥谋建立了丹江口水库线性规划模型，考虑了河道洪水变形和区间补偿问题。都金康等人提出了并联水库群洪水调度模型，利用线性规划法求解。王栋等人建立了淮河流域混联水库群最大防洪安全保证的线性规划模型。

2. 非线性规划

非线性规划（Nonlinear Programming）是20世纪50年代才开始形成的一门新兴学科。一般来说，非线性关系是普遍存在的，线性关系只是非线性关系的一种特殊情况或在一定条件下的近似。非线性规划是具有非线性约束条件或目标函数的数学规划，用非线性规划模型来描述一些实际问题能更准确地反映变量之间的关系。非线性规划是用来解决约束条件或目标函数中存在非线性函数的问题，它能有效处理许多其他数学方法不能处理的不可分目标函数和非线性约束优化问题。由于非线性规划模型中的目标函数或约束条件是非线性的，其计算过程比较复杂，优化过程较慢，目前还没有可行的解法和程序，通常将非线性问题转化为线性问题求解，或与其他方法结合。

从变量多少来看，非线性规划可分为单变量（一维）问题、多变量（多维）问题两类。从约束条件来看，非线性规划可分为无约束极值问题和有约束极值问题两类。与线性规划相比，非线性规划具有以下几个特点。

（1）目标函数或约束条件至少有一个为非线性函数。

（2）非线性规划可以无约束，即对非线性函数求无条件极值，而线性规划的无约束极值不存在。

（3）非线性规划最优解可能在可行域的边界或内部，而线性规划的可行解一定在可行域的顶点上。

（4）线性规划最多有一个最优目标函数值，而非线性规划的极值可能不止一个（存在多种最优解时目标函数值相同），存在局部极值与全局极值。

（5）线性规划有标准的模型和算法，而非线性规划有多种算法，但各种算法都有一定的适用范围。

非线性规划在工程、管理、经济、科研、军事等领域都有广泛的应用，为最优设计提供了有力的工具，它在水资源优化配置与调度研究中也得到较好应用。Under 等人利用非线性规划理论和洪水演算原理，提出了实时调度优化模型及其算法。罗强等人建立了水库群系统的非线性网络流规划法，并提出了逐次线性化与逆境法相结合的求解方法。李寿声、沈佩君、郭元裕等人用线性规划、非线性规划研究水资源系统优化调度问题，取得了不少成果。

3. 动态规划

20 世纪 50 年代初，美国数学家 R. E. Bellman 等人在研究多阶段决策过程（Multistep Decision Process）的优化问题时，提出了著名的最优化原理（Principle of Optimality），把多阶段过程转化为一系列单阶段问题，利用各阶段之间的关系逐个求解，创立了解决这类过程优化问题的新方法——动态规划（Dynamic Programming，DP）。动态规划是最优化技术中一种适用范围很广、解决多阶段决策过程最优化的一种数学方法，其基本思路是根据多阶段决策问题的特点，把多阶段决策问题变换为一系列互相联系的单阶段决策问题，然后逐个加以解决，以求得整个系统的最优决策方案。动态规划又可分为确定性动态规划法和随机性动态规划法两大类。

当一个系统含有时间变量或与时间有关的变量，且其现时的状态与过去和未来的状态有关联时，这个系统就成为动态系统。动态规划的优化问题是一个与"时间过程"有关的优化问题。在寻求动态系统的最优状态与决策时，不能只从某个时刻着眼，得到一个状态和决策的优化结果就算完结，而是在某一段时期内，连续不断地多次决策，得到一系列的最优状态与决策，使得系统在整改过程中，由这一系列决策造成的总的效果为最优。动态规划的模型由三部分组成，即目标函数、各阶段状态、决策需要满足的约束条件和系统方程。动态规划模型的求解还必须构造动态规划的基本方程，以反映在多阶段决策过程中相邻阶段的递推关系。动态规划模型的求解是以基本方程为基础进行的，该方程把一个复杂的 $N$ 多阶段优化问题转化为 $N$ 个相互关联的单阶段优化问题。动态规划求解方法有逆序法和顺序法两种，最常用的方法是逆序法。

动态规划问世以来，它在经济管理、生产调度、工程技术和最优控制等领域得到了广泛应用，它在水资源系统分析与调度管理中也得到了较多应用。水资源的分配调度可概化为多阶段的决策过程，从而用动态规划法进行求解。水库优化调度问题也是一个典型的多阶段决策过程，一般按照一定的要求将调度期划分为若干个阶段，通过对下泄水量的合理调控使整个调度期内的总效益（如发电、供水等）达到最大。

在国内，吴沧浦于 1960 年首次提出了年调节水库的最优运用 DP 模型。谭维炎、施熙灿、林学钮等人在地表水与地下水的联合管理中，运用动态规划法进行了大量的优化调度研究。1992 年，唐德善以黄河中游某灌区为例，运用递阶动态规划法确定了水资源量在工业和农业之间的分配比例。虞锦江等人基于最可能洪水概念提出了水电站水库洪水优化控制模型。李文家等人以下游超过设防标准洪水最小的原则，建立了 3 个水库联合调度防御下游洪水的动态规划模型。付湘等人利用该方法建立了一个多维动态规划单目标模型进行防洪调度。动态规划在水资源优化调度中显示了巨大的优越性。

4. 多目标优化技术

多目标规划的概念是 1961 年由美国数学家查尔斯和库柏首先提出的，它是数学规划的一个分支，研究多于一个的目标函数在给定区域上的最优化问题，又称多目标最优化（Multi - Objective Programming，MOP）。与单目标模型不同，多目标规划的目标函数为多个，构成一个向量最优化问题。多目标规划的目标之间是不可公度的，各目标也可能是相互矛盾的，一般不存在最优解。多目标性是多目标问题的基本特征。在单目标规划中，可以通过比较目标函数值的大小来确定可行解的优劣，而在多目标规划中一般不存在绝对的最优解，决策者往往只能根据自己的偏好从多个有效解中选择出其中之一作为最后的满意解。

水资源优化调度模型一旦建立，从数学角度来讲，实质上优化调度模型就转化为求解满足特定约束条件下的多目标优化问题。求解多目标规划的方法大体上有以下几种：一种是化多为少的方法，即把多目标化为比较容易求解的单目标或双目标，如主要目标法、线性加权法、理想点法等；另一种是分层序列法，即把目标按其重要性给出一个序列，每次都在前一目标最优解集内求下一个目标最优解，直到求出共同的最优解。对多目标的线性规划问题，除以上方法外还可以适当修正单纯形法来求解。多目标规划的解法又可分为直接法和间接法两种。直接法是针对规划本身直接求出有效解，目前只研究几种特殊类型的多目标规划问题的直接解法，包括单变量多目标规划方法、线性多目标规划方法及可行域有限时的优序法等；间接法是根据问题的实际背景，将多目标问题转化为单目标问题，然后再用相应的方法来求解。

多目标优化技术在理论上还在不断完善，其应用领域也越来越广泛，目前已应用到工程技术、环境、经济、管理等领域。在区域水资源开发利用中经常会遇到多目标问题。一个具体的水利工程可以有防洪、发电、灌溉、供水、航运、旅游等多种功能，相应的各种需要一般不能用统一的经济指标来描述；而在区域、流域、跨流域的水资源规划中，除了经济指标外还要考虑社会发展、生态、环境等方面要求。水资源调度通常要兼顾防洪、灌溉、发电等多方面效益，这就决定了流域水资源调度的多目标特点，因而多目标优化法的引入势在必行。董子敖等人提出了计入径流时空相关关系的多目标、多层次优化法。吴保生等人提出了并联防洪系统优化调度的多阶段逐次优化算法，成功地解决了河道水流的滞后影响。杨侃等人应用多目标和大系统分解协调方法对串联水库群水量宏观优化调度问题进行分析和研究，建立了基于多目标分析的库群系统分解协调宏观决策模型。多目标分析法可考虑不可公度目标的组合以及更多的实际影响因素，可明晰获得权衡系数，因而有着更大的实用性。

### 1.4.3 系统模拟法

1. 系统模拟法的基本内容

由于水资源系统的复杂性及其管理目标的不可公度性，数学规划法（如 LP、DP 方法等）并非完全实用，而模拟技术通过在模型计算中嵌入人的经验与判断，实现定性与定量相结合，因而不失为研究复杂水资源系统规划管理决策问题的一种有效工具。对于一些复杂的水资源系统，系统优化方法的应用会受到一定限制，如有些问题可能难以建立优化模型，建立的优化模型可能由于简化而不能反映系统的一些基本特征，建立的优化模型难以求解等。这时可以考虑建立水资源系统模拟模型，模拟不同方案下的水资源系统状态的动态变化特性及相应的效应（效益或损失）。模拟是利用数学关系式描述系统参数和变量之间的数学关系，详细地描述系统的物理特征和经济特征，并在模型中融入决策者的经验和判断。但模拟技术不能直接得出最优方案，需要在模拟的基础上利用一定的优选方法或评价方法得到最优或满意的方案。

模拟有不同形式，包括物理模拟（如水工模型试验）、数学模拟等，系统模拟一般是指数学模拟。根据研究目的建立反映系统的结构、行为和功能的数学模型，通过计算机对模型进行求解，得到所模拟系统的有关特性，为系统预测、决策等提供依据。系统模拟的主要类型有蒙特卡洛模型模拟、连续时间过程模拟、离散时间过程模拟、离散事件模拟等。在水资源系统分析中应用最多的是离散时间过程模拟，即将系统的动态变化划分为一系列离散阶段，用一组差分方程来描述系统状态的变化，通过差分方程的求解进行系统的动态模拟。在确定性模拟中，系统的状态和输入都是确定的；而在随机性模拟中，需要考虑系统状态与输入的随机性，以随机模拟序列作为系统的输入进行系统模拟。蒙特卡洛法也称随机模拟法、随机抽样技术或统计计算方法，其基本思想是利用一系列随机数来模拟随机变量的概率分布，采用反复抽样的方法产生多组随机数作为系统输入，并分析不同输入下系统的模拟结果，从而为系统决策提供依据或对系统决策进行检验。蒙特卡洛法的优点是简单，可用于解决复杂问题，对函数性质没有特别要求（不要求函数连续、可微等），其缺点是计算量大，精度不高，主要用于难以用数学方法和传统试验方法解决的问题。

要作出合理的最优决策，必须进行一系列的模拟工作，模拟技术包括以下基本内容。

（1）针对真实水资源系统所要研究的目的，将系统转换为数学模型，即进行水资源系统的模型化，将水资源系统的内在运动规律以若干数学模型表示，称为水资源系统的模拟模型。

（2）利用计算机对模拟模型进行有计划、有步骤的多次模拟运行或称模型试验。

（3）通过一定的优选技术，分析每次模拟运行的特性，从而为水资源系统提供优化决策。

对于不同的系统，模拟的内容和顺序也有所不同。一般来说，系统模拟包括明确模拟对象、建立系统模拟模型、进行模拟实验、方案优选等几个部分，以下为具体模拟顺序。

（1）明确模拟对象。根据系统模拟的目的，分析系统的结构与功能，确定需要进行模拟的系统行为和功能。

（2）资料的收集与整理。收集并整理与水资源系统模拟有关的资料，如社会经济资料、水文气象资料、水利工程资料、供用水资料等。

（3）建立系统模拟模型。根据分析确定系统状态变量、输入、输出、目标、约束等，建立系统模拟模型，并根据有关资料确定模型参数。

（4）模型模拟。在模拟模型的基础上，利用计算机语言实现对系统的模拟，模型程序可以采用通用的语言，也可以采用专门的系统仿真语言。

（5）模型检验。将历史资料作为输入，进行协调模拟，把模拟结果与实际结果相比较，以检验模型能否模拟实际系统的行为与功能，必要时需要对参数进行一定的调整。

（6）方案的优选与评价。利用检验后的模型对不同方案下系统状态变化进行模拟，按照一定的方法进行方案优选，或按照一定的方法对若干设定的方案进行评价，找出最优或满意的方案供决策参考。

模拟方法是在严格遵循事先给定的一系列系统运行规则的基础上，采用设定的工程调度方式、设置合理的工程分水参数以及其他各类参数控制，分析计算在多水源、多用户、多工程的水资源调度中存在的复杂的调节计算问题。模型建立具有一定的透明度和可控性，方法简单，运算速度快，易于理解调算，便于人工经验干预。模拟模型是以概化的网络图为基础，通过规则的方式描述各基本元素的运行调度方式与相互之间的关系，实现整个系统的模拟。所谓规则，主要是指水源利用优先顺序，用水户需水满足顺序，河流、水库湖泊、地下水含水层、污水处理回用、外调水使用等各种水源调度的供水规则等。在系统模拟中，各类点、线、面的水量平衡关系为分析计算的基础。点元素包括水利工程节点、分水汇水节点、河渠控制断面等，其水量平衡关系为流入、流出和蓄变量的平衡；线元素包括地表水输水河道、渠道、管道、弃水、污水排放线路，跨流域调水的输水线路等，其水量平衡关系为取水量、弃水量、损失水量和受水量之间的平衡；面元素包括概化的用水计算单元，其水量平衡关系为进入单元水量、单元消耗水量和排除单元水量的平衡。

水资源调度系统中的水源可划分为计算单元内部和跨单元间联合分配两种情形。第一种情形包括当地地表径流、浅层和深层地下水等水源的利用与分配，这类水源通常只对所在计算单元内部各类用水户进行供水，不能跨单元使用；第二种情形包括大江大河、大型水库、外流域调水等水源的利用、分配与输送，这类水源可为多个计算单元所使用，其水量的传递和利用关系由系统网络图传输线路确定，根据系统制订的运行规则，将水量合理分配到相关单元。此外，在计算过程中应充分考虑各类水源、计算单元之间存在的相互影响关系。

**2. 系统模拟法的主要应用**

系统模拟在水资源系统的规划设计与运行管理等方面得到广泛应用。在国外，水资源系统模拟始于 20 世纪 50 年代，美国陆军工程师兵团以整个系统的发电量最大为目标，模拟了密西西比河支流上 6 座水库的联合调度。20 世纪 60 年代初，美国哈佛大学水规划小组首先采用数学模拟方法，解决地表水与地下水的联合运用问题。1972 年，Young 和 Bredhoeft 提出了一个模拟模型，这个模型由两个子模型组成，即水文模型和经济模型。在国内，从 20 世纪 80 年代开始，袁宏源、马文正等人利用模拟技术建立了一些调度模拟模型，与原来的线性规划模型相比，根据原有渠系和水文地质条件将子区分得更小、更合理；计算时段以较短时段为单位，并按长系列历史资料进行模拟运行，这样计算出的结果，要比用典型年和多年平均资料计算的结果更准确，并能反映多种系统状态的变化。雷声隆等人针对南水北调东线工程的水库调度问题，提出了自优化模拟模型与技术，使得水库调度在模拟迭代过程中实现自优化。李会安等人利用自优化模拟技术建立了黄河干流上游梯级水量实时调度自优化模拟模型。钟平安等人针对滨海地区水资源系统的特点，以加权相对总缺水深度最小和系统供水总成本最小为目标，建立了平原河网、平原水库群和远距离调水工程体系的水资源多目标优化调度模型。

### 3. 系统模拟法与优化方法比较

长期以来，模拟法并不能像数学规划法一样在满足所有约束条件下寻求使系统达到最优状态的最优策略，只能对一定的输入包括决策规则作出响应，以便于决策者了解系统对不同决策情况下的反应。这种无限制的计算方法势必会使模拟技术的广泛应用受到限制。近年来，人们开始寻找模拟的优化功能以克服模拟技术计算量大的不足。目前，大多数模型与方法都是将数学规划模型嵌入模拟模型，以实现模拟模型在一定程度上的优化功能，其结果是模拟与优化技术问题的差别模糊化了。

模拟技术和优化技术是水资源系统分析中的两种不同方法，它们各有特点，适用于求解不同类型的问题。在有些情况下可以将二者配合使用，从不同侧面对问题进行分析和研究。模拟技术和优化技术都需要先将水资源系统抽象为一定的数学模型，即模拟模型和优化模型，模拟是优化的基础。

优化方法通常是把基本的需水要求，如生活需水、最小生态需水作为约束条件首先满足，然后采用缺水量最小或经济效益最大等目标函数进行优化，以实现水资源系统优化调度应解决的两个问题，即如何建立优化调度数学模型和如何选择求解这种数学模型的最优化方法。前者包括确定目标函数和相应的约束条件，后者是指如何选择适宜的最优化方法，如线性规划、整数规划、非线性规划、动态规划、多目标规划、网络技术等，不同的规划对模型都有一些具体要求。对于单目标问题可以利用相应的优化方法求得最优解，而对于多目标问题可以得到若干有效解供决策参考。若优化模型能够反映系统的实际情况，则优化方法应该是首先考虑的方法。但对于复杂的水资源系统，有些问题可能难以建立优化模型或者建立优化模型后难以求解。

模拟技术受到模型的限制较小，可以对复杂的系统进行模拟，得出系统的状态变化及效果。但模拟技术很难找到最优解或有效解，一般只是找到满足约束条件的一些可行解。因此，模拟技术需要与一定的优化技术（如非线性规划中的搜索技术）相结合，以找出最优解或近似最优解。

总之，模拟方法和优化方法各有优缺点，需要根据具体问题来选择一种合适的方法，或将二者配合使用。一般来说，优化方法多用于初步筛选方案，然后对经过筛选的方案进行模拟分析，以深入了解系统的状态变化，对方案作进一步的评价和改进。

## 1.4.4　大系统分解协调技术

### 1. 大系统理论及其优化策略

随着科学技术和生产实践的发展，自 20 世纪 70 年代开始，关于大系统理论及应用的研究逐渐形成了一个专门领域。它综合和发展了近代控制理论、数学规划和决策论等方面的成果，不仅把复杂的工程技术系统作为研究对象，而且已扩展到社会经济系统和生态环境系统之中。目前，还没有一个公认的关于大系统的定义，但它至少应有以下两个特征：一是大系统的维数非常大，以致于用常规的计算方法很难进行有效的计算；二是大系统的结构复杂，通常由互相关联的子系统组成，由此产生了与常规系统的一个根本不同，即在许多情况下，系统由于缺乏集中信息而不再保持集中性。一般而言，大系统通常是指规模庞大、结构复杂的各种工程或非工程的系统，具有规模大、复杂、混合、随机等特点，用一般的优化理论和计算方法很难解决其优化问题。但是按照大系统的特性，把整个系统分解为几个子系统，根据整个系统的最优目标与各个子系统的关系，最优分配指标，并以此控制各个子系统，就可以使整个系统达到最优化。

大系统优化策略可分三类：递阶优化、分散控制、主从方法。它们都是以分解协调的概念为基础，即通过适当的途径把一个大系统划分成互相关联的子系统，由于各自协调过程中信息的交换方式不同而形成了各自的区别。大系统优化的两个基本概念是分解和协调。大系统的分解或划分常带有一定的主观成分，需要工作人员有丰富的经验。与分解对应的另一概念是协调，这是由于把一个大系统分解成相对较小的几个子系统，子系统之间的联系必须通过适当的途径来反映，以达到整体系统的最优。协调有各种方式，随问题性质不同而改变，如何根据问题的特点选择合适的协调算法也是一项十分重要的工作。分解协调技术作为一种优化控制策略，其优点是明显的，既降低计算机存储容量又减少计算时间，使系统可控性变得更加灵活，易于处理。

从系统的观点来看，大型水资源系统的复杂性主要体现在系统输入的复杂性、系统结构的复杂性和系统功能的复杂性这三个方面。系统输入的复杂性主要是指地表径流和地下径流有着难以预测的变化。系统结构的复杂性有两方面的含义：管理机构的层次性和工程布设的层次性。一个大区域的水资源管理机构通常包含几个下属子机构，他们之间具有上下级关系。工程布设的层次性是指在什么时间和什么地点，建立多大规模的水资源工程，以及如何利用它们在时间上和空间上对径流进行再分配。系统功能的复杂性主要是指水资源的开发利用涉及国计民生和生态环境等综合领域，具有发电、灌溉、航运、供水、防洪、除涝等作用。因此，大型水资源系统的这些特点必然使水资源的规划与管理工作更加复杂。

跨流域调水属于复杂的大型水资源系统，解决这类大系统多目标决策问题，多采用优化与模拟相结合的方法。大系统多目标分解方法在跨流域调水研究中得到广泛应用，国内许多学者也做了大量研究，邵东国等人曾对大系统多目标递阶结构模型与方法、大系统多目标混合模型与方法、大系统自优化模拟调度决策理论与方法、大系统多目标多层次分解协调模型与方法进行了研究，以下对其内容作简要介绍。

**2. 大系统多目标递阶结构模型与方法**

大型水资源系统的决策问题通常具有递阶形式，大体可分成三类：第一类是上下级具有相同目标的单目标递阶，这是一种最简单的递阶，实际问题很少是这种情形，通常是对多目标决策问题进行简化而得到的；第二类是上下级具有相同目标的多目标递阶，这是一种比较多见的递阶，具有强烈的集中性，下级绝对服从上级，上级对下级起指导作用，目前对这类递阶还没有有效的解法；第三类是上下级具有不同目标的多目标递阶，这是最一般形式的递阶，由于上级的目标必须通过下级来实现，从而下级必须含有上级的目标，但上级给下级一定的自主权，下级可以拥有自己不受上级控制的目标，目前对这类递阶的研究很少。

（1）大系统分解协调模型与方法。大系统分解协调方法的基本思想是将复杂的大系统分解为若干个相对独立的简单子系统，形成递阶结构形式，以便应用现有的优化方法实现各子系统的局部最优，然后再根据大系统的总目标，使各子系统相互协调配合，实现整个大系统的全局最优。同一般优化法相比，大系统分解协调方法具有简化复杂性，减小工作量、避免维数灾等优点。张勇传利用大系统分解协调技术对两个并联水电站水库的联合优化调度问题进行了研究，引入偏优损失最小作为目标函数，对单库最优策略进行协调，以求得总体最优。谢新民等人研究和提出一种基于大系统理论和传统动态规划技术的水电站水库群优化调度模型与改进目标协调法，有效地克服了动态规划的"维数灾"问题。卢友华等人根据大系统分解协调的原理，提出递阶模拟择优的方法，对义乌市水库系统模拟运行引进调度线，合理地解决了多水源、多用户、多保证率的问题。

跨流域调水工程规划调度决策研究的实质是一类复杂的大系统多目标群决策问题。大系统分解协调模型是目前较常用的一类大系统优化决策模型，其基本思想是先将复杂大系统依时间、空间或目标、用途等关系分解成相互独立的若干规模较小、结构相对简单的子系统，形成阶梯式层次结构模型；然后采用现有的优化决策方法，对各子系统分别择优，实现各子系统的局部最优化；最后，根据系统总目标，修改和调整各子系统的输入与决策，使各子系统相互协调配合，以实现整改大系统的全局最优。因此，大系统分解协调模型是一种通过将大系统分解成若干个相互独立子系统以达到降维目的的分析方法，其中，分解与协调是大系统寻优的重要手段。

目前，常见的大系统协调方法主要包括以下几种。

1）目标协调法。目标协调法又称关联平衡法，其特点是在进行下一层子系统的优化决策时，不考虑关联约束，而是把关联变量作为独立寻优变量来处理。通过选取适当的协调变量和对协调变量的多次修正，逐步引导各子系统优化目标下的关联变量满足关联约束，从而实现大系统目标的最优化。该方法必须保证拉格朗日函数存在鞍点，如果此条件不满足，在协调迭代过程中不一定收敛到最优解，甚至完全不能收敛。因此，该方法存在一定的局限性。

2）模型协调法。模型协调法是先通过采用关联变量作为协调变量，并指定或预估系统模型关联变量值的方法，将各子系统形成独立的系统，进行各自的最优化决策，确定各子系统相应于给定关联变量值下的优化目标值；将各子系统的优化目标值返回至协调层，进行整体协调计算，经过多次改变关联变量的预估值，反复求解计算后，则可获得整个系统的目标最优解。这种协调方法在决策过程中的每一步都是要满足关联约束条件的。因此，决策的中间结果虽不一定是最优的，但一定是可行解，可对实际系统产生控制作用。只要能使协调变量预估值迭代收敛，预估误差达到最小，则可获得全局最优解。

3）混合协调法。混合协调法是一种将目标协调与模型协调相结合的综合协调方法。它以子系统的一个拉氏乘子和某一关联变量为协调变量，而以另一个拉氏乘子和决策变量为反馈变量，通过关联变量对各子系统优化决策模型中关联约束的不断干预和拉氏乘子对各子系统优化决策目标函数的不断修正，逐步引导整个大系统逼近最优解。该方法的适用条件是任一子系统所含变量个数不小于约束条件的数目。

（2）大系统分解聚合模型与方法。大系统分解聚合模型是求解大系统多目标决策问题的另一种递阶分析方法，其实质是将大系统多目标递阶分析问题分解成若干相互独立的子系统，以耦合关联变量（目标关联或约束关联）为参数，分别求解各子系统的目标值，找出各子系统目标函数与关联变量之间的函数关系，据此构造出多目标或单目标的聚合模型，以关联变量为决策变量，应用向量优化技术等方法求解聚合模型，生成原问题的非劣解集或非劣解子集，以供决策分析者比较择优，或根据决策者的偏好采用适宜的评价技术对非劣解集进行评选而作出最终决策。

（3）大系统聚集解集模型与方法。聚集解集模型是求解大系统优化决策问题的另一种有效降维方法，其基本思想是对含 $m$ 个水库的高维大系统优化决策问题，经聚合使之成为等效的具有较低维的一库或两库问题，从而形成大系统聚合模型；然后，再采用动态规划等一般优化方法依次对上述聚合模型进行求解，则可获得聚合等价水库的运行策略；最后，再运用解集技术将聚合等价水库的运行策略和供水决策还原为各水库的运行策略与供水决策，即完成了大系统的优化决策过程。

**3. 大系统多目标混合模型与方法**

混合模型是多个单一模型为共同解决某一复杂决策问题而组成的一种模型系统。在求解复杂决策问题时，大多采用两个或两个以上单一模型进行综合研究，故可看作混合模型。这里的混合模型是指这样的一类模型系统，它虽然存在多个模型，在多个模型之间也存在某种组合结构，但各模型之间的关系并不具有明确的递阶分析层次结构。多个模型之间虽然存在某种调用关系和多种调用方法，但缺乏模型管理系统和人机交互界面。这样，混合模型既区别于一般大系统递阶分析模型，又不同于智能化决策模型与方法，它是一种从"问题导向"出发，先通过对复杂问题的结构、功能和决策内容等进行深入理解和分析，形成多种不同的决策子问题。然后，对不同的决策子问题进行优化，建立相应的各种单一模型。最后，通过某种调用关系和调用方法，对求解不同决策子问题的各种单一模型进行适当组合和优化决策，从中获得复杂系统的满意解。

虽然混合模型决策方法也是一种通过对大系统的复杂决策问题进行分解来实现降维功能的分析方法，但它缺乏大系统递阶分析方法的固定模式与结构，这就增加了混合模型在进行复杂问题决策研究时的灵活性和实用性，也相应地要求决策分析者不仅具有更加广博的知识和经验，而且更加强调建模过程中的创造性。应当说，运用混合模型方法进行复杂问题决策研究所得结果，比一般大系统递阶分析结果更具有较强的说服力。在混合模型的建模过程中，既需要决策分析者和决策者各自对复杂问题的理解力与判断力，更需要两者之间的沟通合作与广泛交流，这就有利于弥补现有决策理论与方法中广泛存在的决策分析者与决策者相脱离的不足。自 20 世纪 70 年代以来，混合模型的决策方法在跨流域调水规划管理决策研究中得到了广泛应用。

**4. 大系统自优化模拟调度决策理论与方法**

近年来，人们开始寻找调度模拟的优化方法以克服模拟技术计算量大的不足。原武汉水利电力大学与原淮委规划设计院合作，提出了五湖串联系统联合优化调度的自优化模拟模型。自优化模拟决策方法不仅具有决策方法的仿真性强、方法简便实用、灵活通用的特点，还具有最优化功能和计算速度快、计算量少的优点。以下重点介绍自优化模拟决策的基本原理与方法。

自优化模拟调度决策基本思路是采用先从用水需求角度出发的需求向，后从调水补给角度出发的供给向这一双向模拟和先逆时序、后顺时序的双时序模拟的多重模拟决策方法，确定满足系统供水量最大、弃水量最小的经济蓄水线和保证地区优先供水次序不受破坏的防破坏线，经过系统目标和水库运行控制线优化程度的双重辨识，以及多次反馈修正与迭代，最后获得系统运行的最优策略和最优目标值。

（1）需求向模拟决策方法。所谓需求向模拟决策，是从远离调水水源的需水子系统当地用水出发，通过对各需水子系统进行模拟调度计算，向调水水源方向逐步确定各需水子系统的需调水量过程。

需求向逆时序模拟决策是指逆着水文年顺序的模拟计算过程，从运行期末开始调算，其目的在于建立满足系统目标的经济蓄水线。先假设不考虑调水补给条件，确定充分利用当地水满足各用水户的用水需求，使系统弃水量最小的经济调度线。当各地区供水子系统内的当地水不能满足其用水需求时才进行调水补给。

需求向顺时序模拟决策是指按着水文年顺序的模拟计算过程，从运行期初开始调算，其目的在于作出系统调水、供水和充水等的最优决策。它以系统优化决策目标函数为顺时序模拟决策的目标，以水库经济蓄水线和允许调水量等系统约束为控制条件，进行调水量、供水量、弃水量和水库蓄水量的决策，引导水库运行线逐步逼近水库蓄水线。经过多次迭代和修正，即可得到水库最优控制线。

（2）供给向模拟决策方法。所谓供给向模拟决策，是从调水水源地的供水补给出发，通过对各供水子系统当地水资源和外调水进行联合模拟调度计算，向最远调水补给方向逐步确定各供水子系统调水量大小的过程。

供给向逆时序模拟决策是指逆着水文年顺序的模拟计算过程，从运行期末开始调算，其目的在于确定保证调水工程沿线各地区供水子系统当地利益的防破坏线，以控制供给向顺时序模拟决策将提供的允许调出水量。在供水向逆时序模拟决策中，先假设不考虑水库的水量调出条件，确定充分利用某供水子系统当地水和外调水的满足该供水子系统内各用水户用水需求，并使该供水子系统弃水量最小的水库防破坏线。

供给向顺时序模拟决策是指按着水文年顺序的模拟计算过程，从运行期初开始调算。供水向顺时序模拟决策是在考虑某水库防破坏线和经济蓄水线、其他地区可供水库的调水量与外地区其他水库经济蓄水线等约束条件下，确定充分利用当地水和外调水满足供水子系统用水需求后的可供外地区和其他供水子系统调用的最大调水量。显然，这是一个从供水补给出发，以水库调出水量最大为目标，收紧系统优化决策所有约束条件的模拟决策过程。经过反复模拟决策和修正后，它与需求向顺时序模拟决策的结果都应逼近系统决策的最优解，从而获得系统决策满意解。

5. 大系统多目标多层次分解协调模型与方法

以大规模、远距离、多目标为显著特点的跨流域调水工程，常常涉及多个供水地区，每个供水地区在输水沿线上往往有多个分水口，每个分水口内可能会有一个或多个供水片。因此，跨流域调水系统的水量调配既要考虑流域间的来水、用水时空相关关系，合理调配当地地表水、外调水和地下水，又要考虑供水、发电、航运和改善生态环境等目标之间的相对均衡。既要保护水资源的既得利益和长远利益，又要缓解供水区的水资源供需矛盾，促进经济社会的整体发展和生态环境的良性循环。显然，跨流域调水工程是一个涉及众多蓄水设施和供水地区的高维、多目标水资源系统，研究这一复杂系统水量调配的多层次分解协调模型及其求解方法，具有重要的理论意义和实际意义。

跨流域调水系统多层次分解协调的基本原理是通过在各供水子系统之间进行多重调水量分配与协调，引导各供水子系统和整个大系统的供水量达到最大、弃水量达到最小。在调水量的分配与协调过程中，如果某个供水子系统决策人微小地偏离理想调水分配点，则可能引起整个调水系统的最优运行策略发生变化，从而导致系统决策结果有可能偏离理想调水量分配点下的最优解；反之，如果没有引起整个调水系统的最优运行策略发生明显变化，则系统最优运行策略具有相对稳定性。上述自优化模拟与常规模拟技术相结合的多层次分解协调方法，为解决大规模、远距离、多目标、多水源的跨流域水量调度问题提供了一条有效途径。

6. 大系统多目标优化方法应用

大系统多目标优化方法在水资源系统分配与调度运行方面得到了广泛应用。在国内，1987 年，程玉慧等人研究了河北省岗南、黄壁庄水库与石津灌区水资源系统的多目标最优联合调度问题。后来，刘建民、朱文彬、周之豪等一批专家对水资源大规模系统调度进行研究，并分别建立了许多优化管理模型，取得了较满意的优化结果。1991 年，陈守煜等人通过对水资源系统多目标模糊优化问题的研究，建立了多阶段、多目标系统的模糊优化决策模型。李桂香等人运用大系统分解协调模型，通过协调水库群和河网联合调度的耦合关系，提高了调度效益。黄昉等人以具有多水源、多用户、多级串并联性质的宁波市供水区水资源系统为研究对象，提出一种将水资源系统顺序决策问题转换成有约束非线性优化问题的实体模型模拟权重系数模型，并与采用模拟法和多维增量动态规划法相结合的混合模型成果进行对比。王双银等人以深圳市大鹏半岛供水网络系统为研究对象，在充分考虑各水源工程与用水户之间的水力联系的基础之上，依据大系统分解协调理论，将区域供水系统划分为四个递阶子系统，建立了系统最小引水情况下的最小弃水多目标模型，并采用动态规划法对模型进行求解。苏律文、李娟芳、于吉红等人针对河流并联供水库群水资源优化分配问题，建立了以相对缺水率最小为目标的流域水量调度应用模型，该模型运用大系统分解协调的基本原理，将并联供水库群分解为多个独立的子系统，各子系统间存在控制反馈的联系，同时考虑河道水流传播对系统的影响。利用该模型，以伊洛河流域供水库群为研究对象，通过建立虚拟水库，将伊洛河供水库群分为三个子系统，选用整体改进的遗传算法（GA）进行计算求解，并采用常规调度方法进行校核。以水平年 2020 年为例，得到不同来水条件下伊洛河流域水量调度方案，并针对特枯来水情况制定了供水三级预警系统。

### 1.4.5 智能优化算法

传统的优化算法都是针对连续或可导的目标函数来说的，处理的问题也较简单。而实际的优化问题常常表现出高维、多峰值、非线性、不连续、非凸性等特征。随着系统工程理论和现代计算机技术的发展，在常规优化算法求解困难时，现代智能优化算法应运而生。智能优化算法是一种启发式算法，充分积累了搜索的信息，较好地处理了积累信息与探索未知空间的矛盾。正是因为很多实际优化问题的难解性以及智能优化算法在一些优化问题中的成功应用，使得智能优化算法成为解决优化问题的一种新工具。常见的智能优化算法主要有遗传算法、人工神经网络算法、粒子群优化算法、蚁群算法，另外还有禁忌搜索算法、模拟退火算法、混沌搜索算法等，这些也都在水资源调度领域得到了广泛应用。近年来，系统科学中的对策论、存储论、模糊数学和灰色理论等多种理论和方法被引入，极大地丰富了水资源调度问题的研究手段和途径。

1. 遗传算法

遗传算法是模拟生物在自然环境中的遗传和进化过程而形成的一种自适应全局优化搜索算法。遗传算法最早于 1975 年由美国 J. Holland 教授提出，该算法以直接对结构对象操作为特点，并不对求导可行性和函数连续性进行限定，具有较强的全局搜索能力和并行能力，通过进行概率化的寻优操作，可以实现对搜索空间的自动获取和优化，可以在不给定确定规则的前提下，主动进行进化方向的调节。它具有并行计算的特性与自适应搜索的能力，可以从多个初值点、多路径进行全局最优或准全局最优搜索，具有极强的容错能力，并且占用计算机内存少，尤其适用于求解大规模复杂的多维非线性规划问题。

由于上述特点，遗传算法的应用较为广泛，该算法已在水资源调度领域得到广泛应用。East 等人假设在入库流量已知条件下使用遗传算法，应用线性规划及动态规划求解 4 个水库问题。Oliveira 等人利用合成流量，将遗传算法应用在假想的并联 2 个水库的操作策略上。Huang 等人将随机动态规划与遗传算法相结合，求解了 2 个并联水库的优化调度问题。黄强等人将遗传算法与系统模拟相结合，提出了模拟遗传混合算法，并以乌江上游梯级水库为研究对象，绘制了梯级水库优化调度图。

2. 人工神经网络算法

人工神经网络（Artificial Neural Network，ANN）是在现代神经科学研究成果的基础上提出的一种数学模型，是以工程技术手段模拟人脑神经网络的结构和功能特征的一种技术系统，是通过人工神经元在不同层次和方面模拟人脑神经系统的信息储存、检索及处理功能的非线性信息处理系统。该方法具有大规模并行处理和分布式的信息存储能力，具有良好的自学习、自组织、自适应和容错性等优良特性，特别是其强大的非线性适应性信息处理能力，为解决非线性、不确定性和不确知系统问题开辟了新的途径。

人工神经网络广泛应用于自然科学、社会科学领域，尤其在模式识别、知识处理、非线性优化、传感技术、智能控制、生物工程、机器人研制等方面，它在水资源调度领域也得到较好应用。Park 等人用分段二次费用函数逼近非凸费用函数，证明了神经网络用于非凸费用函数的经济负荷调度的可能性。胡铁松等人基于 Hopfield 连续模型，建立了一般意义上的混联水库群优化调度的神经网络模型，通过 BP 神经网络对样本的学习得到水库群优化调度函数，并应用于 3 个并联水库的调度。缪益平等人在 2003 年利用神经网络强大的非线性映射能力建立了水库调度函数的神经网络模型，并用该模型对湖南凤滩水库调度进行了模拟。

3. 粒子群优化算法

当前，通过模拟生物群体的行为来解决计算问题已经成为新的研究热点，形成了以群体智能（Swarm Intelligence）为核心的理论体系，并已在一些实际应用领域中取得了突破性进展。粒子群优化算法（Particle Swarm Optimizer，PSO）是一种进化计算技术（Evolutionary Computation），1995 年由 Eberhart 博士和 Kennedy 博士提出，源于对鸟群捕食行为的研究。该算法最初是受到飞鸟集群活动的规律性启发,进而利用群体智能建立的一个简化模型。粒子群算法是在对动物集群活动行为观察基础上,利用群体中的个体对信息的共享,使整个群体的运动在问题求解空间中产生从无序到有序的演化过程,从而获得最优解。

粒子群优化算法是一种新颖的智能优化方法,相对其他算法而言,通常采用较小的群体规模就能够获得较精确的函数适应度。粒子群优化算法具有并行处理、鲁棒性好等特点,能以较大概率找到问题的全局最优解,且计算效率比传统随机方法高,通用性强,适用于水库调度中多约束、多变量的复杂优化问题。该算法编程简单、易实现、收敛速度快。

粒子群优化算法在一些水量调度优化问题中得到了广泛运用。利用粒子群优化算法来解决水量调度方案优化问题,可以充分发挥智能算法寻优的特点,进行流域内不同用水单元之间用水量的合理分配。在辽宁省北线系统联合调度中就采用粒子群优化算法,直接以调度图供水调度线和调水控制线位置为决策变量,通过计算,可一次性得出水库调度图,避免了采用历时法的繁琐计算和经验修正。在综合利用水库的调度中,能搜索得出调度图的非劣解集,同时兼顾多个调度目标。钟平安等人在滨海地区水资源多目标优化调度模型研究中采用多目标粒子群算法进行模型求解,得到了不同策略下的方案集。

### 4. 蚁群算法

蚁群算法是一种用来寻找优化路径的概率型算法,由 Marco Dorigo 于 1992 年在他的博士论文中提出,其灵感来源于蚂蚁在寻找食物过程中发现路径的行为。蚁群算法的基本思路为:用蚂蚁的行走路径表示待优化问题的可行解,整个蚂蚁群体的所有路径构成待优化问题的解空间。路径较短的蚂蚁释放的信息素量较多,随着时间的推进,较短的路径上累积的信息素浓度逐渐增高,选择该路径的蚂蚁个数也愈来愈多。最终,整个蚂蚁会在正反馈的作用下集中到最佳的路径上,此时对应的便是待优化问题的最优解。

蚁群算法是一种结合分布式计算、正反馈机制和贪婪搜索策略的算法,具有极强的搜索和快速发现最优解的能力,在对复杂优化问题的解决中有较好效果。同时由于其分布式的特性,避免了过早收敛的可能。蚁群算法在求解复杂优化问题时具有良好的并行性,从而提高算法的运行效率和解决问题的能力。蚁群算法的应用十分广泛,只需在基本蚁群算法模型的基础上进行稍加改进,就可应用于其他问题中,因而蚁群算法具有很强的鲁棒性。近年来,蚁群算法在水库优化调度、多水源供水系统优化调度等研究中得到了较好应用。

## 1.5 国内外研究现状

### 1.5.1 国外研究现状

国外对水资源优化调度的研究开始于 20 世纪 50 年代中期,早期的研究是以水资源系统分析为手段,以水资源的合理配置为目的,主要研究水库的优化调度问题。贝尔曼最早提出了将动态规划应用于多目标水库(群)的优化方法。美国科罗拉多州几所大学在

1960年对计划需水量、未来需水满足途径进行过研究。70年代以后，关于水资源调度的研究成果不断增加。美国哈佛大学水资源规划研究小组通过数学模拟的方法很好地解决了地下水与地表水的联合优化调度问题，标志着对水资源调度管理研究的深化。

### 1.5.2　国内研究现状

我国水资源调度研究相对起步较晚，但发展较快。20世纪60年代初，我国开始了以水库优化调度为先导的水资源分配研究，但比较深入的研究是从20世纪80年代开始的，并运用到防洪调度研究中。在流域水量调度研究方面，华士乾教授带领的水资源研究小组基于系统工程的方法研究了北京地区的水资源优化配置，在研究中评估了水资源区域分配、利用效率等对当地国民经济的发展作用，标志着我国水资源优化配置研究的起步。80年代以后，研究成果不断增多。1997年，董新光等人对新疆准噶尔盆地典型流域水资源系统优化配置进行了研究。1998年，常炳炎等人开展了黄河流域水资源合理分配和优化调度研究，该模型尽量反映水资源配置的复杂情况，对不同工程条件下多水源、多用户的供水顺序问题等进行了深入研究。河海大学钟平安教授在2003年研究提出基于水资源配置的大系统多目标分解协调方法，建立了水库群水资源优化调度数学模型，并应用于深圳市水资源优化调度。邵景莉等人在2003年运用管理模型进行了地下水与地表水的联合优化调度研究。王维平等人针对缺水地区水资源的特点，采用优化和模拟技术，建立了复杂条件下适用于多水源、多用户的水资源预分配管理模型，以实现水资源在不同地区、不同部门的优化分配。2004年，方红远在区域水资源合理配置中引入了水量调控理论。2005年，邓铭江等人对新疆水资源的可持续利用进行了研究。2006年，蔡龙山等人将大系统分解协调技术与动态规划相结合，构建了两层二级结构的水库优化调度系统数学模型，对塔里木河水库群系统水资源优化配置问题进行了研究。2007年，柴福鑫等人根据实时调度原理，建立了分层耦合的水资源实时优化调度模型。2008年，李媛媛等人根据汉江流域的实际情况，拟定重要水库的供水调度规则，从流域水资源供需等方面进行了模拟计算。朱成涛等人在对水资源系统组成和结构分析的基础上，运用大系统优化理论建立了区域水量优化分配和调度模型，对区域水资源进行了优化配置。彭少明等人开展了黄河水质水量一体化配置和调度研究，以黄河"八七分水方案"为基础，以黄河水功能区水质目标和主要断面水量控制为约束，进行黄河水质水量的综合模拟和调控，提出一体化的调配方案，研究成果为全面实施黄河流域水资源综合管理提供了重要的决策依据，研究提出的水质水量一体化配置与调度模型系统可嵌入黄河水量调度系统，为黄河水资源管理决策提供了工具和平台。

在跨流域调水研究方面，国内许多专家学者都进行过研究。沈佩均等人研究了跨流域调水工程投资分摊的原则，提出两种投资分摊的数学模型，并进行了实例验证。丛黎明通过总结分析引滦入津工程20年供水调水的经验，对大型跨流域调水工程的运用进行了研究。冯耀龙分析论证了合理确定调水量是跨流域调水规划决策面临的核心问题。他以水资源承载能力为切入点，分析跨流域调水的合理性，提出了跨流域调水应遵循的几条原则。通过模糊数学方法，建立评价的隶属度函数，给出跨流域调水合理性的综合评价方法。刘昌明研究跨流域调水对环境影响的过程，将其归纳为"调水-改变原来的水文情势-自然环境变化-社会经济变化"的模式，并以此分析评价南水北调对生态环境的影响。汪明娜通过国外已建工程所发现的问题及经验教训，结合南水北调工程，对跨流域调水的环境影响进行了分析。陈军飞采用灰色系统评价模型对涉及经济、社会、环境、技术等诸多方面的调水工程线路方案优选进行了分析研究。陈进等人以南水北调中线工程为例，从水文、经济、政策、环境、社会和结构等方面分析了调水系统的风险因子及其影响方式，提出了减少或转移各类风险、提高工程运行可靠性和减少系统失效损失的措施。秦明海从南水北调的工程风险、经济风险、环境风险、社会风险、调水保证率风险和工程管理运行风险等方面提出风险控制措施。贺海挺进行了跨流域调水工程的系统分析评估，分别介绍了FMEA（失效模式及影响分析）、模糊事件树、模糊综合评判、粗糙集理论等可用于跨流域调水工程风险评估的方法，并在 pate - cornell 系统风险计算公式的基础上，提出了适合跨流域调水工程系统风险评价体系。赵安晋等人总结了引滦入津及引黄入卫工程运行管理经验，阐述了跨流域调水过程中的水资源保护问题。陈守煜等人应用多目标半结构性决策模糊识别理论，对东北地区北水南调工程的优选调水量进行了研究。刘建林等人以系统分析的思想为基础，对跨流域、多水源、多目标调水所涉及的水资源问题进行了研究，建立了南水北调东线工程联合调度仿真模型，为跨流域调水工程调度模型计算和水文系列分析提供了仿真平台。郑红星等人分析了南水北调东中线不同水文区来水的丰枯遭遇性，阐明了两个区降雨丰枯同步、异步的规律。赵建世等人基于复杂适应理论，建立流域水资源系统整体模型，分析研究流域水资源管理与配置，该模型将水资源系统中的水文、生产、生活、生态环境、管理制度等子系统的相互作用通过内生变量进行连接，提出了求解高维度非线性模型的嵌套遗传算法，并以南水北调西线工程的合理调水量及其边际效益分析为例进行实证研究。王宏江重点研究了跨流域调水系统水资源承载体系和跨流域调水系统核心枢纽优化调度问题，将水资源承载能力运用到跨流域调水系统、调水合理性分析的研究中，提出了跨流域调水系统中水市场建立的思路与措施，以及水环境质量管理模糊优化模型。邵东国论述了跨流域调水工程规划决策的理论与应用，论述了自优化模拟决策的最优性和收敛性，介绍了多种中长期来水预报模型，并结合南水北调论述了跨流域调水工程规划、调度决策支持系统设计开发问题。刘国维以南水北调东线工程为例，论述了跨流域调水水资源系统运行管理的基本原理与方法。谷长叶以辽宁省北、中、南三线涉及的 10 个流域 14 座大型水库所形成的复杂水资源系统为例，全面分析系统联合调度的需求、水文水资源特性、用水需求、系统结构特征，建立跨流域水库群联合调度模型。针对具有多个用户的供水水库，提出了一种有序的供水调度规则，基于供水过程动态博弈的特征，建立了水库对多个用水部门有序供水的规划模型，并采用粒子群优化算法、集群智能与动态规划耦合优化方法进行模型求解。

纵观国内外近代以来水资源优化配置与调度的发展研究，其研究理论也随着经济和社会的发展在不断的进步和完善。主要有以下三方面的体现。

第一体现在研究方法上，水资源模型由简到繁，由前期的单一模型进展到与模拟技术、向量优化技术、地理信息系统技术等几种方法相结合的模型。

第二体现在对问题的描述方面，由最初的单目标问题发展为多目标问题，特别是大系统优化理论、计算机技术和遗传法等一些新的优化算法的应用，使得复杂水资源系统

（多用户、多目标等）的优化配置调度问题简单化，其寻优过程更方便、结果更精确。

第三体现在研究对象空间规模方面，从前期的仅仅是对单一水资源控制工程的优化配置调度研究，发展到复杂的大型水资源系统（大区域水资源配置、流域水资源配置、跨流域水资源配置等）的优化配置研究。

## 1.6 水资源调度研究关键技术

水资源调度是一个涉及因素多、牵涉利益复杂和部门多的大系统管理和决策问题，跨流域调水系统是一种多水源、多地区、多目标、多用途的复杂系统。如何利用现代决策理论的最新成果，结合该类工程规划管理决策研究中的实际情况，提出先进、实用的规划调度理论与方法，则是提高复杂环境下工程规划管理决策成果质量的客观要求。纵观水资源调度研究历史，早期水资源调度主要是集中在如何建立水资源调度模型与求解模型两个方面，侧重于调度理论研究。近年来，随着水资源调度理论研究的不断深入，尤其是一些新理论、新技术的不断发展，水资源调度研究也逐渐由理论研究转向实际应用，由单一方法转向多技术综合，理论研究已日渐成熟和完善，不少研究成果相继问世，但实际应用的却较少，未能形成一种实用、成熟的调度方法，未能真正起到理论指导实践的作用。因此，今后水资源调度研究需注重与生产实际相结合，应注重研究成果向生产实践的转化。在理论研究层次上，需要识别水资源系统的主要元素及相互关系，对水循环、水资源利用及其伴生的水经济、水生态、水环境过程进行深入的理论研究，揭示它们之间相互作用和相互影响的机理；在实践操作层次上，要以问题为导向，理清水资源综合调配的关键所在，建立实用的水资源调配模型，再加上相关政策和法规保障。

由于水资源系统的复杂性、不确定性以及传统思维和客观条件的限制，目前我国水资源调度研究的任务还十分艰巨，无论是在理论研究还是实践层面上都有一些关键技术亟待突破。

（1）监测设施与监测手段相对滞后是制约水资源调度发展的一个重要因素，应加快水资源监测站网建设，加快水资源监控能力建设，加强在线监测与传输能力建设，进一步提高水文、气象、水质等基础资料监测、采集与传输的现代化水平，扩大数据共享范围，加快数据共享速度，提高预测预报水平。

（2）以往水资源调度主要集中于水库、灌区和洪水的实时调度，应加快由工程调度研究向资源调度、生态调度研究转变的步伐，将水资源调度与水资源配置以及流域水循环有机联系起来，既要满足短时间的调度可行性，也要保证长期调配的合理性。

（3）大型水资源系统是跨部门、跨区域的复杂系统，综合考虑全流域社会经济发展用水和生态环境需水协调发展，研究一条河流、一个流域，进行全流域水资源统一调度的研究将是未来的发展方向。应加强"水资源-社会-经济-生态-环境"相耦合的水资源综合调度模型研究，在统一框架下定量计算不同调度策略导致的综合后效，通过多目标群决策方法得到备选的调度方案。其中，水资源、社会、经济、生态、环境等子系统内部及相互之间约束机制的综合概括和综合后效的定量计算是水资源综合调度模型构建的关键内容。

（4）流域水资源实时调度工作仍处于依靠专家经验和简化计算阶段，实时调度缺乏精确的科学计算，应充分利用高性能计算领域的研究成果，提高海量数据的存储和处理能力及大规模复杂系统的优化计算速度；考虑生产实际中水库调度的复杂性和水资源系统的"非结构化"特点，引进系统识别思想，采用模拟与优化相结合的方法，研究模型简单、求解迅速、便于决策者参与，能根据实际情况快速给出"满意解"的模拟优化调度模型和求解方法。

（5）水资源调度手段相对落后，与遥感遥测、地理信息系统、实时通信等现代新技术结合不够，需要开发流域水资源实时调度系统，需要借助现代高新技术，开发流域水资源调度决策平台，为科学决策提供支持，提高流域水资源管理水平；利用现代成熟的计算机技术建立水资源调度专家决策支持系统，并在生产实践中推广应用，从而更加及时、准确、自动、直观地为决策者提供可靠的依据。

## 1.7 水资源调度研究发展趋势

从国内外流域水量调度与跨流域调水的实际需求及研究现状可以看出，今后的流域水量调度模型研究具有以下一些发展趋势。

（1）以"预报-配置-调度"为基本环节的流域水资源调配体系研究。目前，水量调度研究的系统性和整体性相对还比较薄弱，现状基于专家经验的流域水量实时调度没有与流域水资源合理配置以及流域水循环很好地结合起来，难以保证长期配置的合理性。预报环节包括来水预报和需水预测，是水资源调配的科学基础。系统调度所依据的来水量及来水过程主要取决于径流预报环节，径流预报的精度直接影响到调度精度。如何综合气象、下垫面、人类活动等多种信息，精细模拟变化环境下的流域水循环过程，建立更科学的径流预报模型辅助水量调度决策至关重要。需水预测包括工业、农业、生活、生态等行业用水的预测，直接影响到水资源调度的效益。水资源配置和调度是实现水资源合理调控的两个不可分割的步骤，应首先确定水资源配置的目标与具体规则，通过水资源合理配置实现规划层面的水资源合理调控，通过水资源调度将配置方案落实到调控实践当中，实现水资源宏观配置方案和实时调度方案的耦合与嵌套，建立更为完善的流域水资源调配框架体系。

（2）不同时间尺度调度模型的衔接研究。流域水量调度模型从时间尺度划分通常包括年调度模型、月调度模型和实时调度模型。由于不同调度时段下各地区来水及需水过程的不确定性，水量调度实质上是要解决一系列复杂的不确定性问题。调度模型应能吸取"宏观总控、长短嵌套、实时决策、滚动修正"的思想，结合最新的来水和用水预报信息，根据一定的准则对水量调度计划进行自适应修正。实时调度方案既能保证完成中长期水量调度预案，又要便于水利工程运行。

（3）复杂水资源系统的建模及模型解法研究。流域水资源系统模拟的范围大、要素多，首先应根据调度目标和模拟精度，识别水量调度的主要过程和影响因素，抽取关键环节并忽略次要信息，对整个系统进行合理概化和数学建模，其中调度对象、调度目标和调度方法的选取是几个比较关键的问题；其次，系统的多目标、多变量特性使得模型求解可能会存在一定困难，如何利用现代数学和系统科学的先进算法也是模型必须考虑的重要问题。

（4）通用化流域水量调度模拟模型研究。由于研究范围和投入力量的限制，国内流域水量调度模型的研究多以实际问题的分析和解决为导向，以具体实例为研究对象，应用范围较小，所采用的方法和开发的模型还不具备通用性。应充分吸取国外已有模型与软件的先进经验，将面向对象、地理信息系统等先进技术与已有的调度模型相耦合，拓展现有模型的应用范围，推动国内水资源领域应用软件的综合性、系统性和实用性。

近年来，我国水资源调度工作取得了长足进展，在保障经济社会发展、促进生态环境保护等方面发挥了显著作用。同时，水资源调度的内涵不断丰富，调度理念不断发展，调度服务的领域不断拓宽。目前，我国在水资源调度管理上还存在法律法规不健全，管理体制有待完善等问题。随着社会的发展和认识的不断深入，水资源调度领域所需要考虑的问题必将更加复杂，各类数据的监测和分析水平也会逐步提高，水资源调度工作将进一步向科学化、现代化发展，水资源调度的研究方兴未艾，将给我们更大的挑战和更为广泛的研究空间。因此，需要借鉴国外较为成熟的水资源调度经验和方法，根据我国水资源调度自身的特点，建立符合我国国情的水资源调度管理体系，继续推进水资源调度的深入研究，辅助水资源调度决策。

# 第 2 章

# 国内外跨流域水量调度实践

## 2.1 我国流域水量调度实践

近年来，我国按照以水资源为核心的治水思路，以流域为单元开展水量调度，成功实施了以黄河、黑河、塔里木河调水为代表的多项水量调度工作，在促进经济社会可持续发展、修复生态环境等方面发挥了显著作用。

### 2.1.1 我国流域水量调度进展

我国流域水量调度工作总体上起步较晚，但发展较快。我国自 20 世纪 60 年代初开始了以水库优化调度为先导的水资源调度研究。20 世纪 90 年代以前，除个别流域由于水资源供需矛盾尖锐，难以实现水量统一调度外，其他流域均开展了以发电和供水为主的局部河段的水量调度工作，其水利建设主要以工程配置为主，仅在局部地区出现过调水工程，还没有开展现代意义上的水资源调度工作。

各级水行政主管部门开展了水资源调度政策法规建设工作。黄河水利委员会以《黄河水量调度条例》《黄河水量调度管理办法》《黄河水量调度条例实施细则（试行）》为基础，陆续制定和修订了《黄河下游水量调度工作责任制（试行）》《黄河水量调度突发事件应急处置规定》等 10 余个办法和规定。长江水利委员会、海河水利委员会、松辽水利委员会起草了蓄水工程或水利枢纽的调度运行管理办法，强化了水资源调度工作的法律法规依据。宁夏、甘肃、山东、新疆等省（自治区）根据各自具体情况，编制出台了省内流域、蓄水工程、水利枢纽调度运行管理的法规及规范性文件，如《宁夏回族自治区黄河宁夏段水量调度管理办法》《石羊河流域地表水调度管理办法》《山东省胶东调水条例》《塔里木河流域水资源统一调度管理办法》等。

各级水行政主管部门开展了水资源调度管理体系建设的探索工作。长江水利委员会与相关单位协商建立澜沧江水量调度联席会议制度。珠江水利委员会、珠江防汛抗旱总指挥部建立了可行的压咸补淡水量调度管理模式，有效协调了不同地区、不同部门之间的关系。黄河水利委员会黑河流域管理局对黑河流域进行流域水量调度统一管理，各相关省区负责其相应区域水量调度工作。塔里木河流域管理局组织建立了流域水资源管理联席会议制度，协调各地州、兵团师及其水利等部门，有力保障了塔里木河流域水资源的统一调度。黑河、塔里木河调度以逐步恢复下游生态系统为主要调度目标；引江济太力图通过水资源的合理调度改善太湖水生态环境；扎龙湿地补水以维系扎龙湿地功能为目标；南四湖生态补水以及引岳济淀则直接立足于生态抢救和恢复，逐步形成了短期抗旱应急、中期供需平衡、长期生态维系的综合调度体系。

### 2.1.2　我国典型流域水量调度

#### 1. 黄河水量调度

黄河是中国第二大河，发源于青海高原巴颜喀拉山北麓约古宗列盆地，蜿蜒东流，穿越黄土高原及黄淮海大平原，注入渤海，干流全长 5464km，流域总面积 79.5 万 km²（含内流区面积 4.2 万 km²）。黄河上游以山地为主，中下游以平原丘陵为主。黄河流经青海、四川、甘肃、宁夏、内蒙古、陕西、山西、河南、山东 9 个省（自治区），最后于山东省东营市垦利区注入渤海。

黄河水量调度工作是根据不同情况不断发展的。20 世纪 60 年代，黄河上中游分别修建了刘家峡和三门峡水利枢纽，很大程度上改变了天然径流时空分配，给上游河段的供水和下游河段的防洪、防凌等带来影响。黄河水量调度经过了 4 个阶段。

第一阶段是 1969 年成立的黄河上中游水量调度委员会负责包括刘家峡、青铜峡等水库在内的黄河上游水量调度（黄河上游水量调度为以发电和灌溉供水为主的兴利调度），黄河防办负责三门峡水库调度，黄河下游以除害的防洪、防凌调度为主，这期间黄河上游、下游形成相对独立的调度体系。

第二阶段是 1986 年龙羊峡水库投入运用后，国家有关部门重新调整了原有的黄河上中游水量调度委员会，由黄河水利委员会任主任委员单位，标志着黄河水利委员会开始介入全流域的水量调度。

第三阶段是从 1989 年开始，为确保黄河防凌安全，由黄河防总在"保证防凌安全的前提下，兼顾发电，调度刘家峡水库的下泄流量"，至此在黄河凌汛期实现了全河水量统一调度。

第四阶段是自 1999 年开始的全河水量统一调度阶段。根据国务院授权，黄河水利委员会于 1999 年开始对黄河水量实行统一调度。2006 年，国务院颁布了我国第一个流域性的水量调度法规——《黄河水量调度条例》，使黄河水量调度进入依法管理新阶段。

黄河水量统一调度是依据国务院批准的《黄河可供水量分配方案》开展的。根据年度黄河来水预估和水库蓄水情况，按照"同比例丰增枯减"原则，确定年度黄河可供水量，并对省（自治区）用水实行总量和断面流量双控制。自《黄河水量调度条例》颁布实施以后，黄河水量调度在时空上进行了扩展，调度时段由最初的非汛期扩展到全年，调度范围由干流扩展到主要支流。目前，黄河水量调度已将全河用水的近 90% 纳入统一调度管理，并在年内时段用水控制上实现了闭合管理。目前，在强化和巩固干流水量调度成果的基础上，黄河水量调度的目标由最初的确保黄河不断流转向实现黄河功能性不断流，进一步加强支流调度，尽可能减少支流断流天数，增加支流入黄水量。

黄河水量统一调度制度建设和实践主要包括以下几方面。

（1）调度管理体制。建立了流域管理与区域管理相结合的水量调度管理体制，由流域管理机构和省（自治区）水行政主管部门共同实施流域水量调度，体现了流域管理与区域管理相结合的管理体制。

（2）调度法规建设。形成了较为完善的水量调度法规体系，国务院颁布了《黄河水量调度条例》，水利部下发了《黄河水量调度条例实施细则》，黄河水利委员会制定了《黄河水量调度突发事件应急处置规定》《黄河水资源管理与调度督查办法》等。《黄河水量调度条例》是我国第一部国家层面制定的规范流域水量调度的行政法规。

（3）调度原则。黄河水量调度实行总量控制、以供定需、分级管理、分级负责的原则，即国家统一分配水量、流量断面控制，省（自治区）负责用水配水、重要取水口和骨干水库统一调度。

（4）调度技术。通过水文预报、需水预测、墒情监测、水库优化调度、用水监测（监控、监视）等技术，使得水量调度断面控制和总量控制得以更加合理、可行；发布了黄河干流各主要控制断面预警流量。

（5）调度方案编制。形成了年计划、月方案、旬方案、实时调度指令等长短结合、滚动调整、实时调整相嵌套的调度方案编制和发布体系，制定了《黄河干流抗旱应急调度预案》《黄河流域抗旱预案》。

（6）调度监督检查。建立了行政首长、水行政主管部门及枢纽管理单位负责人、日常业务联系人的联系制度，及时沟通，协商解决水量调度中的有关问题；实行了以省界断面流量控制责任制为主要内容的水量调度行政首长负责制，明确了各省（自治区）行政首长在水量调度工作中的职责。严格实行水量调度监督检查制度，对违规行为进行处罚。

据统计，2010—2014 年年均黄河天然径流量为 530 亿 m³，年均可供水量 340 亿 m³，年均引黄耗水量 327 亿 m³，各年耗水量基本控制在年度可供水量之内，年度调度计划执行情况良好。在按计划管理好河道外用水总量的基础上，兼顾了河道内生态用水，实现了黄河干流不断流，河流生态系统得到改善。

2. 黑河水量调度

黑河是我国西北地区第二大内陆河，范围涉及青海、甘肃、内蒙古 3 个省（自治区），流域面积约 14.3 万 km²，划分为东、中、西 3 个子水系，其中东部子水系由黑河干流、梨园河及诸多小河流组成，尾闾是东居延海、西居延海。水量调度工作主要集中在东部子水系干流的中游、下游地区，包括中游地区的甘州区、临泽县和高台县，下游的鼎新灌区额济纳绿洲。黑河流域是典型的资源性缺水区域，随着中游人口的增加和对绿洲的大规模开发，进入黑河下游的水量逐渐减小，额济纳绿洲河道断流加剧、湖泊干涸、地下水位下降、林木死亡、天然林草覆盖率大幅度降低、荒漠化和沙漠化土地迅速漫延，成为我国沙尘暴的重要策源地之一，严重影响了我国华北地区的生态环境。

为解决黑河中下游用水矛盾以及社会经济发展与生态环境用水之间的矛盾，国家决定对黑河流域水资源实施统一管理和调度，1992 年 12 月，国务院批复同意《黑河干流（含梨园河）水资源分配方案》（《九二分水方案》）。鉴于该方案的可操作性差，水利部在《九二分水方案》的基础上，对黑河干流丰水年、枯水年的水量进行了分配，规定了莺落峡在不同来水情况下，必须保证正义峡下泄水量。1997 年 12 月，经国务院批准，水利部批复

《黑河干流水资源分配方案》(《九七分水方案》)。2009 年 5 月，为加强黑河干流水量统一调度，合理配置黑河流域水资源，促进流域经济社会发展和生态环境改善，水利部印发《黑河干流水量调度管理办法》。2000 年 1 月，黑河流域管理局成立。2000 年 10 月，黑河水首次通过人工调度到达额济纳旗。2007 年 6 月，水利部批复《黑河干流 2006—2007 年度水量调度方案》。该方案明确本年度黑河水量调度目标为：确保完成正义峡断面年度下泄指标，确保输水到东居延海。

自实施黑河水量调度以来，有效增加了输往黑河下游的水量，优化了流域水资源配置，改善了下游的生态环境状况，促进了黑河流域中下游地区经济社会的发展和进步，减少了上下游之间用水纠纷。

### 3. 渭河水量调度

渭河发源于甘肃省定西市渭源县鸟鼠山，主要流经今甘肃天水、陕西省关中平原的宝鸡、咸阳、西安、渭南等地，至渭南市潼关县汇入黄河。渭河是黄河的第一大支流，干流总长 818km，流域总面积 13.5 万 km²。其中陕西境内干流长 512km，流域面积 6.75 万 km²。渭河流域多年平均天然径流量 100.4 亿 m³，年均入陕水量 33.9 亿 m³，出陕水量 79.97 亿 m³。

2006 年 11 月，黄河水利委员会启动支流水量统一调度工作，拉开了渭河水量统一调度的序幕。渭河水量调度以用水总量和断面流量双控制为核心，主要调度对象以重要取水口和骨干水库为主，包括宝鸡峡、石头河、泾惠渠、桃曲坡、交口抽渭、冯家山、羊毛湾、黑河金盆水库、石堡川、洛惠渠等。

(1) 调度原则。按照保障城乡居民生活用水，合理安排农业、工业和生态环境用水，防止渭河断流的要求，遵循总量控制、断面流量控制、分级管理、分级负责的原则，实行统一调度。

(2) 调度目标。保障城乡居民生活用水，合理安排农业、工业和生态环境用水，防止渭河断流，促进陕西省经济社会发展和生态环境的改善，实现渭河出境控制的华县水文站断面下泄水量和流量满足黄河水量统一调度要求。

(3) 调度体制机制。建立流域统一管理与行政区域管理相结合的渭河水量调度管理体制，职责清晰，分工明确。流域机构组织实施渭河水量调度工作，负责制订水量调度方案并发布调度指令，负责水量调度执行情况的监督检查，协调并通报有关情况；地方水行政主管部门负责调度方案的实施与执行。

(4) 调度规章制度。2006 年，陕西省水利厅印发了《陕西省渭河水量调度管理暂行办法》。2007 年，《陕西省渭河水量调度办法》以省政府令颁布，2008 年 3 月 1 日正式实施，进一步确立了流域管理与行政区域管理相结合的水量调度管理体制。2009 年，结合《陕西省渭河水量调度办法》的施行情况，制定了《陕西省渭河水量调度实施细则》《陕西省渭河应急水量调度预案》《陕西省渭河流域管理局应对突发水污染事件应急预案》等配套规章制度，这些规章和制度的相继出台为有效实施渭河水量调度提供了重要保障。2012 年 11 月 29 日，出台了《陕西省渭河流域管理条例》，该条例的施行进一步确立流域管理机构的法律地位，健全流域管理与区域管理相结合的管理体制，对加强流域水资源统一管理、深入推进渭河水量调度工作具有重要意义。

渭河水量调度实行年计划、月旬调度方案与实时调度指令相结合的调度方式，加强需水分析和计划用水管理，强化调度责任落实，构建完善的监督检查和情况通报机制，不断提高调度方案执行力，实现了渭河连续多年不断流，水环境得到明显改善。

4. 珠江水量调度

珠江是中国南方最大的河流，珠江流域的水系由西江、北江、东江、珠江三角洲诸河组成，流域面积45.37万 km²。西江为珠江的主干流，发源于云南省曲靖市沾益县（市）境内的马雄山，干流全长2214km。近年来，受枯季连续来水偏枯、河道下切等因素综合影响，珠江河口咸潮上溯加剧，珠海、澳门等珠江三角洲地区的供水安全受到严重威胁。党中央、国务院领导高度重视，多次批示要求确保珠海、澳门等珠江三角洲地区的供水安全。2006年，国务院批准同意了珠江水利委员会编制完成的《保障澳门珠海供水安全专项规划》。2011年6月，国家防总批复了珠江防总办编制的《珠江枯水期水量调度预案》。2005年以来，为保障澳门、珠海及珠江三角洲地区的供水安全，珠江防总成功组织实施了多次珠江枯水期水量调度。2010—2011年度枯季流域降雨量偏少，江河来水偏枯，加之澳门、珠海供水系统取淡工程不完善，澳珠取淡保供水压力十分大，澳门、珠海供水安全面临的形势十分严峻。珠江防总在流域相关省（自治区）的配合下，在分析珠澳水源工程建设情况、珠澳供水工程现状、广州亚运会用水需求、西江骨干水库工程枯季运行计划以及电网电力负荷等情况的基础上，克服来水偏枯、下游取水设施单一、突发事件多、咸情较重等重重困难，分别于2010年10月底至11月中旬、2010年12月4日至2011年2月28日实施了珠江水量应急调度和珠江枯季水量调度，有效保障了澳门、珠海等珠江三角洲地区的供水安全，增加了珠江三角洲地区的枯季径流量，水质得到明显改善，满足了西江通航要求，兼顾了水调和电调的需求。

5. 塔里木河水量调度

塔里木河（简称塔河）流域是我国第一大内陆河流域。干流（肖夹克—台特玛湖）全长1321km，为纯耗散性内陆河，自身不产流，其水资源全部来自其源流的补给。现今上游仅有阿克苏河、和田河和叶尔羌河向干流供水，1976年后通过库塔干渠（指连接库尔勒和塔里木的干渠）将孔雀河水调入塔河下游区，形成目前"四源一干"的现状。全流域气候干旱，降雨稀少，蒸发强烈，流域内水资源匮乏，生态环境脆弱，塔河干流下游绿色走廊的生态环境问题已成为举世瞩目的重大问题。为缓解塔里木河下游地区生态危机，截至2017年，新疆塔河流域管理局先后18次向塔里木河下游应急输水。自大西海子水库泄洪闸向塔里木河下游河道输水，累计下泄生态水量68.5亿 m³，结束了塔河下游河道断流近30年的历史，应急输水明显改善了下游的生态环境。

通过实施水量统一调配管理，结合干流输水堤防工程建设，初步实现了流域水资源的合理配置，塔河下游来水量增加，确保了源流向干流输水，在一定程度上缓和了源流与干流，干流上游、中游、下游的用水矛盾，保证了各用水单位计划指标内的生产和生活用水，增加了生态用水，发挥了流域水资源的综合效益。

实现流域水资源统一调度的目标，塔河流域管理局开发了塔里木河流域水量调度管理系统，该系统以水量调度的业务流程为核心，以生态环境保护为根本，通过数学模型、科学计算、虚拟仿真、遥感、地理信息系统和全球定位系统等技术手段，构建塔里木河流域水量调度与生态环境监测与评估的应用平台，为塔里木河流域实现水资源统一调度提供了强有力的技术手段，是构建数字塔里木河的基础。通过流域水量调控模型，统筹流域水量时空分布和优化社会经济用水过程，实现水量过程和用水过程的匹配。借助塔里木河流域水量调度管理系统，实现了对流域水资源动态管理和决策支持，实现了定量优化水量调度和旱情紧急情况下的水量调度，达到促进流域经济社会发展，维持、恢复和改善生态环境的目的。

### 2.1.3　淮河流域水量调度

随着淮河流域水资源管理工作不断加强及各项水资源利用工程的陆续建设，淮河流域水量调度在基础工作、专题研究、应急调度等方面都取得了显著成效，流域水资源调度能力不断增强。

#### 1. 安徽省淮水北调

为统筹协调安徽省淮北地区城市生活、生产和生态用水，有效缓解淮北地区经济发展特别是煤电、化工工业建设所面临的水资源供需矛盾，安徽省实施淮水北调工作。淮水北调工程是国务院确定的172项节水供水重大水利工程之一，是安徽省"三横三纵"水资源配置体系的跨区域骨干调水工程。淮水北调工程的供水范围为淮北市、宿州市以及蚌埠市淮河以北的地区，近期为淮北市以南地区，远期向北延伸至萧县。淮水北调工程是国家南水北调东线配水工程和引江济淮的延伸工程，是支撑皖东北地区的淮北市、宿州市经济社会可持续发展的大型水资源配置工程，工程的实施对于缓解两市经济发展特别是煤电、化工工业建设所面临的水资源供需矛盾将起到积极作用。该工程与南水北调东线工程和正在建设的引江济淮工程，共同构成沿淮、淮北地区外调水源补给总体框架。淮水北调工程兼有工业供水、灌溉补水和减少地下水开采、生态保护等综合效益，工程建成后将保障区域供水安全，减少中深层地下水超采，促进皖北地区经济社会可持续发展。

淮水北调近期工程从淮河北岸到黄桥闸全长184km，远期工程从黄桥闸向北延伸至岱山口闸长41km，调水线路总长度达225km。淮水北调工程骨干输水线路采用明渠输水方案，线路分为三大段：淮河—新汴河、新汴河—淮北市北市区、淮北市北市区—萧县县城。具体线路为：在淮河干流蚌埠闸下的五河分洪闸附近抽引淮河水，向西经香涧湖至浍河固镇闸下设二级翻水站，沿刘园干沟、五固河、三八运河北上入沱河，三级翻水至娄宋沟后，跨沱河经胜利沟入新汴河，顺新汴河向西建站翻水到二铺闸上；自二铺闸上向西沿新汴河、沱河上段经四铺闸翻水站翻水至四铺闸上，沿王引河向北输水，至青阜铁路桥附近翻水后经侯王沟送水至黄桥闸上；向萧县供水沿萧濉新河、岱河上段分别经贾窝闸站、岱山口闸站提水至岱山口闸上。

淮水北调工程主要建设内容包括输水河渠工程、泵站工程、节制闸工程、水情水质工情管理及水保环保等专项工程。近期主要工程措施：按远期引水规模疏浚拓宽刘园干沟与侯王沟等、新建五河站；新建、加固或重建沱河闸、灵西闸、二铺闸等节制闸（涵）；新建刘园站、娄宋站、二铺闸站、四铺闸站、侯王站等6座泵站。远期增加的主要工程措施：对输水河渠进行整修防护，维修加固贾窝闸、岱山口闸，扩建除五河站以外的5座翻水站，新建贾窝站、岱山口站。淮水北调工程近期工程供水规模：抽淮流量50m³/s，出

香涧湖 $22m^3/s$，到二铺闸上 $15m^3/s$，多年平均调水量 12400 万 $m^3$；到四铺闸上 $7m^3/s$，多年平均调水量 6370 万 $m^3$。远期工程供水规模：抽淮流量 $50m^3/s$，出香涧湖 $36m^3/s$，到二铺闸上 $30m^3/s$，多年平均调水量 40630 万 $m^3$；到四铺闸上 $17m^3/s$，多年平均调水量 25640 万 $m^3$。淮水北调工程于 2012 年开工，经过数年建设，全线主体工程已经完成并通过验收，主要管道工程已全线贯通，2017 年年底已具备向皖北供水的能力。

2. 淮河干流水量应急调度

淮河流域地处我国南北气候过渡带，特殊的地理环境和过渡带气候的易变性、不稳定性致使流域降水时空分布不均，旱涝情况突出。淮河流域人口众多，人均水资源占有量不足 $500m^3$，约为全国人均水资源占有量的 1/5，属于严重缺水地区。随着国家实施中部发展战略和经济社会的快速发展，淮河流域各地用水需求和供水紧缺的矛盾凸显。淮河干流向沿淮城市居民生活和工业供水主要集中在蚌埠闸上河段和洪泽湖两处水源地。在发生严重枯水和特别严重枯水时，淮河干流河道下泄量和区间来水减少，蚌埠闸上河段和洪泽湖水资源供需矛盾将更为突出。

2015 年，国家防总批复了淮河防总组织编制的《淮河干流水量应急调度预案》，这是淮河流域首个获得国家防总批复的抗旱应急水量调度预案，预案的批复实施实现了抗旱调度预案重大突破，对加强今后淮河干流抗旱应急管理工作，保障蚌埠市、淮南市城市居民生活和重要工业用水，缓解洪泽湖水生态危机，促进流域经济社会可持续发展具有十分重要的意义。《淮河干流水量应急调度预案》依据国家有关法律法规规定，结合近年来淮河干流水量应急调度实践，坚持以人为本、节水优先、统一调度与分级负责和统筹兼顾等原则，将淮河蚌埠闸上河段和洪泽湖确定为淮河干流水量应急调度的目标河段，统筹考虑淮河干流中上游、重要支流、沿淮湖泊和重点大型水库等水利工程和水源状况，制定了多条应急调水线路，细化了预案启动条件和启动程序，明确了水量应急调度组织管理体系和职责划分，具有较强的针对性和可操作性，为今后处置淮河干流干旱危机，进一步规范抗旱水量应急调度工作提供了组织、技术和依法调度的保障。

（1）淮河干流水量应急调度原则。坚持以人为本的原则，优先保障城市居民生活用水和重要工业用水；坚持节水优先的原则，优先采取节水、限水等防旱措施；坚持统一调度与分级负责的原则，保证水量应急调度的顺利实施；坚持统筹兼顾的原则，团结治水、局部利益服从全局利益。

（2）淮河干流抗旱水量应急调度目标。保障沿淮主要城市和重点工业用水。淮河干流向城市居民生活和工业供水主要集中在蚌埠闸上河段和洪泽湖两处水源地。因此，将蚌埠闸上河段和洪泽湖水源地确定为淮河干流水量应急调度的目标河段。针对不同河段，采用不同的调度水源和调水线路。调度范围包括淮河干流中游河段，史灌河、淠河、怀洪新河、里运河、三阳河、中运河、徐洪河、房亭河等支流，蚌埠闸枢纽，洪泽湖、骆马湖、城东湖、瓦埠湖，有关泵站和重点大型水库等。

（3）向淮河蚌埠闸上河段应急调水线路。以上游水库为水源地，通过现有河道向蚌埠闸上河段调水，可能作为水源地的大型水库主要有史灌河上游鲇鱼山水库、梅山水库，淠河上游响洪甸水库、佛子岭水库等；以沿淮湖泊为水源地，通过湖泊的控制闸向蚌埠闸上河段应急调水，可能作为水源地的沿淮湖泊主要有城东湖、瓦埠湖等；以洪泽湖为水源地，在蚌埠闸下河道水质较好时，也可直接从蚌埠闸下向闸上翻水，但在淮河干旱时，淮河蚌埠市河段往往水质较差，不能作为城市供水水源，需通过五河泵站或新集泵站从淮河干流翻水进入怀洪新河香涧湖段，再在新胡洼闸架设临时泵站翻水进入怀洪新河上段，开启何巷闸将水送至蚌埠闸上河段。

（4）向洪泽湖应急调水线路。以蚌埠闸上河段为水源地，通过淮河直接向洪泽湖调水；以长江为水源地，通过江都枢纽抽引江水，分别利用里运河、苏北灌溉总渠、二河和三阳河、淮河入江水道向洪泽湖应急调水；以骆马湖为水源地，通过宿迁闸、中运河、二河闸，或通过房亭河、徐洪河向洪泽湖应急调水。淮河干流蚌埠闸上河段和洪泽湖水量应急调度线路见表2.1-1。

表2.1-1 淮河干流蚌埠闸上河段和洪泽湖水量应急调度线路

| 受水区 | 水源地 | 调 水 线 路 |
|---|---|---|
| 淮干蚌埠闸上河段 | 上游大型水库 | 利用现有河道向蚌埠闸上河段调水 |
| | 沿淮湖泊 | 利用现有河道向蚌埠闸上河段调水 |
| | 洪泽湖 | 五河泵站或新集站→怀洪新河香涧湖段→新胡洼闸架设临时泵站→怀洪新河上段→蚌埠闸上河段 |
| 洪泽湖 | 蚌埠闸上 | 从淮河直接向洪泽湖调水 |
| | 长江 | （1）江都枢纽→里运河→苏北灌溉总渠→二河→洪泽湖；<br>（2）江都枢纽→三阳河→淮河入江水道→洪泽湖 |
| | 骆马湖 | （1）宿迁闸→中运河→二河闸→洪泽湖；<br>（2）房亭河→徐洪河→洪泽湖 |

当淮河蚌埠闸上河段或洪泽湖发布枯水预警（蚌埠闸上水位降至或低于15.30m，洪泽湖蒋坝水位降至或低于11.00m）、枯水红色预警（蚌埠闸上水位降至或低于15.00m，洪泽湖蒋坝水位降至或低于10.50m），严重威胁蚌埠市、淮南市以及重要工业供水或洪泽湖出现生态危机，这时应启动应急调度预案。需水省防指向淮河防总提出水量应急调度申请；淮河防总组织制订淮河干流水量应急调度实施方案，在征求有关省意见后报国家防总批准；依据国家防总批准的实施方案，淮河防总组织实施淮河干流水量应急调度，发布调度命令，相关省防指和沂沭泗局负责所辖范围内抗旱应急调度。

淮河干流水量应急调度实施方案内容包括供水对象、水量应急调度供需分析、调度原则、调水路线、调水规模、调水时间、调水工程管理、临时工程建设、运行管理、水量水质监测和突发事件的处置措施等。其中调水路线可根据干旱实际情况从可能线路中选择。

3. 沭水东调

随着城市化、工业化进程的不断加快，再加上日照市无客水，全市水资源供需矛盾特别是城市水资源供需矛盾日益突出，尽管日照市建成大量的各类水利工程，但水资源承载能力不足仍是日照经济社会跨越式发展的瓶颈。沭水东调工程是将山东省莒县境内的青峰岭、小仕阳、峤山三座大中型水库地表水送至沭河后，再经明渠、暗管、隧洞、河道向东引入日照水库，调水线路全长88.32km。该工程于2014年1月26日开工，2017年1月8日主体工程完工，日调水能力30万 m³。沭水东调工程是日照市建市以来投资金额最多、施工难度最大的调水工程，是山东省单体最长的地下深层长距离输水隧洞工程，也是日照市现代水网规划的骨干工程。沭水东调工程的建成并投入使用优化了日照市的水资源配置，极大缓解并逐步解决了日照市水资源短缺问题，为全市经济社会快速发展提供了坚实的水资源保障。

日照水库是市区惟一的大型水库，日照水库增容工程于2015年12月20日开工，2016年11月19日主体工程完工，此次增容工程通过采取库岸抬田等工程措施，抬高日照水库兴利水位0.8m，可增加日照水库兴利库容2193万 $m^3$，极大提高了水库的雨洪水资源利用程度。同时作为沭水东调工程的调蓄水库，日照水库在防洪安全、供水保障和生态维护等方面发挥着重要作用。

2014—2015年，全市持续遭遇特别枯水年，城市供水严重不足。2015年11月底，沭水东调工程全线贯通后，当年12月底至次年3月底日照市成功实施沭水东调应急调水，从莒县小仕阳水库调水4000万 $m^3$ 入日照水库，极大地缓解了市区的供水压力。

4．淮河流域防污调度

自20世纪90年代以来，淮河水利委员会组织河南、安徽、江苏三省有关部门开展淮河水污染联防调度，制订了淮河水污染联防工作方案和水闸防污调度预案，通过科学调度水闸，发挥出水闸等水利工程的调蓄和控制作用，有效改善了枯水期河流水质，最大限度地减轻了沙颍河、涡河等主要支流污染水体下泄对淮河水质的影响。例如，2005年7月，为减轻沙颍河、涡河污染水体下泄对淮河中下游的影响，淮河水利委员会要求沙颍河颍上闸、涡河蒙城闸在洪水到来前采取小流量下泄措施，降低水位；当洪水出现时，在保证防汛安全前提下，逐步加大沙颍河颍上闸、涡河蒙城闸下泄水量。由于措施得力，加上同期淮河干流上游来水量较大，沙颍河、涡河污染水体下泄并没有对淮河干流水质及蚌埠市等供水水源地水质造成较大影响，淮河干流主要控制断面主要控制指标高锰酸盐指数和氨氮一直保持在Ⅲ类水质。

在应对跨省河流重大水污染事件中，淮河水利委员会充分发挥组织协调作用，通过防污调度等措施，成功处置了多起跨省河流重大水污染事件。例如，2009年12月，大沙河发生重度砷污染事件，为防止对下游涡河和淮河干流造成污染，启动了Ⅳ级应急响应，及时组织制订了《大沙河涡河应急防污调度方案》。根据防污调度方案，连续实施监测，定量下泄污染水体，在涡河大寺闸上水质砷浓度符合Ⅲ类水标准情况下，连续3次对大寺闸实施间断开启调度，同时对下游涡阳闸、蒙城闸也视情况进行相应调度。累计对沿线控制闸实施了16次防污调度，涡河上游付桥闸和惠济河东孙营闸共下泄1025万 $m^3$，涡河大寺集闸下泄水量2100万 $m^3$。经过努力，12月22日，大沙河安徽境内主要控制断面水质砷浓度全部达Ⅲ类水标准。

## 2.2 跨流域调水系统

### 2.2.1 跨流域调水系统的概念

随着人口的增长和经济的发展，水资源问题已经成为制约人类21世纪生存与可持续发展的瓶颈，水资源分布不均匀性与人类社会需水不均衡性的客观存在使得调水成为必然。跨流域调水（Interbasin Water Transfer，IWT）是通过大规模的人工方法从余水流域向缺水流域大量调水，以便促进缺水区域的经济发展和缓解水资源供需矛盾。这里所指的流域一般都是空间尺度较大的流域。跨流域调水是指修建跨越两个或两个以上流域的引水（调水）工程，将水资源较丰富流域的水调到水资源紧缺的流域，以达到地区间调剂水量余缺，解决缺水地区水资源需求的一种重要措施。它是改善水土资源组合的现有格局，实现水资源合理配置，保证社会经济和环境持续协调发展的一项重要战略任务，因而受到世界各国政府的关注。跨流域调水作为调整水资源在时间和空间分布上不均匀性及其与人类社会经济发展、生态环境保护需求不相适应的重要措施，是水资源规划和管理的重要内容之一。

跨流域调水一般有两种类型：改变河流流向和修建能输送大量水的大运河。跨流域调水在中国有着悠久的历史，沟通珠江流域和长江流域的灵渠工程、京杭大运河都是历史上跨流域调水的典型事例。跨流域调水系统一般包括调水区、受水区和水量通过区三部分。调水区是指那些水量丰富、可供外部其他流域调用的丰水流域和地区；受水区则是那些水量严重短缺、亟须从外部其他流域调水补给的干旱流域和地区；沟通上述两者之间的地区范围称水量通过区。从工程设施角度考虑，跨流域调水系统一般包括水源工程（如蓄水、引水、提水等工程），输配水设施（渠道、管道、隧洞、河道等），渠系建筑物（如交叉、节制、分水等建筑物），受水区内的蓄水、引水、提水等设施。

跨流域调水关系到相邻地区经济社会的发展，同时还涉及相关流域水资源重新分配，可能引起的社会生活条件及生态环境变化，因此，必须全面分析跨流域的水量平衡关系，综合协调地区间可能产生的用水矛盾和生态环境问题。跨流域调水系统是一项涉及面广、影响因素多、工程结构复杂、规模庞大的复杂系统工程，需要从战略高度上对工程的社会、经济、工程技术和生态环境等方面进行统一规划、综合评价和科学管理，才能取得应有的经济、社会和生态环境效益。

根据调水目标不同，可将跨流域调水工程分为以下6类。

（1）以航运为主体的跨流域调水工程，如我国古代的京杭大运河等。

（2）以灌溉为主的跨流域灌溉工程，如我国甘肃省的引大入秦工程等。

（3）以供水为主的跨流域供水工程，如我国河北省的引滦济青工程、山东省的引黄济青工程、广东省的东深供水工程，以及南水北调东线、中线工程等。

（4）以水电开发为主的跨流域水电开发工程，如澳大利亚的雪山工程、我国云南省的以礼河梯级水电站开发工程等。

（5）跨流域综合开发利用工程，如美国的中央河谷工程、加州水利工程等。

（6）以除害为主要目的（如防洪）的跨流域分洪工程，如江苏、山东两省的沂沭泗水系供水东调南下工程等。

此外，跨流域调水工程还可依工程规模大小分为近距离、小规模调水工程和远距离、大规模调水工程；根据调水耗能与否，可将跨流域调水工程分为自流型、提水型、自流与提水相结合的混合型三类；根据工程的输水设施，可将跨流域调水工程分为渠道输水、管道输水、隧洞输水、河道输水以及上述多种形式相结合的混合输水等类型；根据调水的服务对象，可将跨流域调水工程分为直接服务型和间接服务型两种，所谓直接服务型是指跨流域调水直接供给各缺水地区用以满足工农业等方面的用水需求，而间接服务型则是指跨流域调水不直接供给各缺水地区用以满足工农业等方面的用水需求，而是调水至缺水流域，通过对缺水流域水量的补充来实现工程的调水效益。

### 2.2.2 跨流域调水系统的特点

实施跨流域调水必须具有以下三个条件：一是存在两个及以上具有不同水文规律与水资源供求关系的流域；二是至少存在一个及以上的丰水流域或枯水流域；三是存在多个流域通过水量调剂联合开发利用的可能性。

跨流域调水系统是由两个或两个以上的流域合成的一个水资源大系统，具有高度的复杂性，其主要特点可以归纳为以下几点。

（1）跨流域调水系统具有多流域和多地区性。由于跨流域调水系统涉及两个或两个以上流域和地区的水资源再分配，因而，如何正确评估各流域、各地区的水资源供需状况及其社会经济的发展趋势，如何正确处理流域之间、地区之间水权转移和调水利益上的冲突与矛盾，对工程所涉及的各个流域和地区实行有效的科学规划与管理，是跨流域调水系统规划管理决策中所面临的一个重要问题。

（2）跨流域调水系统具有多用途和多目标特性。大型跨流域调水系统往往是一项兼顾发电、供水、航运、灌溉、防洪、旅游、养殖以及改善生态环境等目标和用途的集合体。因而，如何处理各个调度目标之间的水量分配冲突与矛盾，使工程具有最大的社会经济效益和生态环境效益，是跨流域调水系统决策中的又一重要课题。

（3）跨流域调水系统具有水资源时空分布上的不均匀性。水资源量在时间和空间分布上的差异是导致水资源供需矛盾的一个重要因素，也是在地区之间实行跨流域调水的一个重要前提条件。把握水资源时空分布上的这种特性，对多流域、多地区的多种水资源（如当地地表水、地下水、外调水等）进行合理调配，则是提高跨流域调水系统内水资源利用率的重要途径之一。

（4）跨流域调水系统中某些流域和地区具有严重缺水性。在跨流域调水系统内，必须存在某些流域和地区在实施当地水资源尽量挖潜与节约用水的基础上水资源量仍十分短缺，难以满足这些地区社会经济发展与日益增长的用水需求，由此表现出严重缺水性。对缺水流域和地区进行节水与水资源供需预测，正确评价其缺水程度，则是减少工程规模、提高工程效益、促进节水与水资源合理配置和整个国民经济发展的重要途径之一。

（5）跨流域调水工程的投资和运行费用大。因跨流域调水工程涉及范围大，影响因素多，工程规模相对较大。随着工程规模的增大，投资相对就会大幅度增长，远距离调水管理难度大，运行费用会相对较高。确定满足社会经济发展要求的合理工程供水范围与调水规模，则是减少工程投资和运行管理费用的重要举措之一。

（6）跨流域调水系统具有更广泛的不确定性。跨流域调水系统的不确定性，和其他一般水资源系统一样，主要集中在降水、来水、用水、地区社会经济发展速度与水平、决策思维和决策方式等方面，而且比较而言其不确定性程度更大，范围更广，影响更深，结果是跨流域调水系统比一般水资源系统具有更大的风险性。

（7）跨流域调水系统具有生态环境的后效性。跨流域调水系统由于涉及范围较一般水利工程大得多，势必导致更多因素的自然生态环境变化，有些生态环境的变化是不可逆转的，这就表现出生态环境后效性。如何预见和防治生态环境方面的后效性，则是需要研究的又一重要问题。因此，必须始终坚持"先治污、后调水"和调水有利于保护、改善生态环境的原则，进行跨流域调水规划和管理。

总之，跨流域调水系统是一项涉及面广、影响因素多、规模庞大的复杂系统工程，跨流域调水工程的决策本质上是一类不完全信息下的非结构化冲突性大系统多目标群决策问题，需要从战略高度上对工程的经济、社会、环境和工程技术方面进行统一规划、综合评价和科学管理。

## 2.2.3　跨流域调水的作用与意义

跨流域调水的作用与意义大体可归纳为以下几点。

（1）水土资源分布不均和供需矛盾突出是实施跨流域调水的根本原因。众所周知，我国水资源总量相对较多，但人均和亩均水量较少，水资源时空分布极不均衡，水土资源不相匹配；降水及径流的年内分配集中，年际变化较大；工程建设不配套，节水措施少，用水浪费现象严重；水资源开发不合理，工程效益差。而跨流域调水可有效调整水土资源配置与社会经济发展的关系，有助于缓和水资源的供需矛盾。

（2）跨流域调水是解决缺水地区水资源严重供需矛盾的重要途径之一。跨流域调水不仅有利于促进节水、水污染治理、水质水量的统一管理和区域水资源的合理配置，而且是解决我国缺水地区水资源严重不足的根本途径。但节水、保护水源、防治水污染、进一步挖潜当地水资源等措施是实施跨流域调水的前提和基础，加强水资源规划与管理是实现跨流域调水效益的重要保证。

（3）跨流域调水是促进区域共同发展、实现国民经济可持续发展的重要保证。跨流域调水是促进我国城市、工业发展和改善人民生活水平的重要措施，是促进我国农业灌溉发展和提高我国粮食生产能力的重要手段，有利于促进我国洪、涝、旱、碱灾害的综合治理。任何一项规划合理的跨流域调水工程，不仅可通过对缺水地区的水源补给实现其抗旱效益，而且可通过对洪涝水在时间和空间上的不同遭遇进行适时调配来实现跨流域调水工程的防洪、除涝效益，通过灌排系统的合理规划和地下水位的控制，防治土壤次生盐碱化。

（4）防治水污染和保护生态环境是跨流域调水的前提和长期任务。跨流域调水是一项为解决水资源空间分布不均匀问题而改变水资源配置格局的一项工程，必将会对水循环规律、对水量调出区和调入区的自然生态环境产生有利和不利影响。跨流域调水工程既要有利于改善受水区的供水条件和水质，又要减少其对当地生态环境的不利影响，并提出减少工程不利影响的防治措施，切实做到"先节水后调水，先治污后通水，先环保后用水"，从而使跨流域调水工程的规划和实施真正建立在治污和生态环境保护基础上。从这个意义上讲，防治水污染和保护生态环境是跨流域调水的前提条件。在跨流域调水工程运行管理过程中，应加强水质监测和生态环境监测，严格控制污染源，加大治污力度，实行水质水量统一管理。因此，防治水污染和保护生态环境是跨流域调水面临的一项长期任务。

### 2.2.4 跨流域调水的可行性分析

跨流域调水是一项复杂的系统工程，既涉及自然科学和社会科学，又涉及时空问题，必须把工程规模、效益、影响等方面综合起来进行可行性分析。

**1. 可调水量问题**

兴建跨流域调水工程的先决条件是水量调入区对水有紧迫要求，而水量调出区在满足自身当前和未来经济社会可能发展水平的用水需求条件下有多余水可供外调，水量通过区可以解决输水和蓄水问题。如何正确评估水量调入区的用水需求和水量调出区的未来经济社会发展水平，是研究跨流域调水工程可调水量大小的重要依据，为此需要开展以下方面的研究工作。

（1）研究实行跨流域调水工程建设地区的经济社会发展潜力、水资源供需状况及水资源开发利用潜力、节水潜力等，按照技术上可行、经济上合理、环境影响小的原则，确定调水规模及其相应的供水范围。

（2）针对跨流域调水工程的供水范围，根据国家和地区的发展规划，综合研究调入区的用水需求量和节水潜力、调出区的经济社会发展水平与水资源承载能力、水量通过区的调蓄能力与需补水量。

（3）研究跨流域调水工程运行管理的可靠性与风险性，包括水源区和受水区的水资源供需演变规律及水文特征，确定调水工程的供水可靠度等，提出提高可靠度的对策措施。

（4）研究工程管理调度运行方案，包括常规调度、优化调度和实时调度的方法，提出可操作的应急调度预案。

**2. 生态环境问题**

跨流域调水工程涉及某个流域或地区的水量减少，另一个流域或地区的水量增多，这种人为干预和水量时空变化，势必会对工程全线的水质和生态环境产生有利或不利影响。

（1）水源区的生态环境问题。跨流域调水要求水源区的水质优良，如果水源区已受到污染，则宜先治污后调水，并采取适当的水资源保护措施。调水有利于减轻水源区下游地区的洪涝灾害，但也会因下游水量减少而导致下游河道的航深降低、河道冲淤规律变化、生物多样性消失、水质恶化加重。若引水口距离河流入海口较近，则增加海水入侵的可能性，引起近海的生态系统变化；若在某流域的支流引水，则可能会因该支流汇入干流的水量减少，导致支流受干流河水顶托而排污能力下降，在支流出口处产生水质恶化。

（2）受水区的生态环境问题。调水工程会给受水区带来明显的环境效益，如可为受水区工业、生活用水提供新的水源，增加灌溉面积和灌溉水量，可使受水区的生态环境得到改善，压缩受水区的地下水开采量。向干旱地区和沙漠地区调水的生态环境效益则更为显著。如果规划管理不合理，也可能会引起水量增多而导致一些不良影响，如地下水位过度升高，引起土壤次生盐碱化，低洼地区引起土壤潜育化、沼泽化；引起细菌、病毒通过水媒介蔓延。

**3. 工程技术问题**

在工程技术可行性分析中，应研究经济合理的大型输水渠道工程（如渠道设计流量、加大流量及纵横剖面），以减少工程投资；研究工程范围内调蓄设施的工程布局及其蓄水容积大小，以调节来水、用水时空分布的矛盾，减少输水和提水设施的规模，以节省投资费用，减少供水风险；确定提水泵站的合理规模与级配，以便减少工程投资，研究提水泵站群联合运行的优化调度和实时调度方法及规则，以便提高泵站的运行效益，节省能源和运行费用；输水沿线涉及大量的渠系建筑物和交叉建筑物，需要对这些建筑物的形式、结构、规模大小等进行合理的规划设计和计算分析，使其达到结构最优、运行可靠、施工难度最小的目的。

4. 可调水量分析

可调水量是指满足水源区经济社会发展与生态环境保护需求及工程技术允许条件下可能从水源区调出的最大水量。可调水量的确定既与水文、地质条件有关，也与水源区经济社会发展与生态环境保护对水资源的需求有关，还取决于调水方式、引水工程措施、技术经济等因素。当水源区的水量特别丰富，调引水量只占原有水量的极小部分，应按照以需定供的原则确定调水量；反之，如果受水区的用水需求很大，水源区的水量有限，供不应求，则应按照以供定需的原则确定调水量大小。在可调水量确定过程中，要重视调水量的水文变差。在多年平均可调水量确定后，还要注意可调水量的年内和年际变化，以及水源区与受水区的丰枯遭遇情况。

可调水量问题是跨流域调水最核心的问题。受水区往往过分强调供水补给而忽视了对用水实际需求的研究，调水区则容易过多地强调本地区社会经济发展而增大本地区未来的用水需求量。严格地说，要确定跨流域调水的可调水量，应当在可持续发展思想指导下，把调水区与受水区耦合成一个统一的跨流域水资源大系统，建立系统的社会-经济-环境-资源综合发展模型，并根据系统最佳综合效益原则予以确定。由此可见，可调水量应是反映系统内水资源最佳配置的综合指标，既要考虑调出区的可供水能力，也要考虑受水区的利用效率。

5. 调水工程及调水线路优选

为保证调水量和调出过程的要求，需在水源区兴建一系列调水工程或设施。一是调蓄工程。当水源区水量变差较大时，需要进行调蓄，调蓄不但可以均化调出的径流量，还净化了水质。二是扬水工程。当调出区的高程较低，或者从引水口下游向上翻水以增加调出水量，就要兴建一系列大流量高扬程提水泵站，泵站可以配合调蓄水库，降低提水高程。调水线路选取要考虑技术可行性与经济合理性。输水工程的技术是实施调水的关键。调水线路虽然在技术上是可行的，但为求得经济合理、安全可靠，大型建筑物的比选也是十分重要的。管道输水对水质水量是有保证的，但前期工程投资太大；明渠输水则有利于调水沿线各类用水需求，成本较低，但容易受到污染，也会有输水损失。

6. 调水规模选择

在一般情况下，调水量大小是由水资源供需计算来确定的，但从环境与生态的角度来看，水量调入区的调水规模必须适宜，在缺水地区增加调水量并非越多越好。调水规模选择应遵循以下原则与方法。

（1）调水工程的主要目标是向城市和工业供水，并兼顾农业与生态环境用水，尽量对调水工程进行综合利用，以减小调水规模。

（2）确定是否需要调水必须分析调入区缺水的性质，属于资源型缺水为主的地区，调水的必要性比较容易确定；不属于资源型缺水的地区，调水的必要性必须进行充分论证。因此，针对地区的缺水问题，需要判断其缺水性质并根据经济社会的近期与远期用水需求进行周密的区域水资源供需平衡分析，以确定合理的调水规模。

（3）在节流的基础上进行调水是跨流域调水的基本原则，在大多数情况下，调水应是对当地水资源的补充。只有实现了节流，充分挖掘地区水资源利用潜力之后，实施调水才是最经济、最合理的，这样才可使调入区的调水规模最小而用水效率最大。

（4）在确定调水规模过程中，必然要涉及调入区与调出区的用水利益矛盾，原则上应以不影响调出区现状和未来的用水需求为原则，或者以补偿的办法减少对调出区的影响，以保证调出区的利益。

（5）调水工程规模还受到工程技术、经济社会与生态环境等多方面的影响。一般来说，工程技术问题比较简单，而经济效益和环境效应问题比较复杂，调水的环境效应有正有负，工程规模的可行性必须以正效应大于负效应为原则。

## 2.3 国外跨流域调水现状

### 2.3.1 国外跨流域调水工程概况

跨流域调水并非一个新问题，国外跨流域调水工程的兴建最早始于公元前 2400 年，古埃及为了满足埃塞俄比亚境内南部的灌溉和航运要求，兴建了世界上第一座跨流域调水工程。但国外大量跨流域调水工程的兴建则是在 19 世纪中叶以后。美国在 1842—1904 年间，先后兴建了许多小型跨流域调水工程，克洛顿河至纽约市的调水工程便是其中最早的调水工程之一。1915—1924 年间，又建成了输水距离为 400km 的开特盖尔调水工程。为解决加州等地的用水问题，在美国西部先后兴建了欧文河谷-莫诺湖工程、科罗拉多河向加州南部沿海地区调水工程、中央河谷工程和加州水利工程等。此外，加拿大、苏联、印度、澳大利亚、巴基斯坦、法国、英国、德国、以色列、伊拉克、西班牙、墨西哥、罗马尼亚、苏丹、秘鲁、比利时、韩国等国家也先后兴建了许多跨流域调水工程。比较著名的调水工程包括以下几个。

（1）巴基斯坦的西水东调工程。它从印度河自流引水向巴基斯坦东部地区供水，总扬程 1151m，线路总长 593km，年调水量达 160 亿 m³，是目前世界上规模最大的跨流域调水工程，至今仍堪称平原地区明渠自流引水的典范。

（2）美国的中央河谷工程。它从萨克拉门托河流域引水，经 8 座高扬程提水泵站向圣华金三角地区供水，输水线路总长约 800km，年调水量约 37 亿 m³，是世界上最早建成的单机提水扬程最大（857m）的大型提水跨流域调水工程。

（3）美国的加州水利工程。它从费瑟河引水，经 7 级大型提水泵站送水至加州南部地区，总扬程 2085m，线路总长 1105km，年调水量达 52 亿 m³，是目前世界上调水扬程最高的跨流域调水工程。

（4）澳大利亚的雪山调水工程。它是利用自然落差，从雪山河向墨累河水系调水的大型跨流域水电开发工程，年调水量 23.7 亿 m³，利用落差建立水电站 7 座，总装机容量

374 万 kW，年发电量 50 亿 kW·h，是目前世界上装机容量最大的跨流域调水工程。

（5）秘鲁的马赫斯调水工程。引水流量 260m³/s，全部在海拔 3600～4200m 上施工，输水干线有 27 段隧洞，总长 95km，穿越分水岭隧洞长达 15km，是目前世界上已完成的最艰巨的跨流域调水工程。

（6）苏联的额尔齐斯调水工程。年调水量 25 亿 m³，输水沿线有 22 级提升泵站（共 26 座），总扬程 418m，是目前世界上梯级泵站级数最多的大流量、低扬程跨流域调水工程。

（7）加拿大的 Churchill 调水工程。它是从 Churchill 河向 Rat 河和 Burntwood 河调水供发电用的跨流域调水工程，引水流量达 850m³/s，且基本上利用天然河床，很少进行人工整治，是目前世界上利用自然河床实行跨流域调水工程建设的典型。

### 2.3.2　国外跨流域调水工程研究和建设的特点

国外跨流域调水工程研究和建设的特点主要有以下几个方面。

（1）国外跨流域调水工程主要以发电和供水为主，通过以电养水、以电补农等措施，实现工程的经济效益和社会效益。

（2）日益重视调水对生态环境影响方面的研究与保护，特别强调对调水可能产生的不利生态环境方面的研究与防治。

（3）重视工程管理规划过程中的水权研究与保护、法制建设与执行，特别强调对工程水量调出区的水量拥有权和优先使用权的保护。

（4）国外跨流域调水工程大多以州内调水为主，减少了地区之间的用水纠纷。

（5）调水工程不仅规模已由近距离、小流量逐步向远距离、大流量方面转变，而且工程结构已由简单向复杂转变，由用途单一的发电、灌溉或供水开发转向发电、灌溉、供水、养殖、旅游、防洪、航运以及改善生态环境等方面综合利用的多用途、多目标方向转变。

（6）调水方式日益多样化，不仅有自流式调水系统，也有提水式调水系统以及自流与提水相结合的混合型调水系统。既有单一人工渠道、管道、隧洞或天然河道等结构形式，又有人工渠道、管道、隧洞、天然河道相互连接的复杂结构形式。在提水系统中，不仅有大流量、低扬程泵站，也有小流量、高扬程泵站。

（7）广泛实行了跨流域调水工程的集中控制与自动化管理，建立了跨流域调水工程运行管理信息系统与决策支持系统。

（8）重视工程规划管理中的不确定性研究，建立了许多随机规划模型与实时调度模型。

（9）强调调水工程的可行性研究，基本上按照"谁投资、谁受益""谁建设、谁管理"的原则进行跨流域调水工程的建设与运行管理。

（10）国外调水工程建设大多是在当地水资源得以充分挖潜且难以满足当地经济社会发展用水需求（即出现严重供水不足）的情况下进行的。

（11）调水规划中非常重视节水，工业要求循环用水和废水回收利用，农业大力发展喷灌、滴灌，并要求农作物品种作相应调整，还重视渠道防渗等减少输水损失的措施研究。

（12）十分重视受水区和水源区利益冲突的协调研究，国外大多已建的跨流域调水工程都是长期争论、反复研究、充分协商后的结果。

以上国外调水实例为我国开展跨流域调水工程建设与运行管理提供了经验借鉴。

## 2.4 国内跨流域调水现状

### 2.4.1 我国主要跨流域调水工程简介

跨流域调水是缓解缺水流域水资源供需矛盾、支撑缺水流域经济社会可持续发展的重要举措。为缓解重点缺水地区的水资源供需矛盾，自 20 世纪 50 年代以来，我国先后建成江苏的江水北调工程、广东的东深供水工程、引滦济津工程、山东的引黄济青工程、甘肃的引大入秦工程以及南水北调东线、中线一期工程等。据不完全统计，国内目前至少有15 项地方性调水工程，这些水资源调度工程在应对水资源短缺、水污染和生态用水危机方面发挥了重要作用。现将国内主要跨流域调水工程简介如下。

1. 江苏省江水北调工程

江苏省江水北调工程（也称苏北引江工程）是从江苏省扬州市江都县的江都站抽引长江水，经 9 级提水泵站与洪泽湖、骆马湖的调蓄，可北送至入南四湖下级湖，供苏北徐州地区用水，还可抽排里下河地区涝水。江苏省江水北调工程是一项扎根长江，实现江淮沂沭泗统一调度、综合治理、综合利用的工程，是一项以工农业供水为主，兼顾航运的综合利用工程，它也是现在我国南水北调东线工程的重要组成部分。江水北调工程的主要任务是以长江水补充淮沂沭泗水量之不足，协调来水、需水时空分布不均的矛盾，为苏北地区工农业生产、城市生活、航运和生态提供水源，并承担苏北地区部分泄洪排涝任务。

江苏省从 20 世纪 50 年代开始兴建引江工程，70 年代江淮水联合北调，80 年代江水北调工程在省内全线贯通，到 90 年代初步形成了多路引水网络格局。该工程全长超过400km，现状引水能力达 1100m³/s，已建成的江都水利枢纽设计抽水能力 400m³/s。江水北调各级泵站基本情况见表 2.4 - 1。

表 2.4 - 1　　　　　　　　　　江水北调各级泵站基本情况

| 梯级 | 站　名 | 抽水流量/(m³/s) | 装机容量/kW |
|---|---|---|---|
| 一 | 江都一站 | 81.6 | 8000 |
| | 江都二站 | 81.6 | 6400 |
| | 江都三站 | 135.0 | 16000 |
| | 江都四站 | 210.0 | 21000 |
| 二 | 淮安一站 | 64.0 | 6400 |
| | 淮安二站 | 120.0 | 10000 |
| | 淮安三站 | 66.0 | 3400 |
| | 石港站 | 120.0 | 13200 |

续表

| 梯级 | 站　名 | 抽水流量/(m³/s) | 装机容量/kW |
|---|---|---|---|
| 三 | 淮阴一站 | 120.0 | 8000 |
| | 淮阴二站 | 100.0 | 10000 |
| | 高良涧越闸站 | 110.0 | 15880 |
| | 蒋坝站 | 100.0 | 14300 |
| 四 | 泗阳一站 | 100.0 | 10000 |
| | 泗阳二站 | 66.0 | 5600 |
| 五 | 刘老涧站 | 150.0 | 8800 |
| | 沙集站 | 50.0 | 8000 |
| 六 | 皂河站 | 195.0 | 14000 |
| | 刘集站 | 33.0 | 3630 |
| 七 | 刘山北站 | 50.0 | 6160 |
| | 刘山南站 | 30.0 | 3300 |
| | 单集站 | 20.0 | 2240 |
| 八 | 解台站 | 50.0 | 6160 |
| | 大庙站 | 20.0 | 2240 |
| 九 | 沿湖站 | 30.0 | 2100 |

　　江苏省江水北调工程作为江苏省重要跨流域调水工程，在促进苏北地区经济发展方面发挥了重要作用。工程经过几十年的运行管理实践，较好保障了江苏省苏中及苏北地区防洪排涝、农业灌溉、抗旱调水、城市供水、交通航运的需求，较好地解决了农业生产、城乡生活、生态与环境用水问题，为江苏省苏北地区经济社会的快速发展提供了重要保障。

　　**2. 南水北调东线工程**

　　南水北调工程是实现我国水资源优化配置、促进经济社会可持续发展、保障和改善民生的重大战略性基础设施，是典型的跨流域调水工程，包括东线工程、中线工程、西线工程。其中，中线一期工程、东线二期工程已建成并通水。南水北调东线工程利用江苏省已有的江水北调工程，逐步扩大调水规模并延长输水线路，从长江下游江苏省扬州市江都区抽引长江水，利用京杭大运河及与其平行的河道逐级提水北送，并连接起调蓄作用的洪泽湖、骆马湖、南四湖、东平湖。淮河流域受水区范围包括苏北的大部分地区、安徽省淮北部分地区和淮河下游区的部分地区、山东省的南四湖地区。该工程出东平湖后分两路输水：一路向北，在位山附近经隧洞穿过黄河，输水到天津；另一路向东，通过胶东输水干线输水到烟台、威海。

　　南水北调东线一期工程调水主干线全长1466.5km。工程任务是从长江下游调水到山东半岛和鲁北地区，补充山东、江苏、安徽等输水沿线地区的城市生活、工业和环境用水，兼顾农业、航运和其他用水。工程沿线共设置13级泵站逐级提水，共22处枢纽，抽水扬程65m。共有34座泵站，总装机台数160台，总装机容量36.62万kW，总装机流量4447.6m³/s，具有规模大、泵型多、扬程低、流量大、年利用小时数高等特点，成为亚洲乃至世界大型泵站数量最集中的现代化泵站群，其中水泵水力模型以及水泵制造水平均达到国际先进水平。

南水北调东线一期工程由调水工程和治污工程两大部分组成。调水工程主要包括疏浚开挖整治河道 14 条、新建 21 座泵站、更新改造 4 座泵站、新建 3 座调蓄水库、建设穿黄工程等；治污工程分为城市污水处理及再生利用设施、工业综合治理、工业结构调整、截污导流、流域综合治理 5 类，共 426 个项目，其中山东省 324 个、江苏省 102 个。

根据东线工程供水目标和预测的当地来水量及需调水量，考虑受水区缺水情况和对水量、水质的要求，经多方案比较，确定东线工程先通后畅、逐步扩大规模，分三期实施。以下为各期调水规模。

第一期工程：主要向江苏和山东两省供水。抽江 500m³/s，过黄河 50m³/s，送山东半岛 50m³/s，改善苏北、鲁西南农业用水条件。第二期工程：供水范围扩大至河北、天津。抽江规模扩大到 600m³/s，过黄河 100m³/s，到天津 50m³/s，送山东半岛 50m³/s。第三期工程：增加北调水量，以满足供水范围内 2030 年国民经济发展对水的需求。工程规模扩大到抽江 800m³/s，过黄河 200m³/s，到天津 100m³/s，向胶东地区供水 90m³/s。

南水北调东线一期工程多年平均抽江水量为 87.7 亿 m³，受水区干线分水口门净增供水量 36 亿 m³，其中江苏 19.3 亿 m³、山东 13.5 亿 m³、安徽 3.2 亿 m³。东线工程一期工程于 2002 年 12 月 27 日开工建设。2013 年 11 月 15 日，主体工程实现全线正式通水。

南水北调东线一期工程通水以来，工程经济效益、社会效益、生态效益得到发挥，有效缓解沿线地区最为紧张的城市用水问题。

**3. 南水北调中线工程**

南水北调中线工程是一项宏伟的生态工程和民生工程。南水北调中线工程沿京广铁路线西侧北上，全程自流，向河南、河北、北京、天津供水。南水北调中线工程的调水源头为长江中游最大支流汉江上的丹江口水库，输水总渠经南阳盆地北部，于方城垭口进入淮河流域，地势平坦，全程自流。南水北调中线工程的总干渠不仅是一条"清水长廊"，也是一条"绿色长廊"。总干渠不经过崇山峻岭，施工条件优越，对环境的影响小。沿线河流均与总干渠立体交叉，可保证水质安全。在丹江口水库水量充沛的时候，可以方便地将水放入当地河流中，以改善河道的水环境。南水北调中线工程还将带动绿化、生态农业和绿色农业的发展，改善当地的生态环境。

南水北调中线工程干线全长 1432km，沿线 20 个大中城市及 100 多个县（市）受益，输水干渠地跨河南、河北、北京、天津 4 个省（直辖市），受水区域为沿线的南阳、平顶山、许昌、郑州、焦作、新乡、鹤壁、安阳、邯郸、邢台、石家庄、保定、北京、天津等 14 座大中城市，重点解决河南、河北、北京、天津 4 个省（直辖市）的水资源短缺问题，为沿线十几座大中城市提供生产生活和工农业用水。工程移民迁安近 42 万人，其中丹江口库区移民 34.5 万人。南水北调中线工程淮河流域内的受水区为河南省，主要为黄河以南平原区，包括平顶山、漯河、周口、许昌和郑州 5 个地市的部分地区，其中郑州受水区与已有的引黄区重合。

南水北调中线工程初期年均调水量 95 亿 m³，后期根据需要进一步扩大调水规模，可使受水地区的缺水问题得到有效解决，生态环境将有显著改善。根据南水北调中线工程规划，南水北调中线工程水量分配方案：河南 37.69 亿 m³、河北 34.7 亿 m³、北京 12.4 亿 m³、天津 10.2 亿 m³。南水北调中线一期工程 2020 年调入淮河流域河南省的口门水量多年平均为 12.2 亿 m³，二期工程 2030 年调入水量多年平均为 21.4 亿 m³。南水北调中线调水主要为城镇供水提供水源，替代超采的地下水和被挤占的农业、生态用水，不直接供农业使用。

南水北调中线工程于 2003 年 12 月 30 日开工，于 2013 年年底主体工程完工。2014 年 12 月 12 日，南水北调中线一期工程正式通水。南水北调中线一期工程通水以来，河南、河北、天津、北京沿线受水省（直辖市）供水水量有效提升，居民用水水质明显改善，地下水水位下降趋势得到遏制，部分城市地下水水位开始回升，城市河湖生态环境显著改善，社会、经济、生态、减灾效益同步显现，已成为沿线大中城市的生命线。

4. 引江济淮工程

引江济淮工程是一项重大跨省、跨流域调水工程，是安徽省水资源配置战略工程和全省经济社会发展与水环境改善的重大基础设施，称为安徽省的"南水北调"工程。该工程沟通长江、巢湖、淮河三大水源，兼有水资源配置、水环境改善、水运输发展三大作用。引江济淮工程主要任务是以城乡供水和发展江淮航运为主，结合灌溉补水和改善巢湖及淮河水生态环境。该工程实施后可有效缓解沿淮及淮北地区较长时间内的缺水矛盾，对完善江淮航运体系，缓解巢湖及淮河水环境恶化趋势，充分发挥水资源的综合利用效益，促进该地区经济社会可持续发展和水生态文明建设具有重要意义。

引江济淮工程供水范围涉及安徽、河南两省 15 市 55 县（市、区），总面积 7.06 万 km²，其中安徽省亳州、阜阳、宿州等 13 个市 46 个县（市、区），河南省周口、商丘 2 个市 9 个县（市、区）。引江济淮工程包括引江济巢、江淮沟通、江水北送三段，输水线路总长 723km。其中新开河渠 88.7km，利用现有河湖 311.6km，疏浚开挖 215.6km，压力管道 107.1km。该工程从长江干流取水，利用现有的凤凰颈排灌闸站、西河兆河和规划的菜子湖引水线路分东、西两条线路进入巢湖。经巢湖调蓄后，利用派河自流引水至合九铁路以北，在王小郢、戴大郢设二级提水泵站，在大柏店东北过江淮分水岭，经东淝河至瓦埠湖调蓄后入淮河，再经蚌埠闸调蓄后继续北上。西兆河线部分河段和菜子湖线按Ⅲ级航道标准建设，江淮沟通段按Ⅱ级航道标准建设。

根据引江济淮工程可行性研究报告，近期 2030 年，引江水量 33.03 亿 m³，入淮水量 21.36 亿 m³；远期 2040 年，引江水量 49 亿 m³，入淮水量 26 亿 m³。2016 年 12 月 29 日，引江济淮工程正式开工建设，工期 72 个月，有望于 2020 年试运营。

5. 东深供水工程

东深供水工程全称是东江—深圳供水工程，是一项从珠江支流东江引水，经 9 座提水泵站逐级送水至深圳水库，然后再用管道输水至香港的跨流域调水工程。东深供水工程可以说是我国跨流域调水工程的典范。自 1964 年动工兴建以来，东深供水工程为香港和深圳的繁荣和发展发挥了十分重要的作用，由香港的补充水源转变为香港的主要水源。东深供水工程建成后又经三次扩建，目前东深供水工程年供水量已达 6.2 亿 m³，约占香港总用水量的 80% 以上，每年可为深圳提供 1.5 亿 m³ 水量，而且使沿线农田灌溉面积扩大 2.47 万 hm²。

### 6. 引滦入津工程

引滦入津工程是自滦河流域向海河流域的天津、唐山两市供水的跨流域调水工程，始建于1973年，1986年完工。水源地位于河北省迁西县滦河中下游的潘家口。整个工程由取水、输水、蓄水、净水、配水等工程组成。该工程自大黑汀水库开始，穿越分水岭后，沿河北省遵化市境内的黎河进入天津市境内的于桥水库调蓄，经沿州河、蓟运河南下，进入专用输水明渠，经提水、加压由明渠输入海河，再由暗涵、钢管输入芥园、凌庄、新开河3个水厂，引水线路全长234km，年调水量约6.35亿 m³。引滦入津工程不仅有效缓解了天津市的供水困难，改善了水质，同时也减轻了地下水开采强度，使天津市区地面下沉趋于稳定。

### 7. 引黄济青工程

引黄济青工程是山东省境内一项将黄河水引向青岛的跨流域、远距离的大型调水工程，它是"七五"期间山东省重点工程之一。该工程于1989年11月25日正式通水。工程由山东省滨州市境内打渔张引黄闸引水到青岛市白沙水厂，途经4市10个县（市、区），全长290km。引黄济青工程建有253km人工衬砌输水明渠和22km暗渠。黄河水在滨州的引黄济青工程的起点进行沉淀，向东南经过东营、潍坊，最后抵达青岛市境内的棘洪滩水库。棘洪滩水库是引黄济青工程的唯一调蓄水库，位于胶州市、即墨市和城阳区交界处，库区面积达14.422km²，总库容1.46亿 m³。引黄济青工程从黄河引水到青岛，具有引水、沉沙、输水、蓄水、净水、配水等设施，功能齐全，配套完整，已经成为青岛市主要用水来源，使青岛摆脱了缺水困难。

### 8. 引大入秦工程

引大入秦水利工程是把甘肃、青海两省交界处的大通河水，引到兰州市以北60km处干旱缺水的秦王川盆地，它是目前我国规模最大的跨流域自流灌溉工程。工程总干渠、干渠和支渠共长880km。干渠以上工程穿过了71座总长110km的隧洞群，其中1km以上的隧洞有31座，是中外罕见的"人工地下长河"。全长15.723km的总干渠盘道岭隧洞居世界第七，也是我国第一的长隧洞，在引水隧洞中目前仍居世界第一。

该工程于1976年开工，1981年缓建，1987年复工建设，1994年总干渠建成通水。引大入秦工程设计引水流量32m³/s，加大引水流量36m³/s，每年引水量4.43亿 m³，灌溉面积5.7万 hm²。引大入秦工程以秦王川新区开发建设为依托，以经济、社会、生态效益最大化为目标，统筹农业、工业、城乡生活、生态等部门用水，面向市场，建立多元化供水格局，为兰州新区开发、"兰白都市圈"建设和供水区经济社会全面协调发展提供了水资源支撑。

## 2.4.2 我国主要跨流域调水工程调水实践

### 1. 南水北调东线一期工程水量调度

为满足南水北调东线一期工程供水要求，实现工程供水目标，保障工程供水安全，充分发挥工程效益，水利部于2013年印发了《南水北调东线一期工程水量调度方案》（试行），该方案是开展南水北调东线工程水量调度工作的重要依据和准则。以下为该方案涉及洪泽湖、骆马湖、南四湖调水的主要内容。

（1）水量调度原则。以补充受水区的城市用水为主要目标，兼顾农业、航运和其他用水；水量调度服从防洪调度，保证防洪安全；优先使用当地水、淮河水，合理利用长江水，对供水水源实行统一调度、优化配置；妥善处理各受水区的用水需求，不损害水源区原有的用水利益，不影响航运安全。

（2）供水次序。东线一期工程供水次序为：一期工程供水区内城市用水、江苏省现有江水北调工程供水区和安徽省洪泽湖用水区的农业用水、京杭运河航运用水。在各调蓄湖泊水位低于北调控制水位时，新增装机规模抽江水量优先满足北方城市用水。

（3）长江—洪泽湖段水量调度。内容包括输水方案、洪泽湖控制运用水位、洪泽湖水量调度。

1）输水方案。长江—洪泽湖段由运河线和运西线双线输水，按照洪泽湖以北调水、当地用水、航运用水和洪泽湖充蓄水要求输水。

2）洪泽湖控制运用水位。洪泽湖汛限水位 12.50m（蒋坝站，下同），正常蓄水位 13.50m。抽蓄控制水位汛期为 12.50m，枯水期为 13.00m。北调控制水位为 11.90～12.50m（分时段控制）。

3）洪泽湖水量调度。①枯水期（10 月至翌年 5 月）。洪泽湖水位高于北调控制水位、低于抽蓄控制水位 13.00m 时，按照洪泽湖以北调水、当地用水和洪泽湖充蓄水要求抽水北送；洪泽湖水位高于抽蓄控制水位 13.00m、低于正常蓄水位时，停止抽江水充蓄洪泽湖，按照洪泽湖以北调水和当地用水要求抽水北送。②汛期（6—9 月）。洪泽湖水位高于北调控制水位、低于汛限水位 12.50m 时，视雨水情，按照洪泽湖以北调水、当地用水和洪泽湖充蓄水要求抽水北送；洪泽湖水位高于汛限水位 12.50m 时，服从防汛抗旱调度要求。③枯水时段。洪泽湖水位低于北调控制水位时，充分利用长江—洪泽湖段各梯级泵站抽江水北送，新增装机规模抽江水量优先满足北方城市用水。

（4）洪泽湖—骆马湖段水量调度。内容包括输水方案、骆马湖控制运用水位、骆马湖水量调度。

1）输水方案。洪泽湖—骆马湖段由中运河和徐洪河双线输水。按照骆马湖以北调水、当地用水、航运用水和骆马湖充蓄水要求输水。

2）骆马湖控制运用水位。骆马湖汛限水位 22.50m（洋河滩站，下同），正常蓄水位 23.00m。抽蓄控制水位汛期为 22.50m，非汛期为 23.00m。北调控制水位 22.10～23.00m。

3）骆马湖水量调度。①非汛期（10 月至翌年 5 月）。骆马湖水位高于北调控制水位、低于正常蓄水位 23.00m 时，按照骆马湖以北调水、当地用水和骆马湖充蓄水要求抽水北送；骆马湖水位高于正常蓄水位 23.00m 时，按照骆马湖以北调水要求调水出骆马湖。②汛期（6—9 月）。骆马湖水位高于北调控制水位、低于汛限水位 22.50m 时，视雨水情，按照骆马湖以北调水、当地用水和骆马湖充蓄水要求抽水北送；骆马湖水位高于汛限水位 22.50m 时，按照骆马湖以北调水要求调水出骆马湖。③枯水时段。骆马湖水位低于北调控制水位时，新增装机规模抽江水量优先满足北方受水区城市用水，按骆马湖以北苏鲁两省的分时段城市供水比例调水出省。按照骆马湖以北调水、当地用水、骆马湖充蓄水要求启用洪泽湖—骆马湖段各梯级泵站逐级抽水北送。

（5）骆马湖—南四湖段水量调度。内容包括输水方案、南四湖控制运用水位、下级湖水量调度。

1）输水方案。骆马湖—南四湖段由韩庄运河和不牢河双线输水。根据用水需求，江苏省骆马湖以北用水主要经不牢河输送，山东省用水主要经韩庄运河输送；当其中一条线路的输水能力不能满足调水要求时，不足部分由另一条线路输送。

2）南四湖控制运用水位。下级湖汛限水位32.50m（微山站，下同），正常蓄水位33.00m。抽蓄控制水位汛期为32.50m，非汛期为33.00m。北调控制水位31.70～33.00m。上级湖死水位33.00m（南阳站，下同），汛限水位34.20m，正常蓄水位34.50m。

3）下级湖水量调度。①非汛期（10月至翌年5月）。下级湖水位高于北调控制水位、低于正常蓄水位33.00m时，按照下级湖以北调水、当地用水和下级湖充蓄水要求抽水入下级湖；下级湖水位高于正常蓄水位33.00m时，按照下级湖以北调水要求调水出下级湖。②汛期（6—9月）。下级湖水位高于北调控制水位、低于汛限水位32.50m时，视雨水情，按照下级湖以北调水、当地用水和下级湖充蓄水要求抽水入下级湖；下级湖水位高于汛限水位32.50m时，按照下级湖以北调水要求调水出下级湖。③枯水时段。下级湖水位低于北调控制水位时，二级坝泵站北调水量由韩庄运河和不牢河各梯级泵站抽水供给。

按照水利部有关要求，淮河水利委员会按照江苏、山东两省水利厅提出的年度用水计划建议，结合东线一期工程受水区水情、工情及供水水源等情况，从2013年开始，连续5年制订了南水北调东线一期工程年度水量调度计划，并经水利部批准后实施。淮河水利委员会每年组织开展输水干线沿线省界断面水量、水质监督性监测和取用水监管巡查，及时向有关部门报送监管信息，保障了水量调度工作安全和有序实施。经过各方努力，南水北调东线一期工程向山东省调水量逐年增加，工程效益不断提升，有效缓解了受水区供水紧张局面。

**2. 南四湖生态补水**

2002年，南四湖地区年平均降水量417mm，较常年偏少42%，南四湖地区发生100年一遇的特大旱情，部分地区达到200年一遇。南四湖主要入湖支流洙赵新河、万福河、东鱼河、复新河等全部断流，上级湖南阳站在死水位以下运行达285天，并于7月16日发生湖干。下级湖微山岛站在死水位以下运行达356天，8月25日降至29.85m，接近干枯。全湖面临完全干涸的严重局面，工农业生产受到严重损失，济宁、徐州两地市1000多万亩农作物受旱，32万人饮水困难，130多km主航道断航，湖区生态环境面临毁灭性破坏。

严重的旱情引起了党中央、国务院的高度重视，2002年9月25—26日，温家宝副总理专程考察了南四湖旱情，对南四湖生态保护问题作出重要指示。11月29日，《国家防总关于向南四湖应急生态补水的通知》要求从2002年12月上旬开始，利用江苏省已有的江水北调工程紧急实施从长江向南四湖应急生态补水，以保护南四湖生态环境。12月8日，淮河水利委员会会同江苏、山东两省正式实施南四湖应急生态补水。长江水通过京杭大运河经9级泵站提水流向南四湖，历时86天，下级湖补水1.15亿m³，上级湖补水0.51亿m³。下级湖补水前水位为30.34m，补水后最高水位达30.83m，水位上涨为0.49m；上级湖补水前已经干涸，湖底高程为31.98m，补水后最高水位达到32.21m，水位上涨为0.23m；补水后湖面增加了150多km²，通过应急补水，长江水、淮河水、黄河水在南四湖上级湖首次实现交融，避免生态系统遭受毁灭性破坏，取得了良好生态效益。

2014年，南四湖地区再次发生了较为严重的旱情，1月以来，南四湖地区降水量偏少约3成，入汛以来降水偏少近50%。受其影响，上级湖于6月22日降至死水位，7月31日降至32.73m，低于死水位0.27m；下级湖于6月11日水位降至死水位，7月14日降至最低生态水位以下，7月28日水位为30.77m，低于最低生态水位0.28m。南四湖上级、下级湖水位均为2003年以来同期最低值，其中，下级湖蓄水量不足2亿m³，濒临干涸，生态环境遭到严重威胁。淮河防总和江苏、山东两省防指再次组织实施了南四湖生态应急调水，利用南水北调东线一期工程，经沿线各级泵站逐级抽水入南四湖。其中，骆马湖至下级湖河段利用中运河、不牢河输水，由刘山站、解台站、蔺家坝三级泵站提水入南四湖。蔺家坝泵站入湖流量50～70m³/s。此次应急调水历时19天，累计调入下级湖水量8069万m³，有效缓解了南四湖地区的旱情。

3. 引沂济淮补水洪泽湖

引沂济淮是将沂沭泗洪水资源跨水系调入淮河水系，对洪泽湖水系进行补水。淮河水利委员会先后两次组织实施引沂济淮调水工作，效果显著。

2001年，淮河流域发生严重干旱，6—9月，淮河水系平均降水量320mm，较常年同期偏少44%，受其影响，自8月下旬起，洪泽湖无来水补给，洪泽湖水位10.85m，接近干涸，水质为Ⅳ类，水环境恶化，航道断航，大量船只搁浅。淮河防总与江苏省防指经过会商，决定利用沂沭泗洪水资源实施引沂济淮，自7月29日至8月12日从骆马湖共调出洪水8.08亿m³，其中进入洪泽湖水量6.57亿m³，加上蚌埠闸下泄洪水，湖内水量由调水前的不到2亿m³增加到9.8亿m³，水位从调水开始时的10.60m上升到11.59m，湖面面积由458km²增加到1200km²。

此次引沂济淮充分利用沂沭泗洪水资源，效果显著。一是保证了洪泽湖地区工农业生产、城市供水、农村人畜饮用水。二是有效缓解了洪泽湖的旱情，改善了洪泽湖的水环境以及生态环境。调水前，洪泽湖蓄水量仅1亿m³左右，水环境恶化，水质为Ⅳ类，且湖面严重萎缩；调水后洪泽湖整体水质可达到Ⅱ类，且湖面面积增加，有效地增加了对淮河干流污水的承接能力，对避免湖区发生水污染事故起到重要作用，也有利于尽快恢复洪泽湖生态环境。三是部分航道恢复通航。调水前由于水位过低，洪泽湖航道断航，大量船只搁浅，调水后随着洪泽湖水位的抬高，航道已经恢复通航。四是保护了洪泽湖的渔业资源。调水前因水量减少、水质变差，洪泽湖的渔业资源受到严重影响，调水后不但使洪泽湖的水环境状况得到较大改善，而且保护了洪泽湖的渔业资源。五是调水的成功为今后流域跨水系水资源合理调配和洪水资源合理利用积累了经验。

引沂济淮示意图如图2.4-1所示。

2005年6月，洪泽湖周边地区用水量明显增多，洪泽湖水位快速下降。7月3日，洪泽湖水位降至11.19m，已接近死水位11.00m，湖区航运中断，周边地区用水告急。7月上旬，南四湖泄洪，加上沂河来水，骆马湖水位快速上升，7月7日已达22.6m，超过汛限水位。为充分利用沂沭泗流域洪水资源，缓解洪泽湖及其周边地区用水紧张的局面，根据淮河水利委员会统一部署，沂沭泗水利管理局及时与江苏省防汛防旱指挥部会商，再次实施引沂济淮。从6月29日开始，开启皂河闸、宿迁闸和刘集地涵，将骆马湖洪水通过

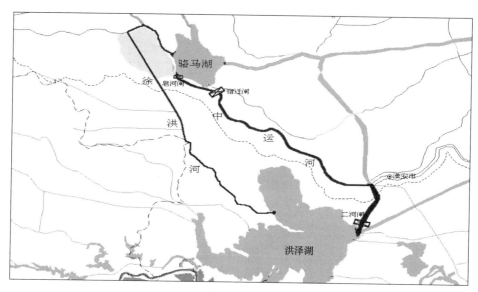

图 2.4-1　引沂济淮示意图

中运河、徐洪河送往接近死水位的洪泽湖及其下游地区。至 7 月 8 日，共向洪泽湖送水累计 1.6 亿 m³。

### 2.4.3　水量调度管理

1. 工程调度管理机构

国内的调水工程在水资源调度方面均有明确的管理主体，职责分工较为清晰，为保证工程的良好安全运行提供了保障。大部分重大调水工程建设完成后都成立了专门管理机构进行管理，只有少数调水工程的建设和管理是同一个机构。国内典型跨流域调水工程管理体制见表 2.4-2。

表 2.4-2　　　　　　　　国内典型跨流域调水工程管理体制

| 典型调水工程 | 水资源调度管理主体及分工 |
| --- | --- |
| 引滦入津工程 | 引滦工程管理局水源处统一控制运行调度，引滦工程管理处水调科按水源处指令来调整全线的水位、流量，指挥闸门、泵站的启闭，并由引滦沿线各处具体执行 |
| 引黄济青工程 | 山东省胶东调水局负责运行管理，省局下设滨州、东营、潍坊、青岛 4 个分局 |
| 引黄入晋工程 | 引黄入晋工程管理局设调度中心对整个输水系统运行进行调度。黄河水利委员会负责协调和筹集供水水源，黄河下游重要控制断面水文、水质加测、加报，黄河位山闸的调度管理等。海河水利委员会负责组织输水沿线的调度管理，监督沿线各方执行供水协议和调度方案等。山东省、河北省负责各自范围内的水资源调度管理 |
| 引大入秦工程 | 甘肃省引大入秦工程管理局，下设供水管理处、总干渠管理处等单位 |
| 大伙房输水工程 | 辽宁省大伙房水库输水工程建设局，下设有 7 个分管单位 |
| 东深供水工程 | 由广东省水利厅主管，由东江—深圳供水工程管理局具体经营管理 |
| 南水北调工程 | 水利部负责南水北调工程的水量调度、运行管理工作，环保部负责南水北调工程的水污染防治工作；地方政府有关部门负责管辖范围内的水量调度工作；有关工程管理单位具体负责工程的运行和保护工作 |

（1）南水北调东线工程调度管理。水利部组织制订南水北调东线工程年度水量调度计划，负责对水量调度计划总体实施情况进行监督。南水北调东线总公司负责南水北调东线主体工程运行管理，包含执行供水计划、合同、调度、运行等多项重要任务，按照国家批准的水量调度方案和年度调度计划，以供应受水区城市生活、工业和环境用水为主，兼顾农业、航运和其他用水，缓解受水区用水紧张状况，促进生态环境改善和经济社会可持续发展。

（2）引滦入津工程调度管理。引滦入津工程管理采取海河水利委员会和地方分级管理的模式。海河水利委员会下设引滦工程管理局，负责潘家口水库、大黑汀水库和分水闸的管理。天津市设引滦工程管理局，负责分水闸出口以下引滦入津工程管理，其下属有隧洞、黎河、潮白河、尔王庄、宜兴埠、于桥水库 6 个管理处。河北省水利厅在唐山市设立引滦入唐工程管理局，负责分水闸出口以下引滦入唐工程管理，其下属有邱庄水库、引滦入还（还乡河）、引还入陡（陡河）3 个管理处及南观电灌站。陡河水库及滦河下游灌区由唐山市管理。引滦工程管理的主要任务是负责滦河水量调配，向天津市和唐山市供水及收缴水费，兼顾防洪、灌溉并结合供水发电。

（3）引黄济青工程调度管理。引黄济青管理委员会负责协调引黄济青工程管理的重大问题。引黄济青管理委员会的办事机构是省引黄济青工程管理局，负责引黄济青工程的统一管理，其主要职责是：贯彻执行有关工程管理的法律、法规、规章和方针、政策；编制引黄济青工程调水、供水计划和水量分配方案，提交省引黄济青管理委员会审核批准后实施；承担省引黄济青管理委员会的日常工作。

（4）东深供水工程调度管理。广东省水利厅负责东深供水工程的水行政管理工作，深圳市、东莞市水行政主管部门负责本行政区域内东深供水工程的水行政管理工作，省环境保护主管部门负责东深供水工程和东江流域水污染防治的统一监督管理工作。东深供水工程沿线各级人民政府依法做好东深供水工程及水质的保护和管理工作。东深供水工程管理单位负责东深供水工程的管理工作，具体工作如下：管理东深供水工程，保障工程正常运行；按照供水协议优先向香港特别行政区供水，按照经批准的水量分配方案和供水计划向深圳市、东莞市供水，保障供水安全；按照省防汛指挥机构和深圳市、东莞市防汛指挥机构的指令，做好雁田水库、深圳水库的防洪调度工作；做好东深供水工程的水质监测工作。

2. 法律、法规及管理制度

我国重大调水工程基本都有相应的条例和规章制度，为工程运行、水源保护、水量分配及水资源调度管理提供依据和保障，国内典型调水工程管理法律、法规见表 2.4 - 3。

3. 水量调度方案和水量调度计划

我国跨流域调水工程一般都具有科学的水资源调度体系、明确的工作程序和调度方案，根据水源区与受水区的具体情况，制定了科学合理的供水计划（年计划、月计划）以及运行调度中有关分水闸、泵站、节制闸的调度计划，为工程运行调度提供技术支撑。例如，引滦入津工程的水资源调度采用按水利年度的计划调度供水方式，分为枯水期调度和汛期调度两部分，枯水期调度为每年 10 月至翌年 6 月。每年 9 月下旬前，管理部门根据潘家口水库蓄水和当年预报来水情况，按照有关水量分配的规定，提出天津市、河北省年

表 2.4 - 3　　　　　　　　　典型调水工程管理法律、法规及规章

| 典型调水工程 | 法 律 、 法 规 名 称 |
| --- | --- |
| 引滦入津工程 | 《天津市引滦工程管理办法》《天津市引滦水源污染防治管理条例》《唐山市引滦供水调度管理办法》 |
| 引黄济青工程 | 《山东省引黄济青工程管理试行办法》《山东省胶东调水条例》《山东省胶东调水调度运行管理办法》 |
| 引黄入晋工程 | 《山西省万家寨引黄工程保护条例》《山西省汾河中上游流域水资源管理和水环境保护条例》 |
| 大伙房输水工程 | 《辽宁省大伙房水库输水工程保护条例》 |
| 东深供水工程 | 《广东省东深供水工程管理办法》 |
| 南水北调工程 | 《南水北调工程供用水管理条例》《山东省南水北调条例》 |

供水量指标和枯水期供水量指标以及工业、农业供水指标，并按照供水指标和实际供水需要，分别编制枯水期逐月的工业、农业用水计划。根据两省市用水计划，年度水量分配意见编制后报上级部门批准实施。在遇特枯水年份，水库蓄水量满足不了河北省、天津市需水时，由海河水利委员会统一协调分配水量和调度管理。

　　为做好南水北调东线一期工程年度水量调度工作，确保水量调度目标和任务的落实，水利部组织制订了《南水北调东线一期工程水量调度方案（试行）》。根据《南水北调东线一期工程水量调度方案（试行）》，下达南水北调东线一期工程年度水量调度计划。

# 第3章

# 淮河流域水量调度研究

为合理配置和科学调度淮河水资源，加强流域水资源管理，夯实水资源管理基础工作，近年来，淮河水利委员会开展了多项水量调度研究工作。

## 3.1 淮河水量调度研究

### 3.1.1 淮河干流（洪泽湖以上）水资源量分配及调度研究

为做好流域水资源量分配及调度工作，淮河水利委员会、河海大学曾开展淮河干流（洪泽湖以上）水资源量分配及调度研究，主要包括以下研究内容。

1. **研究目标**

总体目标是围绕提高淮河流域水资源利用效率这个核心，合理配置淮河水资源，科学调度淮河水量，在保证生活用水的前提下，兼顾生产用水和生态用水，实现淮河水资源的可持续利用。研究提出淮河干流（洪泽湖以上）的水量分配方案和特殊干旱年、连续干旱年的水量调度方案，为水资源管理提供决策依据。解决上中下游、左右岸、省际间的用水矛盾，提高流域机构水资源管理水平，以淮河水资源的可持续利用支持流域经济社会可持续发展。具体包括以下研究目标。

（1）摸清淮河干流（洪泽湖以上）及主要支流水资源基本情况、水资源开发利用现状、可供水量，便于取水许可管理。

（2）根据淮河上中游及主要支流控制断面以上国民经济各部门和生态环境需水要求，研究不同水平年、不同保证率淮河上中游及主要支流省界控制断面规划来水量，作为淮河上中游及主要支流下游河道水量调节计算的基本资料，为确定上游用水控制目标和淮河上中游水量分配与调度提供基本依据，限制上游无节制地开发利用水资源。

（3）针对淮河水系主要的生态环境问题，提出生态环境需水量的估算原则与计算方法，对重点研究河段与重要湖泊提出适宜的生态环境需水量和最小生态环境需水量、最低生态需水位。

（4）提出淮河干流（洪泽湖以上）及主要支流水资源分配与调度方案，提出特枯年及连续枯水年应急供水方案。

（5）从淮河上游、中游、下游水资源合理配置出发，研究提出淮河干流（洪泽湖以上）及主要支流水资源分配与调度管理办法。

2. 研究任务

（1）根据已有淮河流域规划成果，参考地方规划及近年出现的新情况，采用新的基础资料，进一步查明淮河干流（洪泽湖以上）及主要支流水资源数量、质量现状、时空分布特点以及发展演变趋势，完成淮河干流（洪泽湖以上）及主要支流水资源开发利用现状分析。

（2）在实测径流资料和耗水量分析的基础上，完成淮河干流及主要支流省界控制断面不同水平年、不同保证率规划来水量分析计算。

（3）根据社会经济可持续发展的战略要求，协调淮河流域经济发展过程中人与水的关系，统筹考虑社会经济发展与生态环境保护，合理分配社会经济用水与生态环境用水，完成淮河干流（洪泽湖以上）生态环境需水量分析。

（4）根据淮河流域水资源特性及国民经济各部门对水的需求特点，研究制定特殊干旱年、连续干旱年淮河水量调度原则、调度方案及应急供水对策。

（5）完成淮河干流（洪泽湖以上）及主要支流可供水量分配及淮河干流水量调度方案研究，开发用于淮河干流（洪泽湖以上）及主要支流水资源分配与调度的情景共享模型，并提出水资源分配与调度的管理办法。

3. 研究范围

重点研究范围包括：淮河干流息县至中渡段；支流省界附近至入淮口，即洪河班台以下、颍河界首以下、泉河李坟闸以下、黑茨河邢老家以下、涡河亳州以下、包浍河临涣集以下、新汴河永城以下、漷河横排头以下、史河蒋家集以下、池河明光以下至淮干中渡以上区域，研究区域面积约 6.094 万 $km^2$。

4. 主要技术路线

（1）现状调查。根据研究目的和要求，对研究区内的社会经济、水资源情况（包括降水、径流、蒸发、水质等）、水资源开发利用工程（包括蓄水工程、引水工程、提水工程、地下水工程等）、水资源开发利用现状（包括工业、农业、生活等用水）、水生态环境以及水资源管理进行调查统计，对调查资料进行汇总、整理，并进行统计分析，给出研究区社会经济发展、水资源开发利用、水生态环境等的基本情况，为研究区水资源分配与调度提供坚实的基础。

（2）省界断面以上规划来水量计算。规划来水量是在现状供水工程下，根据各用水部门耗水情况和不同典型年的来水情况，分析各断面可能来水量，即指某一河道断面在某规划水平年遇不同典型年可能的下泄水量。本书采用实测径流典型年法计算规划来水，并用长系列进行息县断面以上的规划来水计算，以便对典型年法成果进行合理性检查和对比分析。首先，对耗水量进行分析计算及预测，计算出耗水增量。然后，根据不同保证率的典型年实测径流月过程和耗水增量计算成果，计算出不同保证率、不同规划水平年的规划来水量。根据特枯年和连续枯水年实测径流月过程和耗水增量计算成果，计算出枯水年和连续枯水年不同规划水平年的规划来水量。

（3）生态用水量的计算。生态环境需水量一般指改善生态环境质量或维护生态环境质量所需的水量。对于生态环境脆弱地区，生态环境需水应当指维护生态环境不再进一步恶化并逐渐得到改善所需地表水资源和地下水资源量。生态用水量的计算主要考虑以下几部分：①水生生物需水量，分析方法有调查观测法和蒙大拿法（Montana 法）；②防止河道断流、湖泊萎缩的生态需水量；③湿地生态系统最小需水量；④改善水质的环境需水量。

（4）水资源量分配与调度方案。基于对淮河干支流水资源开发利用现状的调查分析，从"以需定供"的传统理念转变成为"以供控需，统一管理"的新理念，用科学的方法研究流域水资源的分配，提出流域水资源的分配方案，以及水资源分配与管理办法。首先，根据淮河流域水资源工程现状，编制淮河干流及主要支流水资源系统网络图；然后，根据水资源系统网络图研制淮河干流及主要支流水资源分配与调度的"情景共享模型"；再用情景共享模型分析计算现状水平年和规划水平年不同保证率的淮河干流及主要支流的水资源供需平衡情况，并进行情景分析；根据水资源分配的模拟情景，提出淮河干流及主要支流水资源分配调度的方案与管理办法。

5. 研究方法

（1）需水量预测。需水量及其需水过程的计算与预测是区域水资源合理配置的重要依据之一。选择适当方法进行需水量预测，预测不同水平年、不同用水单元的需水量。需水量预测有工业需水量预测、农业需水量预测、生活需水量预测、生态需水量预测。

1）工业需水量预测方法。工业需水量预测方法有趋势法、指标法、重复利用率提高法三种。

a. 趋势法。趋势预测法是一种较为常见的预测方法，对于具有一定的工业基础的城市或具有一定基础的行业，趋势法比较适用。趋势法的一般公式：

$$W_i = W_0(1+\alpha)^n \tag{3.1-1}$$

式中　$W_i$——预测的第 $i$ 水平年工业需水量，万 $m^3$；

　　　$W_0$——现状基准年的工业用水量，万 $m^3$；

　　　$\alpha$——工业用水年平均增长率；

　　　$n$——第 $i$ 水平年与起始年的时间间隔。

用趋势法进行工业需水量的预测的关键是正确确定未来用水量的年增长率。用水平均增长率的主要影响因素是用水水平和重复利用程度。为了使趋势法具有更加广泛的适用性，可开发基于趋势预测与分块预测的综合预测模型。综合预测模型的通用公式为

$$W_t = P_0 \prod_{j=1}^m (1+\alpha_j)^{T_j-T_{j-1}}(1+\alpha_{m+1})^{t-T_m} + \sum_{i=1}^m W_i \prod_{j=i+1}^m (1+\alpha_j\beta_i)^{T_j-T_{j-1}}(1+\alpha_{m+1}\beta_i)^{t-T_m} \tag{3.1-2}$$

式中　$P_0$——初始年份需水量，万 $m^3$；

　　　$\alpha_j$——第 $j$ 时段的用水增长率；

　　　$\beta_i$——第 $i$ 时段新增用水量影响系数。

各分区的综合需水量：

$$W_{it} = \sum_{j=1}^{M_2} W_{ijt} \tag{3.1-3}$$

式中　$W_{it}$——第 $i$ 分区第 $t$ 年的需水量，万 $m^3$；

$W_{ijt}$——第 $i$ 分区第 $j$ 行业第 $t$ 年的需水量，万 $m^3$；

$M_2$——第 $i$ 分区行业分类数。

工业部门的综合用水量：

$$W_t = \sum_{i=1}^{M_1} W_{it} \tag{3.1-4}$$

式中 $M_1$——分区数。

b. 指标法。首先对同水平年各行业的产值或某分区的 GDP 进行预测，然后建立万元产值耗水量与产值的关系，确定某水平年某工业行业的万元产值耗水量，再根据预测产值或 GDP 值，计算水平年不同行业的需水量。计算公式如下：

$$\lg Y = a \lg X + b \tag{3.1-5}$$

式中 $Y$——万元产值用水量（或万元 GDP 用水量），万 $m^3$；

$X$——产值，万元；

$a$、$b$——待定参数。

c. 重复利用率提高法。一般利用分行业重复利用率提高法预测来水量。首先是确定规划水平年的重复利用率，不同水平年的重复利用率可由节水规划确定。计算公式为

$$q_2 = q_1 \frac{1-\eta_2}{1-\eta_1} \tag{3.1-6}$$

式中 $q_1$、$q_2$——$T_1$ 与 $T_2$ 时刻万元产值取水量，万 $m^3$；

$\eta_1$、$\eta_2$——$T_1$ 与 $T_2$ 时刻的重复利用率。

2）农业需水量预测方法。农业用水量的大小与用水过程有关，通常取决于两个因素，一个是灌区面积及作物的组成（即种植结构），另一个是灌溉期的降雨量。根据作物灌溉制度设计原理可推导出适合较大时空步长的近似公式：

$$Q_t = \sum_{i=1}^{n} \beta_i E_{it} \frac{\omega}{\eta} - \alpha_t P_t \omega \sum_{i=1}^{n} \frac{\beta_i}{\eta} \tag{3.1-7}$$

式中 $Q_t$——该区第 $t$ 时段的灌溉水量，万 $m^3$；

$\beta_i$——第 $i$ 种作物种植面积占灌区面积的百分数；

$E_{it}$——第 $i$ 种作物第 $t$ 时段作物需水量，万 $m^3$；

$\omega$——灌区面积，亩；

$\eta$——渠系水有效利用系数；

$\alpha_t$——降雨有效利用系数；

$P_t$——$t$ 时段的平均降雨量，mm。

令

$$e_t = \sum_{i=1}^{n} \beta_i \frac{E_{it}}{\eta}$$

$$\gamma_t = \alpha_t \sum_{i=1}^{n} \frac{\beta_i}{\eta}$$

则有

$$Q_t = e_t \omega - \gamma_t P_t \omega \tag{3.1-8}$$

式（3.1-8）为计算灌区综合用水过程的计算式，$e_t$ 与 $\gamma_t$ 都与种植结构有关，即与各种作物占灌区面积的百分比和灌溉方式有关。

3）生活需水量预测方法。生活用水量比较稳定。由于用水定额是影响生活用水量的主要指标，可建立定额法预测模型或趋势法预测模型进行生活需水量预测。定额法预测模型可综合考虑人口在不同阶段的分段增长率和弹性系数等因素，趋势法预测模型可综合考虑节水、水价、人均收入等因素引起的需水增长率的分段变化，本书重点介绍趋势法。趋势法计算公式为

$$S_n = S_0 \sum_{i=1}^{m} (1 + \alpha_i)^{n_i} \qquad (3.1-9)$$

式中　$S_n$——预测用水量，万 $m^3$；

　　　$S_0$——现状需水量，万 $m^3$；

　　　$m$——资料分成 $m$ 个时段；

　　　$\alpha_i$——第 $i$ 时段的周期增长率；

　　　$n_i$——第 $i$ 时段的年数。

4）生态需水量预测方法。生态需水分河道内生态需水与河道外生态需水，本书仅考虑河道内生态用水。河道内生态需水采用河道最小控制流量表达，河道内最小控制流量以各用水户需水量的外包值确定。本书生成的水资源分配方案包括两种情景，即考虑河道内生态需水和不考虑河道内生态需水。

（2）可供水量计算。可供水量指不同水平年不同保证率，考虑需水要求和工程设施等可向用水户提供的水量。现只讨论地表水可供水量计算方法。

1）大中型蓄水工程的可供水量计算。蓄水工程的可供水量计算主要与蓄水工程的可用库容、入库水量、总需水量等有关。对某特定来水与特定水平年，逐月推求可供水量，公式为

$$W = \begin{cases} M & (W > M) \\ \min(W + \Delta V, M) & (W \leqslant M) \end{cases} \qquad (3.1-10)$$

式中　$W$——月入库水量，万 $m^3$；

　　　$M$——月需水量，万 $m^3$；

　　　$\Delta V$——当月可利用水库蓄水量，万 $m^3$。

蓄水工程的可供水量是逐时段计算的。

2）小型蓄水工程可供水量计算。一般在流域面上分布大量的小型水库与塘坝，由于资料限制，小型蓄水工程无法像大中型蓄水工程一样计算其可供水量，一般可采用简化方法计算，常见的方法有"复蓄指数法"和"水量利用系数法"。

3）引水工程的可供水量计算。引水工程可供水量计算主要考虑引水工程的最大引水能力、该时段河道允许引水流量和该时段总需水量。

$$W_{可供} = \min(W, M, Q) \qquad (3.1-11)$$

式中　$W$——河流时段允许引用量（考虑下游河道用水要求），万 $m^3$；

　　　$M$——时段需水量，万 $m^3$；

　　　$Q$——引水渠道的最大过水能力，万 $m^3$。

4）提水工程的可供水量计算。提水工程的可供水量计算，与引水工程相类似，主要考虑提水设备的最大提水能力、该时段河段允许提水流量及该时段的总需水量。

$$W_{可供} = \min(W, M, Q) \qquad (3.1-12)$$

式中　$W$——河流时段允许引用量（考虑下游河道用水要求），万 $m^3$；

　　　$M$——时段需水量，万 $m^3$；

　　　$Q$——提水设备最大提水能力，万 $m^3$。

6. 模型结构

本书计算分区的划分主要考虑研究的目的与要求、可得到的资料、结果的表达和模型的结构，综合考虑水资源分布与行政分区，将支流流域细分到地市，共得到 40 个计算分区。根据计算分区和系统概化图，绘制了研究区系统网络结构图，如图 3.1-1 所示。

大区域水资源系统中，地域自然地理因素、水文气象特征、社会经济状况等均有可能存在明显的差异，产业结构、种植结构、环境生态要求、人口增长规律、都市化程度、用水管理水平等方面也各不相同；尤其在基本资料的完善程度上差异更大。对这样的大系统，采用纯优化模型往往难以取得满意的效果。为了保证研制的模型系统具有实用性和广泛的适应性，采用构建基于输入-输出系统响应结构的模拟模型。

模型建立力求体现实用性、适应性和可扩充性原则。本书选择适合区域宏观水资源规划与管理的有效方法构建模型，以保证模型的实用性。通过构建多方法模型系统，保障系统的适应性。以模型库技术实现模型与计算分区的自由组合，保障模型系统的可扩充性。模型系统中包含数据资料分析整理模型、需水量计算与预测模型、可供水量分析与计算模型、水资源配置情景模拟模型等。模型与数据库在 GIS 平台上集成为统一软件。

系统采用 C/S 结构，所有原始记录与中间计算结果均由数据库统一管理。为了保证系统的可扩充性，模型系统中各子模块之间的数据交换统一通过数据库完成。系统采用 GIS 技术管理空间数据和模型库，基本成果表达采用图表两种方式。图形根据表达对象的物理意义，采用多种表达形式。模型库中的模型采用模块化结构，在 GIS 平台上实现调用和组装。软件系统采用 VB 6.0 编程语言，软件系统可运行于 Windows NT，Windows 2000，Windows XP 等主流操作系统下。

（1）水资源供需分析模型。水资源供需分析计算以计算分区为基本计算单元进行，采用月为时段的长系列调节计算。供需分析中的需水量采用"需水预测"的成果。对不同水平年，考虑同期规划工程（包括地表水、地下水和特殊水资源）的供水能力。水资源供需分析模型提供供需分析结果的综合功能，提出按水资源分区、流域分区、行政分区等供水满足程度、余缺水量、缺水性质、缺水程度等指标。

（2）水资源配置情景共享模型（Shared Vision Models，SVM）。考虑到大范围水资源调配的复杂性，建立基于输入-输出系统响应结构的模拟模型，建立水资源分配的情景模拟系统，以水量分配系数为纽带，通过不断反馈与交互，获得各方满意的水量分配方案。

水资源分配模型，以灵活性和可操作性为第一要求，以相对缺水程度反应公平性原则，以单位水量的综合效用反应水资源的利用效率，以水资源利用率反应可持续利用状况，所建立的模型以水资源计算与分配仿真系统为基础，增强其交互性，以适应多变的外

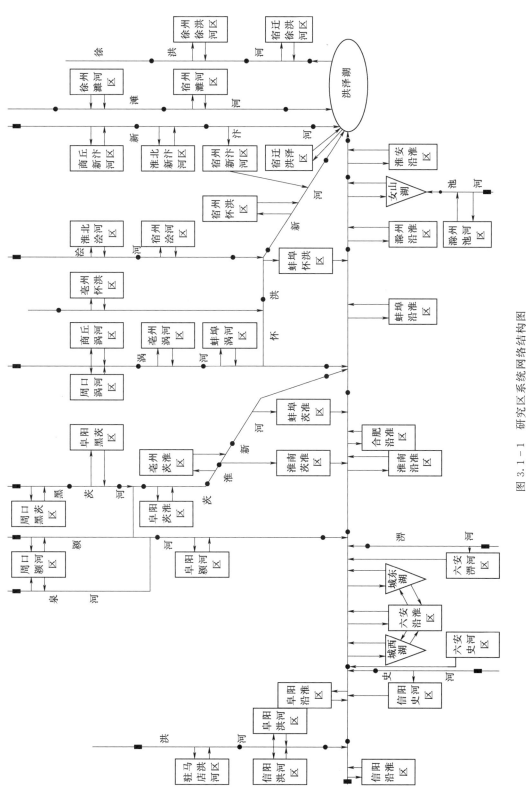

图 3.1-1 研究区系统网络结构图

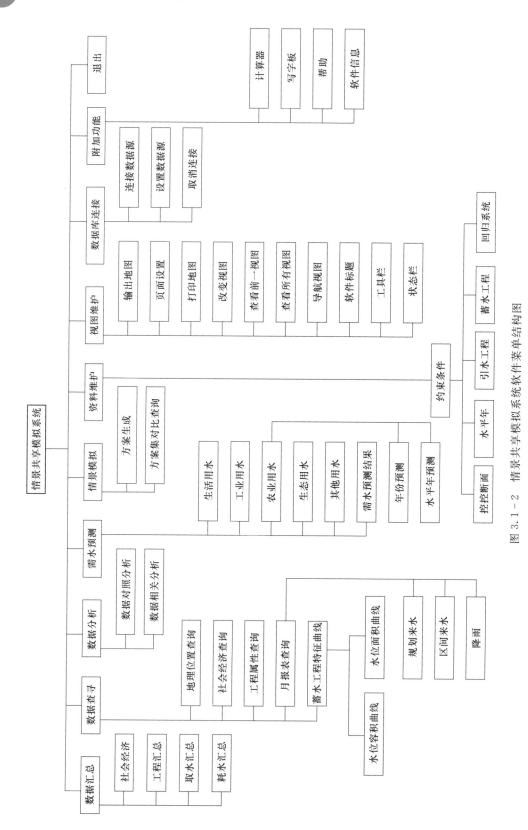

图 3.1-2 情景共享模拟系统软件菜单结构图

部条件的变化, 方便不同用户和决策人员进行人工干预。该模型有利于用户间的沟通协调, 增强人们对决策方案的参与和认同感。该模型具有多方式的外部数据交换功能, 能灵活反映用户和决策者的意愿。

情景共享模型软件主要功能包括数据库管理 (历史数据汇总、数据及空间信息查询、数据资料分析)、需水量预测、情景模拟、视图维护、数据库链接等功能, 还包括历史方案查询分析、资料维护等辅助功能, 系统软件菜单结构如图 3.1-2 所示。

7. 水量分配

根据不同规划水平年和不同保证率情况对水资源系统进行模拟, 通过对模拟情景的分析, 将模拟水量分配到地市, 以便确定淮河干流及各支流可供水量在地市区域间的分配情况。模拟计算基于如下几个假定条件。

(1) 分水为淮河干流 (洪泽湖以上) 及其主要支流, 不考虑小溪、小沟、小塘坝的水量分配。

(2) 分水仅是地表水资源量, 不考虑地下水分配。在分水模拟计算中扣除地下水供水部分, 即在城市生活用水中依比例扣除地下水供水量; 农村居民生活用水全算作地下水; 工业用水因没有统计资料可以参考, 所以暂未扣除地下水部分; 农业灌溉用地下水根据统计资料的地下水灌水量与总灌水量比例在供水总量中扣除。

(3) 不考虑分质供水情况。通过情景共享模型模拟, 即可得到淮河干流 (洪泽湖以上) 及其主要支流不同保证率及多年平均向各地区分配的水量。经汇总, 可得到研究区总水量分配方案, 见表 3.1-1 所示。

表 3.1-1　　　　　　淮河干流 (洪泽湖以上) 及其主要支流现状水平年水量分配　　　　　　　　%

| 保 证 率 | 河南省 | 安徽省 | 江苏省 |
|---|---|---|---|
| 50% | 12.6 | 71.0 | 16.3 |
| 75% | 12.0 | 71.5 | 16.5 |
| 95% | 13.2 | 72.7 | 14.1 |
| 多年平均 | 12.8 | 72.8 | 14.4 |
| 现状取水百分比 | 13.5 | 65.1 | 21.4 |

8. 水量调度方案

淮河流域水资源的时空分布极不均匀, 且面积广大的淮河以北地区水资源相对短缺。同时, 淮河大支流很多, 取水工程分布在流域面上, 淮河干流及其主要支流中下游地区又缺乏控制性水资源工程来调节和调蓄水资源。所以, 淮河流域的水量调度方案的编制较其他流域水量调度方案的编制更为复杂, 给实时调度带来极大的困难。这里仅给出一些初步水资源调度方案。淮河干流及其主要支流水资源调度方案包括年度水量调度方案、月水量调度方案及实时水量调度方案。

(1) 年度水量调度方案编制。淮河干流及其主要支流年度水量调度方案编制是基于淮河干流及主要支流水量分配方案, 参考降水量长期预报, 根据上述水量调度原则进行编制。在本年度 12 月, 根据本年度末蓄水工程蓄水情况, 计算各区域下一年度的可供水量。省界断面下泄水量加上本支流蓄水工程年度末蓄水量即下一年度可供分配的水量。将该水量按分水方案中设定的比例分配到各省,即得各省在该支流的分水量。对各支流和干流同样进行计算,即可得到淮河干流及其主要支流的年度水量调度方案。将分配的水量换算为流量,可得到各控制断面的控制流量。

在淮河干流及主要支流水量分配方案中,仅给出了50%、75%、95%和多年平均情况下的水量分配情况,实际上每年的来水并不会恰好等于这三种保证率或多年平均情况下的来水量,为了使水量调度具有可操作性,应用折扣模型进行水量分配调度。折扣模型表达式为

$$W_{ij} = \frac{W_{0ij}}{W_{0j}} W_j \qquad (3.1-13)$$

式中  $W_{ij}$ ——$i$ 省在下一年度可分得的水量,万 $m^3$;

$W_{0ij}$ ——支流 $j$ 中 $i$ 省在多年平均情况下可分得的水量,万 $m^3$;

$W_{0j}$ ——支流 $j$ 中在多年平均情况下可以分配的总水量,万 $m^3$;

$W_j$ ——支流 $j$ 在下一年度可分配的水量,万 $m^3$。

(2)月水量调度方案编制。月水量调度是以分水方案中的年度水量分配总量为控制,根据国民经济各行业用水要求,对水量进行合理调度。月水量调度方案应根据降水量预报、土壤墒情、各用水户需水量预测、流域蓄水工程蓄水量动态等进行编制。根据流域降水径流规律做出枯水径流的预报,并及时计算流域蓄水工程蓄水量,合理确定流域可分配的水量。淮河流域大多数径流是由汛期降水形成的,汛期水量的调度也变得十分重要。所以,月水量调度方案应进行旬调整,滚动修正月水量调度指标。为保证月水量调度不至于超过年度水量分配总量,有必要预先设定一个保证率,然后根据实际分水与分水方案分水间的差值,按"多退少补"的原则计入下一月度的调度计划。

(3)实时水量调度方案编制。实时水量调度是一种短期的水量调度方式,即根据短期的降水量概率预报、土壤墒情、流域水资源工程蓄水情况、产业结构、种植结构、工农业和生活需水情况以及各利益相关者的水权,编制水量调度方案。实时水量调度方案也可以用情景共享模拟模型进行编制。将省界断面规划来水量用枯水径流量预报值代替,或增加一个枯水径流预报模块。需水预测模块最好进行改进。尤其是农业用水,对实时调度模型最好采用考虑土壤墒情和降水概率预报、种植结构等参数的模型。通过模型运行,即可得到各个节点的流量值和各个计算分区的下泄流量。如果可能,再增加一个实时校正模块,用实时监测的水资源信息对实时调度方案进行校正。

### 3.1.2  淮河中游枯水期水资源调度技术研究

为摸清枯水期淮河水资源演变规律,解决淮河枯水期日益复杂的水资源利用和供水安全问题,使枯水期淮河水资源得到合理利用,淮河水利委员会水文局、安徽省·水利部淮河水利委员会水利科学研究院、天津大学等单位开展了淮河中游枯水期水资源调度技术研究。本研究以淮河中游地区为重点研究区域,围绕提高淮河水系枯水期水资源利用效率这个核心,合理配置枯水期淮河干流水资源,科学调度淮河水量。通过对淮河中游枯水期水资源进行系统解析,揭示淮河中游枯水期多水源演变规律,剖析不同水平年、不同枯水组合情境下水资源供需态势,对淮河干流主要控制断面枯水期来水量进行动态模拟预测;创

建了基于分行业用户满意度的枯水期水资源配置模型；研发了一般枯水期多维临界调度与特枯水期预警、应急调度技术，并提出枯水期应急调度实施方案。

1. 淮河中游枯水期水资源演变规律研究

重点解析淮河中游枯水期水资源系统、典型断面枯水期径流演变及动态模拟，首次采用时序变化分析法、趋势法和突变分析法、多尺度周期性检验方法，分别对鲁台子、蚌埠站的全年降水、汛期降水、非汛期降水进行分析，揭示淮河中游枯水期水资源演变规律，包括降水演变特征、径流演变特征。

2. 淮河中游枯水期水源条件分析

根据对蚌埠闸上区域水库、湖泊洼地和外调水等水源条件进行分析，干旱期可向蚌埠闸上调水的水源主要为安徽省境内的城东湖、瓦埠湖、高塘湖、芡河等上游沿淮湖泊洼地，蚌埠闸下河道蓄水，以及梅山水库、响洪甸水库和佛子岭水库；河南省境内的宿鸭湖水库、南湾水库和鲇鱼山水库等重点大型水库；江苏省境内的洪泽湖、高邮湖和骆马湖；跨流域调水为南水北调东线工程等水源。根据对洪泽湖区域周边水源条件分析，干旱期可向洪泽湖调水的水源主要为江苏省境内骆马湖、高邮湖等湖泊蓄水；安徽省境内的花园湖和蚌埠闸上蓄水；跨流域调水为南水北调东线工程等水源。

3. 淮河中游重点断面规划年来水量预测

根据淮河临淮岗以上的现状用水状况，利用 Mike Basin 模型建立临淮岗以上规划来水分析模型。以流域地图为背景，概化河流系统，构建临淮岗以上来水分析研究系统网络，将研究范围内的息县、淮滨、王家坝、润河集、班台、潢川、蒋家集 7 个主要控制断面设置为主要研究节点。通过对各个节点产汇流计算、工程调度、水量平衡分析等方法，计算各个断面的下泄水量。同时依据不同规划水平年区域内的用水、耗水情况，对控制断面规划来水量进行模拟计算与分析，为临淮岗以上规划来水量的预测与分析成果提供检验与校正。

采用各典型年实测径流量，按照规划水平年耗水量对其进行修正，从而求得淮河干流临淮岗以上区域现状水平年（2012 年）和规划水平年（2020 年）50％、75％、95％来水频率以及多年平均规划来水量，同时分析了不同时期、不同枯水期频率组合重点控制断面规划年来水量，包括现状水平年 2012 年主要断面规划来水量、规划水平年 2020 年淮河干流蚌埠闸断面规划来水量、特枯年和连续枯水年断面规划来水量。规划来水量计算为确定区域内用水控制目标和下游淮河干流枯水期水量分配与调度提供基本依据，也为枯水期水量合理配置提供技术支撑。

4. 多枯水组合情境下水资源配置研究

首次利用 Mike Basin 模型实现基于分行业用户满意度的枯水期水资源配置，提出不同水平年、不同保证率、多枯水组合情境下的水资源配置方案。

（1）多边界、多控制要素水资源配置模型。Mike Basin 模型是由丹麦水利与环境研究所（DHI）开发的集成式流域水资源规划管理决策支持软件，其最大特点是基于 GIS 开发与应用，以 ArcView 为平台引导用水户自主建立模型，提供不同时空尺度的水资源系统模拟计算以及结果分析展示、数据交互等功能。Mike Basin 模型模拟的核心主要包括以下两部分。

1）真实的水资源系统概化，也就是实际的流域水资源系统概化为由节点和有向线段构成的网络。

2）对概化后的水资源网络系统进行仿真的模拟，即在水资源的物理网络上构建对节点水量进行平衡分析、水库优化调度、地表地下水联合运用等内核，采用优化网络解法，通过优先规则和流量目标对各种水事行为进行节点水量分配和将流量分配到各连线上实现水量平衡的计算。

采用 Mike Basin 模型对研究区域水资源系统进行了模拟，根据水量平衡原理，建立天然与人工水资源循环的二元水资源模型中各层次、各环节的水资源转化迁移关系。在此基础上，进一步形成了二元水循环结构上的降水、蒸发、产流、汇流动态过程以及来水、用水、蓄水的动态过程，为拟定水量配置方案提供参考依据。

（2）基于分行业用户满意度的水资源配置模式。研究区域水源、工程、用户、调度方式、控制目标等要素关系，并根据区域水资源特点和各用水部门特点，分析了干流水资源的分配模式和需求，确定了水量配置的优化目标和条件。

根据蚌埠闸上鲁台子水文站及蒙城闸至蚌埠闸区间实测水文资料以及求得不同典型年的正阳关—蚌埠闸区间来水过程，采用 Mike Basin 模型分析蚌埠闸上各种方案下的可分配水量。当可供水量大于所有行业总的需水要求时，则按需分配，对多余水量可按具体情况存入蚌埠闸上或参与下一轮水量分配；当可供水量不能满足所有行业的需水要求时，则按照一定的分水顺序以及各行业的用水满足程度进行水量分配，直至可供水量完全得到分配。分水顺序为：首先满足淮南、蚌埠两市的居民生活用水，其次是保证两市的重要工业如火电行业用水，然后满足河道内生态环境及船闸用水、一般工业用水、第三产业及建筑业用水、河道外生态环境用水、农业用水要求。当可供水量非常缺乏的时段，可以完全停止农业用水，除保证居民生活以及影响两市经济发展的重要工业用水之外，其他行业的需水满足程度可维持在 50%~60%，直至可供水量完全得到分配。

1）现状水平年的水量分配。按照现状水平年的实际用水量，利用 Mike Basin 水量分配模型对蚌埠闸上进行水量平衡计算，确定不同年型的蚌埠闸上河道内可分配的总水量。根据计算的可分配水量，首先分配到不同行业，然后按照一定的分配原则再分配到淮南、蚌埠两市间的各行业。

2）规划水平年的水量分配。规划水平年 2020 年的水量分配方法与现状水平年 2012 年基本相同。以《淮河流域及山东半岛水资源综合规划》的社会经济发展预测和各行业需水量预测结果为基本依据，并综合分析蚌埠闸上的需水量预测结果与水资源状况，将可分配水量分配到规划水平年（2020 年）各行业。

（3）枯水期水资源配置方案。依据水资源配置模型系统，设定系统优化配置方案，现状水平年（2012 年）来水按实际来水量计算，规划水平年 2020 年来水方案按现状实际来水量扣减 10%计算，2030 年来水方案按现状实际来水量扣减 20%计算，蚌埠闸上正常蓄水位设定为 18.00m，下限水位设定为 15.50m 和 16.00m；蚌埠闸下正常蓄水位设定为 13.00m，起调水位按各个典型年份汛末实测水位和吴家渡测站多年平均汛末水位 14.20m 两种情况考虑；洪泽湖汛限水位设定为 12.50m，最低控制水位为 11.30m。

以 Mike Basin 模型计算结果为基础，对现状水平年（2012 年）、规划水平年（2020

年）进行分析，定量给出淮南、蚌埠两市在各种方案下的配置结果。根据不同来水情况、不同起调水位，考虑蚌埠闸正常蓄水位的变化情况，进行方案组合，模型对不同方案进行模拟，并对各种情景下的淮南、蚌埠两市的供水情况进行分析。通过模型验证，明晰淮南、蚌埠两市现状水平年（2012 年）、规划水平年（2020 年）分行业的水量配置结果。

5. 基于 MOSCEM - UA 优化的水资源调度模型

水量调度模型是在 Mike Basin 模型模拟不同情景下的水量配置方案基础上，结合 MOSCEM - UA 优化方法，将水资源系统中各类控制要素作为水量调度系统模拟分析的控制边界和条件，建立了水资源量和水资源应用的逻辑关系；根据水资源量和现有水量配置方案，充分考虑河道蓄水、湖泊洼地蓄水和洪泽湖调水情况，采用线性优化计算方法，研发淮河干流（正阳关—洪泽湖）水资源优化调度模型系统。根据淮河干流水量配置情况，拟定一般枯水期多维临界调度与特殊枯水期预警、应急调度实施方案。

（1）时间延迟的 MOSCEM - UA 算法原理。近年来，伴随计算机技术高速发展，搜索合理参数的自动优选方法，并利用计算机高速迭代来实现参数优选则是理想的优化方法。目前，有很多优化算法可以应用于水文模型的多目标优化。由于优化模型具有非线性、输入参数多且多为经验函数表达式等特点，1993 年，Q. Duan 等提出了 SCE - UA 算法，目前已经得到较好应用。该算法用于解决非线性约束优化问题时较为有效，能够得到全局最优解。SCEM - UA （Shuffled Complex Evolution Metropolis） 算法是 SCE - UA 算法的改进算法。该方法应用 Metropolis 抽样理论作为改进，为单目标方法。MOSCEM - UA 算法则在其基础上应用 Pareto 支配解进化初始种群点向稳定分布移动，实现了多目标化。MOSCEM - UA 算法与 SCEM - UA 算法的不同在于 MOSCEM - UA 算法能够同时优化几个目标，最终逼近 Pareto 解集。MOSCEM - UA 算法是由 SCEM - UA 单目标算法改进的多目标启发式算法。

（2）基于 MOSCEM - UA 优化方法模型。以蚌埠闸为控制节点，分别建立蚌埠闸上段和闸下段水量调度模型。

1）蚌埠闸上段水量调度模型。通过分析，建立蚌埠闸上研究河段的水量调度模型。

a. 目标函数。系统目标设定为该时段系统满意度最高，即各用水户实际净供水量与理想需水量之比的加权和最大，表示为

$$\max S_i = \sum_{j=1}^{n} \frac{W_{ij}}{G_{ij}} \alpha_{ij} \tag{3.1-14}$$

式中　$i$——时段；

　　　$j$——用水户；

　　　$n$——用水户总数；

　　$W_{ij}$——在 $i$ 时段 $j$ 用户的实际供水量，万 $m^3$；

　　$G_{ij}$——在 $i$ 时段 $j$ 用户的理想需水量，万 $m^3$；

　　$\alpha_{ij}$——在 $i$ 时段 $j$ 用户的权重系数。

对于每一个研究时段来说，各个用水户在总目标中的权重系数之和为 1。$S_i$ 表示 $i$ 时段系统满意度，$0 \leqslant S_i \leqslant 1.0$，作为系统的目标函数指标，$S_i$ 越大越好。

b. 约束条件。约束条件包括水量平衡约束、用水户需水上下限约束、时段水量平衡

约束、蚌埠闸上水位约束。

a）水量平衡约束：

$$W_i \leqslant V_i + \Delta V_i \tag{3.1-15}$$

式中　$V_i$——第 $i$ 时段蚌埠闸上的需水量，万 $m^3$；

$\Delta V_i$——第 $i$ 时段研究河段的出入水量总和，万 $m^3$；

$W_i$——该时段水源毛供水总量，等于各用水户的毛供水量之和，万 $m^3$。

b）用水户需水上下限约束：

$$B_{ij} \leqslant W_{ij} \leqslant G_{ij} \tag{3.1-16}$$

式中　$B_{ij}$——在 $i$ 时段 $j$ 用水户需水量下限，万 $m^3$；

$G_{ij}$——在 $i$ 时段 $j$ 用水户的理想需水量，万 $m^3$。

c）时段水量平衡约束：

$$V_{i+1} \leqslant V_i + \sum_{k=1}^{m}(LV_{ki} - SV_i - QV_i) \tag{3.1-17}$$

式中　$V_i$——第 $i$ 时段初蚌埠闸上的需水量，万 $m^3$；

$V_{i+1}$——第 $i+1$ 时段初蚌埠闸上的需水量，万 $m^3$；

$LV_{ki}$——$i$ 时段 $k$ 来水渠道的来水量，万 $m^3$；

$m$——来水渠道的总数；

$SV_i$——第 $i$ 时段河段的水量损失，万 $m^3$；

$QV_i$——第 $i$ 时段蚌埠闸的弃水量，万 $m^3$。

d）蚌埠闸上水位约束：

汛期：

$$Z_死 \leqslant Z \leqslant Z_限 \tag{3.1-18}$$

非汛期：

$$Z_死 \leqslant Z \leqslant Z_兴 \tag{3.1-19}$$

式中　$Z_死$——蚌埠闸上死水位，m；

$Z_限$——蚌埠闸上限制水位，m；

$Z_兴$——蚌埠闸上兴利水位，m。

2）蚌埠闸下段水量调度模型。通过分析，建立蚌埠闸下研究河段的水量调度模型。

a. 目标函数。目标函数见式（3.1-14）。

b. 约束条件。约束条件包括水量平衡约束、用水户需水上下限约束、时段水量平衡约束。

a）水量平衡约束。蚌埠闸下段水资源配置模型同闸上段水资源配置模型在组成、层次和结构上是一致的，只是来水过程有所区别。蚌埠闸下段的船闸用水、发电用水、河道内生态用水、弃水成为闸下段的来水量。闸下段系统来水为

$$W_i = \max\{CQ_i, DQ_i, SQ_i, FQ_i\} + \sum_{j=1}^{n} LQ_{ij} \tag{3.1-20}$$

式中　$W_i$——闸下段在 $i$ 时段的来水量，万 $m^3$。

$CQ_i$——第 $i$ 时段蚌埠闸保持通航要求的水量，万 $m^3$；

$DQ_i$——第 $i$ 时段蚌埠闸发电用水量，万 $m^3$；

$SQ_i$——第 $i$ 时段最小生态需水量，万 $m^3$；

$FQ_i$——第 $i$ 时段河道维持水功能要求的需水量及自净需水量，万 $m^3$；

$n$——表示闸下段其他来水渠道的总数，个；

$LQ_{ij}$——表示闸下段其他来水渠道来水量，万 $m^3$。

b) 用水户需水上下限约束。参见式（3.1-16）。

c) 时段水量平衡约束：

$$V_{i+1} \leqslant V_i + \sum_{k=1}^{m}(LV_{ki} - SV_i) \tag{3.1-21}$$

式中    $V_i$——表示第 $i$ 时段初蚌埠闸下河道可利用水量，万 $m^3$；

$V_{i+1}$——表示第 $i+1$ 时段初蚌埠闸下河道可利用水量，万 $m^3$；

$LV_{ki}$——$i$ 时段 $k$ 来水渠道的来水量，万 $m^3$；

$m$——来水渠道的总数；

$SV_i$——第 $i$ 时段河段的水量损失，万 $m^3$。

3）洪泽湖水量调度模型。通过分析，建立洪泽湖水量调度模型。

a. 目标函数：

$$\max S_i = \sum_{j=1}^{m} \sum_{k=1}^{L_j} \frac{W_{ijk}}{G_{ijk}} \alpha_{ij} \tag{3.1-22}$$

令

$$\gamma_{ijk} = \frac{W_{ijk}}{G_{ijk}}$$

则式（3.1-22）可表示为

$$\max S_i = \sum_{j=1}^{m} \sum_{k=1}^{L_j} \gamma_{ijk} \alpha_{ij} \tag{3.1-23}$$

式中    $W_{ijk}$——该系统第 $i$ 时段 $j$ 地区 $k$ 用水户的理想需水量，万 $m^3$；

$G_{ijk}$——该系统第 $i$ 时段 $j$ 地区 $k$ 用水户的实际净供水量，万 $m^3$；

$\gamma_{ijk}$——该系统第 $i$ 时段 $j$ 地区 $k$ 用水户的供水满足度；

$\alpha_{ij}$——在总目标中的权重系数。

作为系统的目标函数，$S_i$ 越大越好。

b. 约束条件。

a) 水量平衡约束：

$$W_i \leqslant V_i + \Delta V_i \tag{3.1-24}$$

式中    $W_i$——该时段水源毛供水总量，等于各用水户的毛供水量之和，万 $m^3$；

$V_i$——第 $i$ 时段该湖系毛可供水量（可利用量），万 $m^3$；

$\Delta V_i$——其他湖系补给该湖系的毛水量，万 $m^3$。若该湖系补给其他湖系，$\Delta V_i$ 则为负。

b）用水户上下限约束：

$$\beta_{ijk} \leqslant W_{ijk} \leqslant G_{ijk} \qquad (3.1-25)$$

式中　$\beta_{ijk}$——该水系第 $i$ 时段 $j$ 地区 $k$ 用水户的净需水量下限，万 $m^3$。

c）工程供水能力约束：

$$W_{ip} \leqslant Q_{ip} \qquad (3.1-26)$$

式中　$W_{ip}$——该湖系在第 $i$ 时段需由该（$p$）水利工程设施供水的从该处（$p$ 处）到用水户端的毛总水量，万 $m^3$；

　　　$Q_{ip}$——第 $i$ 时段第 $p$ 个水利工程设施的供水能力，万 $m^3$。

d）时段水量平衡约束：

$$WV_i = V_i + \Delta V_i - W_i \qquad (3.1-27)$$

式中　$WV_i$——该时段可供水量与实际总供水量之差，为时段末湖系剩余可供水量，万 $m^3$。

若 $WV_i > 0$，$WV_i$ 中一部分蓄存到该湖系统，可供后续时段利用，多余部分以洪水形式排走。

**6. 枯水期水资源调度方案编制及实施**

根据淮河流域水资源特性及国民经济各部门对水的需求特点，结合淮河干流水资源调度与展示模型优化计算成果，研究制定一般枯水期多维临界调度与特殊枯水期预警、应急调度实施方案，为枯水期水资源调度提供依据。根据用水总量控制方案及淮河水量分配方案成果、流域工程布局及用水需求等信息，综合考虑经济社会与生态环境协调发展，确定淮河水系的水量调度目标。根据淮河水系水量调度的目标，确定淮河水系水量调度的基本原则：按比例丰增枯减的原则，断面控制原则，统一调度、分级管理、分级负责的原则，统筹兼顾、高效利用的原则以及优先级原则。

淮河枯水期的用水先后顺序为：首先，优先确保枯水期间蚌埠市、淮南市和淮安市等沿淮城市居民生活用水；其次，要制订蚌埠市、淮南市和淮安市等沿淮城市在枯水期一般工业供水压缩方案，在限额供水的条件下，尽量保证市区电力工业、重点企业的用水要求，兼顾其他行业用水；最后，在蚌埠闸上和洪泽湖干旱缺水时期，要根据具体干旱实际情况部分限制或全面停止沿淮农业灌溉用水，并减少或放弃航运用水和生态环境用水。

分析特枯水期向蚌埠闸上或洪泽湖供水的水源实际蓄水情况，根据各水源在特枯年的可供水量、工程条件、取水与当地已有其他用水户的用水矛盾及供水保证率等情况，根据蚌埠闸上和洪泽湖预警指标达到的级别，结合枯水期供水秩序和节约用水方案，拟定现状水资源条件、工程条件下特枯水期蚌埠市、淮南市和淮安市等沿淮城市限制供水方案，提出不同干旱等级的特枯水期各城市节约用水的具体措施。

**7. 枯水期水资源配置及调度管理系统**

水量调度模型与管理系统是采用 Mike Basin 模型模拟不同情景下的水量配置方案，将水资源系统中各类控制要素作为水量调度系统模拟分析的控制边界和条件，建立了水资源量和水资源应用的逻辑关系；根据水资源量和现有水量配置方案，充分考虑河道蓄水、湖泊洼地蓄水和洪泽湖调水情况，采用线性优化计算方法，研发淮河干流（正阳关—洪泽湖）水资源优化调度模型。本研究以水量配置模型为支撑，基于 VB 6.0 语言，结合 Arc-

GIS，开发水量调度管理平台。将水资源优化配置模型程序嵌入到水资源可视化展示平台中，完成淮河干流（正阳关—洪泽湖）水量调度与展示系统，水量配置系统模型与系统展示界面融为一体，以系统展示界面为前台，以系统模型为后台，通过系统展示界面的调用执行后台的模型，实现该系统水量配置的优化计算与展示，便于水资源管理和枯水时段用水决策。

利用建立的软件系统，结合长系列来水资料对研究区域现状及规划水平年进行优化配置计算，得到水量优化调度结果，包括典型枯水年各旬实际毛供水量、各旬余缺水量、各旬月末水位、各旬总体满意度等。

### 3.1.3　特枯水期淮河蚌埠闸上（淮南-蚌埠段）水资源应急调度方案研究

本研究以淮河蚌埠闸上（淮南-蚌埠段）地表水为研究对象，充分利用已有的水资源规划成果，通过对现状年、规划水平年特殊枯水期蚌埠闸上（淮南、蚌埠段）不同的蓄水、限制用水、蚌埠闸控制运用条件方案的水量平衡调节分析，研究提出了特枯水期蚌埠闸的控制运行方案和水量调度方案，以多种措施联合运用保证特枯水期蚌埠闸上淮南市、蚌埠市两城市的供水安全。

1. 特枯水期水源条件分析

根据对蚌埠闸上区域周边水源条件分析，在特枯水期有向蚌埠段、淮南段供水可能的水源包括：蚌埠闸上地表水源、茨河地表水源、天河地表水源、凤阳山水库水源、瓦埠湖地表水源、城市中水回用水源、蚌埠淮河以北地下水水源、调（翻）水水源。本书将重点研究蚌埠闸地表水水源在特枯条件下的供水保证程度、水资源调度方案。

2. 蚌埠闸控制条件

（1）不同水位限制条件：根据淮南市及蚌埠市两市枯水期应急供水预案，在蚌埠闸上水位低于16.50m时将限制两市沿淮的农业用水量，当水位低于16.00m时停止农业用水；当水位低于15.50m时，则只保证自来水厂（含规划）和主要工业（电力）用水。

（2）调节计算的起调水位：现状年、规划年分别采取时段初实测水位、17.00m、17.50m、18.00m 4种情况。

（3）调节计算的最低限制水位：根据现状城市生活、工业取水口的高程情况，调节计算的旬平均最低水位为15.00m。

（4）弃水水位：在汛期闸上水位达汛限水位17.50m时和非汛期闸上水位18.00m、18.50m后开始弃水。

3. 水资源调度方案的拟订

在现状条件下，茨河、天河、凤阳山水库、新集站翻水、中水回用等水源因受供水工程的限制以及与其他已有的用水户矛盾，在特枯水期没有向蚌埠闸上供水的可能。根据各水源在特枯年的可供水量、工程（取水工程、输水工程）条件、特枯年取水与当地已有其他用水户的用水矛盾、蚌埠闸不同控制运行方案时蚌埠闸上地表水的调节计算成果等。拟定现状水资源条件、工程条件下的水资源应急调度方案以及在南水北调东线工程实施后的水资源应急调度方案。

**4. 规划年特枯水期水资源调度方案措施**

在规划水平年特枯水期，蚌埠闸上的水资源调度方案为闸上地表水、调（翻）水、城区中深层地下水三水源联合方案。根据该取水方案的可供水量以及供水保证率情况分析，提出了南水北调东线工程实施后，蚌埠闸上特枯水期不同蓄水位情况下的限制用水措施。在规划水平年，南水北调东线工程未实施的情况下，其具体的水资源调度措施同现状年，但在蚌埠闸上水位低于 15.50m 时，就要启动调（翻）水方案。

**5. 应急期供水秩序**

应急期的用水先后次序拟定如下。

（1）优先确保城市居民生活用水，保证机关、学校、军队、医院、交通、邮电、旅馆、饭店、百货商店、消防、城市环卫业公共用水，应急期间限制水空调、浴池、公园娱乐、洗车等非生产性用水大户的用水。

（2）根据调节计算结果，应急期在没有外调水源的情况下，要压缩淮南市、蚌埠市一般工业用水，两市应制定一般工业供水压缩方案，在限额供水的条件下，尽量保证市区电力工业、重点企业的用水要求。

（3）在枯水年的应急期要全面停止农业灌溉用水。

### 3.1.4 淮河水量调度方案研究

**1. 水量分配细化**

为落实《淮河水量分配方案》，淮河水利委员会开展了淮河流域水资源年度调度方案编制工作。《淮河流域水量分配方案》给出的不同来水频率年份的分配水量及各控制断面的下泄量均是年值，不利于水量调度实施的具体操作，需要把年度分配水量进一步细化到各个月。水量分配细化的方法是借助水资源配置系统情景共享模型，在总可供水量控制的前提下，按照流域水系、水资源分区及计算单元，依据 1956—2000 年来水系列和 2030 年规划水平年经济社会需求、河道内生态需求，逐月进行长系列调算，从而得出逐月的地表水供水过程。也就是将淮河需水预测成果与工程措施条件组合，以月为基本调节计算时段，以重要控制站点为控制节点，以淮河可分配水量、主要控制节点下泄水量、区域缺水状况为约束，通过模型模拟，得出淮河各省行政区多年平均各月分配水量。同理，采用线性内插方法可将其他不同来水频率下淮河年分配水量细化到年内各月，这里不再赘述。

淮河各省多年平均及不同保证率各月可分配水量见表 3.1-2～表 3.1-4。

表 3.1-2　　　　　　　　　淮河各省多年平均月分配水量　　　　　　　　单位：亿 m³

| 月份 | 淮河 | 湖北 | 河南 | 安徽 | 江苏 |
|---|---|---|---|---|---|
| 1 | 7.76 | 0.06 | 2.27 | 3.79 | 1.64 |
| 2 | 8.29 | 0.07 | 2.73 | 3.66 | 1.83 |
| 3 | 16.04 | 0.10 | 7.83 | 5.48 | 2.63 |
| 4 | 19.21 | 0.08 | 4.68 | 11.83 | 2.62 |
| 5 | 26.67 | 0.23 | 3.78 | 15.16 | 7.50 |

| 月份 | 淮河 | 湖北 | 河南 | 安徽 | 江苏 |
|---|---|---|---|---|---|
| 6 | 33.88 | 0.19 | 10.27 | 14.14 | 9.28 |
| 7 | 30.71 | 0.27 | 7.85 | 12.13 | 10.46 |
| 8 | 33.70 | 0.19 | 11.72 | 9.77 | 12.02 |
| 9 | 20.10 | 0.09 | 3.01 | 6.53 | 10.47 |
| 10 | 14.07 | 0.09 | 5.85 | 6.39 | 1.74 |
| 11 | 8.86 | 0.07 | 2.79 | 4.20 | 1.80 |
| 12 | 16.74 | 0.06 | 2.73 | 7.54 | 6.41 |
| 全年 | 236.03 | 1.50 | 65.51 | 100.62 | 68.40 |

表 3.1－3　　　　　　　75％来水频率淮河各省月可分配水量　　　　　　单位：亿 m³

| 月份 | 淮河 | 湖北 | 河南 | 安徽 | 江苏 |
|---|---|---|---|---|---|
| 1 | 10.96 | 0.06 | 2.92 | 5.65 | 2.33 |
| 2 | 10.63 | 0.07 | 2.75 | 5.39 | 2.42 |
| 3 | 18.05 | 0.11 | 9.31 | 6.61 | 2.02 |
| 4 | 23.53 | 0.15 | 3.35 | 17.06 | 2.97 |
| 5 | 32.33 | 0.22 | 3.65 | 20.79 | 7.67 |
| 6 | 39.47 | 0.22 | 14.08 | 11.90 | 13.27 |
| 7 | 28.65 | 0.30 | 7.05 | 11.83 | 9.47 |
| 8 | 44.27 | 0.15 | 14.36 | 11.53 | 18.23 |
| 9 | 25.54 | 0.08 | 4.17 | 8.54 | 12.75 |
| 10 | 18.84 | 0.11 | 10.78 | 6.39 | 1.56 |
| 11 | 8.67 | 0.10 | 3.49 | 3.75 | 1.33 |
| 12 | 25.90 | 0.09 | 3.71 | 12.06 | 10.04 |
| 全年 | 286.84 | 1.66 | 79.62 | 121.50 | 84.06 |

表 3.1－4　　　　　　　95％来水频率淮河各省月可分配水量　　　　　　单位：亿 m³

| 月份 | 淮河 | 湖北 | 河南 | 安徽 | 江苏 |
|---|---|---|---|---|---|
| 1 | 4.13 | 0.03 | 1.19 | 2.22 | 0.69 |
| 2 | 3.49 | 0.02 | 0.66 | 2.35 | 0.46 |
| 3 | 7.17 | 0.06 | 3.24 | 3.03 | 0.84 |
| 4 | 7.41 | 0.08 | 1.75 | 4.66 | 0.92 |
| 5 | 11.15 | 0.25 | 2.14 | 4.67 | 4.09 |
| 6 | 16.49 | 0.17 | 4.08 | 10.99 | 1.25 |
| 7 | 14.44 | 0.24 | 4.80 | 5.55 | 3.85 |
| 8 | 12.92 | 0.12 | 3.31 | 5.97 | 3.52 |
| 9 | 10.16 | 0.09 | 1.62 | 5.16 | 3.29 |

| 月份 | 淮河 | 湖北 | 河南 | 安徽 | 江苏 |
|---|---|---|---|---|---|
| 10 | 11.58 | 0.10 | 3.59 | 7.20 | 0.69 |
| 11 | 6.01 | 0.05 | 1.46 | 4.11 | 0.39 |
| 12 | 10.45 | 0.05 | 3.75 | 6.40 | 0.25 |
| 全年 | 115.40 | 1.26 | 31.59 | 62.31 | 20.24 |

通过水资源配置系统模型模拟调算，对淮河干流重要控制断面王家坝、蚌埠及小柳巷站多年平均来水情况下控制断面下泄水量进行逐月细化，得出主要断面各月下泄水量。

同理，采用线性内插方法可将其他不同来水频率下淮河主要控制断面年下泄水量细化到年内各月，这里不再赘述。

淮河重要控制断面多年平均及不同保证率各月下泄量见表3.1-5～表3.1-7。

表 3.1-5　　　　　淮河重要控制断面多年平均月下泄量　　　　　单位：亿 m³

| 月份 | 王家坝 | 蚌埠 | 小柳巷 | 月份 | 王家坝 | 蚌埠 | 小柳巷 |
|---|---|---|---|---|---|---|---|
| 1 | 1.09 | 3.30 | 5.75 | 8 | 13.67 | 35.25 | 37.26 |
| 2 | 1.71 | 5.04 | 4.66 | 9 | 6.91 | 18.62 | 28.02 |
| 3 | 2.46 | 7.81 | 8.11 | 10 | 4.74 | 11.33 | 21.08 |
| 4 | 4.35 | 11.99 | 7.64 | 11 | 3.09 | 7.44 | 17.47 |
| 5 | 6.20 | 18.05 | 11.20 | 12 | 1.49 | 3.40 | 8.71 |
| 6 | 8.12 | 25.27 | 14.27 | 全年 | 70.50 | 197.59 | 205.80 |
| 7 | 16.67 | 50.09 | 41.63 | | | | |

表 3.1-6　　　　　淮河重要控制断面75%来水频率月下泄量　　　　　单位：亿 m³

| 月份 | 王家坝 | 蚌埠 | 小柳巷 | 月份 | 王家坝 | 蚌埠 | 小柳巷 |
|---|---|---|---|---|---|---|---|
| 1 | 0.39 | 1.55 | 9.42 | 8 | 1.94 | 8.32 | 1.92 |
| 2 | 0.29 | 1.40 | 8.70 | 9 | 14.64 | 33.77 | 10.68 |
| 3 | 0.24 | 1.54 | 8.95 | 10 | 0.98 | 1.51 | 5.06 |
| 4 | 1.12 | 5.32 | 11.09 | 11 | 0.27 | 0.78 | 7.82 |
| 5 | 1.32 | 5.66 | 11.27 | 12 | 0.82 | 1.83 | 7.15 |
| 6 | 0.75 | 5.58 | 12.52 | 全年 | 27.60 | 97.83 | 101.79 |
| 7 | 4.84 | 30.57 | 7.21 | | | | |

**2. 调度范围、调度目标与调度原则**

（1）调度范围。淮河水量调度范围与《淮河水量分配方案》范围一致。调度区域为从淮河干流及主要支流取水的用水户，主要涉及湖北、河南、安徽、江苏4省，以省级行政区为单元。调度重点为淮河干流，支流仅提出最小生态下泄要求。淮河干流的主要控制断面为王家坝、蚌埠、小柳巷站、蒋坝，重要支流的控制断面为沙颍河的周口、阜阳，洪汝河的班台，涡河的蒙城，史河的蒋家集。

表 3.1-7　　　　淮河重要控制断面95%来水频率月下泄量　　　　单位：亿 m³

| 月份 | 王家坝 | 蚌埠 | 小柳巷 | 月份 | 王家坝 | 蚌埠 | 小柳巷 |
|------|--------|------|--------|------|--------|------|--------|
| 1 | 0.02 | 0 | 0.98 | 8 | 3.23 | 14.33 | 12.16 |
| 2 | 0.01 | 0 | 1.04 | 9 | 0.50 | 1.87 | 4.76 |
| 3 | 0.18 | 0.90 | 1.30 | 10 | 0.11 | 0.30 | 0.94 |
| 4 | 0.41 | 3.00 | 3.96 | 11 | 0.03 | 0.10 | 0.64 |
| 5 | 0.26 | 2.65 | 5.85 | 12 | 0.03 | 0.09 | 0.57 |
| 6 | 2.93 | 15.49 | 4.78 | 全年 | 10.08 | 46.89 | 48.80 |
| 7 | 2.37 | 8.16 | 11.82 | | | | |

（2）调度目标。淮河水量调度的主要目标是落实淮河水量分配方案，严格控制流域和区域取用水总量，合理开发利用水资源，促进水资源的可持续利用和生态环境的良性循环。统筹考虑淮河上下游、不同区域对水资源的合理需求，减少省际用水矛盾，保障上下游、左右岸合理用水需求，促进和谐发展。保障流域内各区域用水权益，解决非汛期用水矛盾。控制主要省界断面下泄水量，维护河流、湖泊生态系统健康。

（3）调度原则。淮河干流水量调度应遵循以下原则。

1）统一调度、分级管理原则。区域水量调度应服从流域水量调度。淮河水利委员会负责统一管理淮河水资源，按照法律法规和国务院水行政主管部门授权进行水资源调度，组织制定年度水量分配方案和调度计划，实施省际断面出境水量、水质监督管理和重要水资源配置工程的调度运用。各省级行政区水行政主管部门负责本辖区内淮河区域年度用水计划的制订、报批，并按管理权限进行调度。

2）总量控制、断面核定原则。实施淮河水量调度，应充分考虑流域和区域水资源承载能力，严格控制流域和区域取用水总量，流域机构将按照实测径流量核定省际断面下泄水量。各行政区实施取用水总量控制、重要控制断面实施断面流量控制。

3）统筹兼顾、计划用水原则。在满足城乡居民生活用水需要的情况下，统筹考虑河流上下游不同区域水资源条件和经济社会发展，兼顾生产、生态用水，在尊重现状用水的情况下，统筹考虑未来发展对水资源的合理需求，科学制定年度水量分配方案。各省应制定年度用水计划，并分月修订，作为分省水量调度管理的基本支撑。

4）丰增枯减、实时管理原则。按照丰增枯减的原则实施水量调度，水量充沛时按计划调度，水量不足时核减水量后调度。按照实时管理的原则，逐月修订省际断面下泄水量，实施淮河水量调度。正常年份或丰水年份，应在确保防洪安全的前提下，优化调配水量；枯水年份，应按照保障重点、注重公平、维系生态安全的原则，重点保障流域生活用水需求，兼顾其他生产用水，最大限度减少因干旱造成的损失。

3. 水量调度规则

（1）调度次序。水量调度次序按先支流后干流，先上游后下游调度。干流王家坝以上断面，先调度支流洪汝河和南岸其他支流，从支流上中水库到下游控制闸依次调度，再调度王家坝以上淮河干流。王家坝到蚌埠断面之间，先调度支流史灌河、沙颍河和涡河，从支流上中水库到下游控制闸依次调度，再调度干流上的临淮岗和蚌埠闸。蚌埠到小柳巷站再到蒋坝，先调度淮河干流取用水，再调度洪泽湖。

（2）淮河干流水量调度。淮河干流调度以重要控制节点王家坝、蚌埠、小柳巷站、蒋坝的下泄量和水位控制指标为目标开展调度。淮河支流按重要控制断面的最小生态下泄量调度，各省取用水量控制在月分配水量限额内，并满足各重要控制断面的月下泄控制指标。

淮河干流王家坝断面的月下泄控制指标主要由上游支流水库和闸调度控制，当断面的下泄控制指标不满足要求时，及时核减河南省取用水量指标，上游支流水库和闸根据相应调度方案加大泄量，同时修正下月用水指标。如有超计划用水量，则在之后相邻的一个月或几个月内扣除。

淮河干流蚌埠及小柳巷断面的下泄控制指标可由临淮岗和蚌埠闸联合调度控制，当断面的月下泄控制指标不满足时，及时核减安徽省取用水量指标，并利用临淮岗和蚌埠闸蓄水量联合调度，加大淮干泄量，同时修正下月用水指标。如有超计划用水量，则在之后相邻的一个月或几个月内扣除。

洪泽湖蒋坝水位控制指标可由洪泽湖调度控制，当水位低于控制指标时，及时核减安徽省及江苏省取用水量指标，并减少洪泽湖的取用水量，同时修正下月用水指标。如有超计划用水量，则在之后相邻的一个月或几个月内扣除。

（3）按月滚动调度。水量调度实行按月滚动调度。根据相关省上报的月用水计划，利用水资源配置系统情景共享模型进行模拟调度，预测是否满足重要断面下泄量，并根据调度实测断面下泄量调整用水计划。按照水文预测调整的月取用水量及下泄量指标进行逐月滚动，最终按年总取用水量进行控制。

（4）汛期调度和特枯年份调度。汛期水量调度服从防洪调度，淮河汛期水量调度应执行《淮河洪水调度方案》，对淮河干支流大型水库的蓄泄水和河道径流量进行统一调度，避免为了提高供水期供水效益过分抬高蓄水位产生的防洪风险，在确保防洪安全和不影响排涝的前提下，兼顾洪水资源利用。

特枯年份的水量调度应执行《淮河干流水量应急调度预案》。应急调度应当坚持电调服从水调、局部利益服从全局利益的原则，按照保证重点、兼顾一般的要求对水量进行调配，优先保障城乡居民生活用水，合理安排生产和生态用水，以保证河流上游、下游生活用水为主，限制农业用水，必要时限制工业用水。

4. 控制节点确定

淮河水量调度的关键在于对重要节点的控制。根据对干支流重要蓄水工程及控制断面的分析，淮河水量调度的重要控制节点应根据下述原则确定：确定的控制节点可以反应省界出入境水量的变化；影响省际用水的具有兴利调节功能的重要控制性工程应选作控制节点；确定的控制节点的监测设施应较为完善，便于监测、调控。

综合考虑淮河水资源开发利用的特点、省界出入境水量的控制点、重要控制性工程以及有监测设施的河道断面等因素，在控制节点选择上应以省界或接近省界的控制断面为主。经分析研究，淮河干流主要控制断面确定为王家坝、蚌埠、小柳巷站、蒋坝。

5. 调度权限

淮河水量调度应遵循分级管理的原则，明确淮河水利委员会与相关省水行政主管部门、有关工程管理单位的调度管理权限。依据《中华人民共和国水法》等法律法规，流域管理机构和相关省水行政主管部门对所辖流域和区域内水量调度具体实施情况进行监督管理。淮河水利委员会作为流域管理机构，负责淮河水量统一调度管理工作，下达月水量调度计划，负责对进入各省和河段控制断面的水量进行调度，开展组织协调并进行监督指导；相关各省水行政主管部门应依据下达的月用水指标，负责开展辖区内的水量调度工作。

6. 应急调度体系

应急调度体系是由应急需要的机构、人员、物资、措施等构成的对应急对象进行有效应急的有机整体，包括涉及的组织机构的职责与权力、应急人员的构成与数量、物资设备的种类甚至数量、行动的流程和各种可能出现情况的处置措施。该体系是由应急的组织机构系统、应急的资源系统、应急的决策技术系统、应急的信息反馈系统等构成。淮河水利委员会应会同相关省水行政主管部门及相关管理单位编制淮河水量应急调度预案，应急调度预案包括应急组织体系、应急水源、预警机制及应急措施等内容。

## 3.2 南水北调东线工程水量调度研究

### 3.2.1 南水北调东线工程水量调度模拟研究

系统模拟在水资源系统规划设计与运行管理中得到广泛应用，赵勇等人以南水北调东线工程水量调度模拟为例，简要介绍了跨流域调水工程水量调度模拟模型及其应用。

南水北调东线工程是一个复杂的供水、输水、蓄水大系统，考虑其主要影响因素，将调水系统进行概化。受水区沿线共分 11 片，其中黄河以南 5 片，黄河以北 6 片。11 个单元自成系统，通过泵站、河道相联系。

根据黄河以南段和黄河以北段的不同特点，系统建模时考虑以下几个因素：①黄河以南段突出 5 个湖泊本身的调节能力，忽略输水河网的调蓄能力；黄河以北段突出河道本身的调节能力，考虑水库、蓄水河道的调节能力和他们之间的补偿作用。②黄河以南段以湖泊为中心，将湖泊之间的复杂状况简化为单一河道，各湖泊形成串联结构，抽水泵站群复合在各湖泊入口和出口；黄河以北段以河道为中心，将湖泊之间的复杂状况简化为单一河道，各蓄水河道形成串联结构。③对于黄河以南段的各级泵站，只考虑其补给过程（抽水时间和抽水量），忽略其水头变化对抽水效率的影响。

1. 目标函数

南水北调东线工程是一个多水源、多用户、多调节水库的大系统，各地区的用水权益具体表现在获得的水量上，如何协调各地区与各部门之间的用水矛盾，使工程发挥最大效益，是一个多目标决策问题。选取模拟调度内总缺水量最小和调水耗能最小作为目标函数，即

$$\min Z_1 = \sum_{t=1}^{m} \sum_{i=1}^{n} SH(i,t) \tag{3.2-1}$$

$$\min Z_2 = \sum_{t=1}^{m} \sum_{i=1}^{n} E(i,t) \qquad (3.2-2)$$

式中　　　$Z_1$——总缺水量，万 $m^3$；

　　　　　$Z_2$——总调水耗能，$kW \cdot h$；

　　　　　$m$——模拟时段总数；

　　　　　$n$——单元（片）总数；

　　　　　$t$——时段序号；

　　　　　$i$——为单元（片）序号；

　　$SH(i,t)$——第 $i$ 单元第 $t$ 时段的缺水量，万 $m^3$；

　　　$E(i,t)$——第 $i$ 单元第 $t$ 时段的调水耗能，$kW \cdot h$。

对于以上多目标问题，采用模糊带权目标协调法将其转化为单目标优化问题进行求解。根据多目标模型的两个目标，建立模糊子集 $\theta_1$、$\theta_2$，其相应的隶属函数和权重分别为 $\mu_1$、$\mu_2$ 和 $\omega_1$、$\omega_2$。根据最小隶属函数模型法确定目标隶属函数为

$$\mu_j = \begin{cases} 0 & (Z_j \geqslant Z_{j,\max}) \\ \dfrac{Z_{j,\max} - Z_j}{Z_{j,\max} - Z_{j,\min}} & (Z_{j,\min} \leqslant Z_j \leqslant Z_{j,\max}, j=1,2) \\ 1 & (Z_j \leqslant Z_{j,\min}) \end{cases} \qquad (3.2-3)$$

式中　$Z_{j,\min}$、$Z_{j,\max}$——$Z_j$ 的下界和上界。

多目标函数的效应函数可以表示为

$$\max Z = \omega_1 \mu_1 + \omega_2 \mu_2 \qquad (3.2-4)$$

2. 约束条件

（1）水量平衡方程：

$$V(i,t+1) = V(i,t) + PR(i,t) - PC(i,t) + Q(i,t) + SH(i,t)$$
$$- W(i,t) - LS(i,t) - WS(i,t) \qquad (3.2-5)$$

式中　　$V(i,t)$——第 $i$ 单元在第 $t$ 时段初的需水量，万 $m^3$；

　　$V(i,t+1)$——第 $i$ 单元在第 $t$ 时段末的需水量，万 $m^3$；

　　$PR(i,t)$——第 $i$ 单元在第 $t$ 时段初的调入水量，万 $m^3$；

　　$PC(i,t)$——第 $i$ 单元在第 $t$ 时段初的调出水量，万 $m^3$；

　　$Q(i,t)$——第 $i$ 单元在第 $t$ 时段初的湖区和区间的天然径流量之和，万 $m^3$；

　　$SH(i,t)$——第 $i$ 单元在第 $t$ 时段初的湖区和区间的缺水量之和，万 $m^3$；

　　$W(i,t)$——第 $i$ 单元在第 $t$ 时段初的湖区和区间的预测需水量之和，万 $m^3$；

　　$LS(i,t)$——第 $i$ 单元在第 $t$ 时段初的水量损失，万 $m^3$；

　　$WS(i,t)$——第 $i$ 单元在第 $t$ 时段初的弃水量，万 $m^3$。

（2）保证率约束。各单元、各部门供水保证率应达到设计保证率要求。

（3）蓄水库容约束。各单元、各时段蓄水库容应达到一定范围内，即

$$V_{\min}(i,t) \leqslant V(i,t) \leqslant V_{\max}(i,t) \qquad (3.2-6)$$

式中　$V_{\min}(i,t)$——第 $i$ 单元的水库第 $t$ 时段的最小库容，万 $m^3$；

　　　$V_{\max}(i,t)$——第 $i$ 单元的水库第 $t$ 时段的最大库容，万 $m^3$。

（4）抽水能力约束。各时段的调水水量、调出水量受抽水能力的限制，即

$$PR(i,t) \leqslant PR_{\max}(i,t) \tag{3.2-7}$$

$$PC(i,t) \leqslant PC_{\max}(i,t) \tag{3.2-8}$$

式中　$PR_{\max}(i,t)$——第 $i$ 单元 $t$ 时段的入库能力，万 $m^3$；

　　　　$PC_{\max}(i,t)$——第 $i$ 单元 $t$ 时段的出库能力，万 $m^3$。

（5）弃水量约束：

$$WS_1(i,t) \leqslant WS_{1,\max}(i,t) \tag{3.2-9}$$

$$WS_2(i,t) \leqslant WS_{2,\max}(i,t) \tag{3.2-10}$$

$$WS_3(i,t) \leqslant WS_{3,\max}(i,t) \tag{3.2-11}$$

式中　$WS_1(i,t)$、$WS_2(i,t)$、$WS_3(i,t)$——第 $i$ 单元的水库第 $t$ 时段排入河网、湖泊、
　　　　　　　　　　　　　　　　　　　　区外的弃水量，三项之和为总弃水量；

$WS_{1,\max}(i,t)$、$WS_{2,\max}(i,t)$、$WS_{3,\max}(i,t)$——第 $i$ 单元的水库第 $t$ 时段的承泄能力，
　　　　　　　　　　　　　　　　　　　　　　　　万 $m^3$。

（6）北调控制线约束：

$$V(i,t) \leqslant V_1(i,t) \tag{3.2-12}$$

式中　$V_1(i,t)$——第 $i$ 片水库第 $t$ 时段的北调控制库容，万 $m^3$。

（7）非负约束。以上目标函数及约束条件中的调入水量 $PR(i,t)$、调出水量 $PC(i,t)$、缺水量 $SH(i,t)$、弃水量 $WS_1(i,t)$ 等均为非负变量。

3. 模拟结果分析

通过对权重向量的迭代试算，当权重向量 $(0.65, 0.35)^T$ 时，目标函数的效用函数取得最佳满意解。以此权重进行南水北调东线水量调算，得到抽江水量 110.2 亿 $m^3$，调出洪泽湖 85.9 亿 $m^3$，调出骆马湖 67.2 亿 $m^3$，调出下级湖 44.8 亿 $m^3$，调出上级湖 44.0 亿 $m^3$，过黄河水量 29.0 亿 $m^3$。全线水量损失 26.63 亿 $m^3$，其中穿黄河后输水损失 9.72 亿 $m^3$。

## 3.2.2　南水北调东线工程水量优化调度研究

王文杰等人在南水北调东线工程江苏段水量优化调度研究中，采用了改进遗传算法进行水量优化调度计算。下面就以南水北调东线工程江苏段水量调度研究为例，简要介绍大系统水量调度模拟模型及其应用。

1. 系统概化

南水北调东线工程是一个复杂的供水、输水、蓄水大系统，考虑其主要影响因素，将调水系统进行概化。南水北调东线工程江苏境内包括 3 个调蓄湖泊、9 级提水泵站、6 条输水河道、5 大类用水户（农业、工业、生活、生态环境及船闸用水）及其配套供水设施，沿途还与新通扬运河、苏北灌溉总渠、淮沭河、新沂河等骨干河道相互贯通，系统庞大且复杂，难以考虑所有因素，因此选择对系统进行概化，使其既突出湖泊调蓄功能，又能真实反映南水北调东线工程的运行特点。将江苏省内的众多用水部门按各用水户的取水位置划分为长江-洪泽湖、洪泽湖周边、洪泽湖-骆马湖、骆马湖周边、骆马湖-南四湖、南四湖周边 6 个用水区域；将安徽省、山东省分别作为一个用水户进行概化。所有用水户均以扣除当地可利用水量后的需供水量参与水量调配。同时，考虑到河槽槽蓄作用有限，

这里不考虑河道的蓄水能力。湖泊间存在双线输水的，也不考虑两线间水量分配的问题。

2. 目标函数

在对系统水量进行调配时，既要尽可能地满足受水区用水需求，使系统总缺水量最少，又要充分利用当地水资源，降低工程运行能耗，使系统抽水补给量最少。因此，采用式（3.2-13）作为优化计算的目标函数。

$$OBJ = \min \sum_{t=1}^{T} \left[ \sum_{n=1}^{3} QS(n,t) + \sum_{i=1}^{3} \lambda_i QR(i,t) \right] \tag{3.2-13}$$

式中　　$i$——湖泊编号，其中 1 为洪泽湖，2 为骆马湖，3 为南四湖；

$T$——时段数；

$n$——泵站编号，其中 1 为抽江泵站，2 为抽洪泽湖泵站，3 为抽骆马湖泵站；

$QS(n,t)$——不同泵站、不同时段的抽水量，万 $m^3$；

$t$——时段序号；

$\lambda_i$——供水优先系数，根据不同区域供水保证率的不同要求确定；

$QR(i,t)$——不同湖泊、不同时段的缺水量，万 $m^3$。

3. 约束条件

（1）湖泊水量平衡约束。系统由以湖泊为中心的三个单元组成，各单元在每一时段都应满足水量平衡约束。水量平衡方程式为

$$V(i,t+1) = V(i,t) + Q(i,t) + DI(i,t) + PC(i+1,t) - DO(i,t) - W_1(i,t) - PR(i,t) \tag{3.2-14}$$

其中

$$DI(i,t) - PR(i,t) = DO(i-1,t) - W_2(i,t) - PC(i,t) \tag{3.2-15}$$

式中　$V(i,t+1)$、$V(i,t)$——湖泊时段初库容和时段末库容，万 $m^3$；

$Q(i,t)$——$i$ 湖泊 $t$ 时段的入湖径流量，$m^3/s$；

$DI(i,t)$——$i$ 湖泊 $t$ 时段抽水入湖水量，万 $m^3$；

$PC(i,t)$、$PC(i+1,t)$——$t$ 时段下泄进入 $i-1$ 湖泊和 $i$ 湖泊的水量，万 $m^3$；

$DO(i,t)$、$DO(i-1,t)$——$t$ 时段 $i$ 湖泊和 $i-1$ 湖泊的抽水北调水量，万 $m^3$；

$W_1(i,t)$、$W_2(i,t)$——$i$ 湖泊 $t$ 时段湖区和区间的需水量，为扣除当地可用水量后需由南水北调东线工程补充的水量，万 $m^3$；

$PR(i,t)$——$t$ 时段由 $i$ 湖泊自流下泄的水量，万 $m^3$。

（2）泵站工作能力约束。北调抽水水量应不大于相应泵站最大工作能力：

$$\left. \begin{array}{l} 0 \leqslant DO(i,t) \leqslant DO_{\max}(i,t) \\ 0 \leqslant DO(i,t) \leqslant DI_{\max}(i,t) \end{array} \right\} \tag{3.2-16}$$

式中　$DO_{\max}$、$DI_{\max}$——相应泵站的最大抽水能力。

（3）湖泊调蓄能力约束。

$$V_{\min}(i,t) \leqslant V(i,t) \leqslant V_{\max}(i,t) \tag{3.2-17}$$

式中　$V_{\min}(i,t)$、$V_{\max}(i,t)$——相应湖泊时段的最小和最大蓄水能力，$m^3/s$。

在进行系统模拟时，当时段末库容 $V(i,t) < V_{\min}(i,t)$，即认为产生缺水 $QR(i,t) =$

$V_{\min}(i,t)-V(i,t)$，确保水位始终在死水位以上。

（4）北调控制水位约束。为了使当地的用水利益不致因北调抽水而受到损害，在实际的试行调度方案中还规定了湖泊不同时段的北调控制水位。一般情况下，当湖泊水位低于此水位时，停止抽湖泊既有蓄水北调。各湖泊分时段北调控制水位见表 3.2-1。

表 3.2-1　　　　　　　　　　调蓄湖泊北调控制水位　　　　　　　　　　单位：m

| 湖泊 | 7月上旬至8月底 | 9月上旬至11月上旬 | 11月中旬至3月底 | 4月上旬至6月底 |
|---|---|---|---|---|
| 洪泽湖 | 12.00 | 12.00～11.90 | 12.00～12.50 | 12.50～12.00 |
| 骆马湖 | 22.20～22.10 | 22.10～22.20 | 22.10～23.00 | 23.00～22.50 |
| 南四湖 | 32.00 | 31.70～32.10 | 32.10～33.00 | 32.50～32.00 |

（5）其余约束。包括河道输水能力约束、自流下泄能力约束等，这里不再详述。

4. 模型求解与结果分析

采用改进的遗传算法求解上述优化调度模型。由于南水北调东线工程的水量调度主要通过控制各级提水泵站进行，因此可将各入湖、出湖泵站的翻水量序列可以看作遗传算法中的个体（染色体）。其求解过程为：随机生成组染色体；输入系统模拟模型，统计各组染色体对应方案的缺水量与泵站抽水量；按预定的适应度评价方法评价各组染色体的优劣；通过一定的遗传操作（选择、交叉和变异）进行优胜劣汰，直至满足给定的终止规则。

将上述优化调度计算结果与常规调度计算结果进行比对分析。在进行优化调度计算时，时段数 $T=36$，种群内个体数目 $m=200$，空间收缩系数 $b=0.85$，计算结果见表 3.2-2，优化调度结果均为多次计算的平均值。

表 3.2-2　　　　　　　　　　不同保证率模拟计算结果　　　　　　　　　　单位：亿 m³

| 项目 | 50%保证率 | | 75%保证率 | | 95%保证率 | |
|---|---|---|---|---|---|---|
| | 优化调度 | 常规调度 | 优化调度 | 常规调度 | 优化调度 | 常规调度 |
| 缺水量 | 2.047 | 2.160 | 28.104 | 31.246 | 71.886 | 83.989 |
| 抽水量 | 87.620 | 97.577 | 123.391 | 128.643 | 208.407 | 182.772 |
| 弃水量 | 116.365 | 120.238 | 38.449 | 42.339 | 0 | 0 |
| 抽江水量 | 5.891 | 12.186 | 45.785 | 48.897 | 120.750 | 111.468 |

从表 3.2-2 可以看出，在 50% 和 75% 保证率下，优化调度在总抽水量和抽江水量均更低的情况下，仍能使系统总缺水量低于常规调度，表现出很好的优化效果；在 95% 保证率下，优化调度的泵站总抽水量与抽江水量均更大，有效降低了系统总缺水量，优化调度效果更加突出。研究结果表明，对比常规调度，该方法能够有效降低系统总缺水量及工作能耗，使系统水资源得到更为科学合理的配置，具有很好的应用价值，也为南水北调东线工程的运行管理及实时优化调度提供了新的思路。

### 3.2.3　南水北调东线一期工程水量调度应急预案研究

南水北调东线一期工程从长江干流三江营引水，利用京杭大运河以及与其平行的河道输水。黄河以南段设 13 级泵站，连通洪泽湖、骆马湖、南四湖、东平湖，经泵站逐级提水进入东平湖。出东平湖后分两路，一路向北输水至大屯水库；另一路向东输水至米山水库。为建立健全南水北调东线一期工程水量调度应急机制，提高应急处置能力，依据《中华人民共和国水法》《中华人民共和国突发事件应对法》《南水北调工程供用水管理条例》《南水北调东线一期工程水量调度方案（试行）》等法律法规及有关规定，淮河水利委员会开展了南水北调东线一期工程水量调度应急预案研究工作。研究目的是在南水北调东线一期工程调水沿线区域及受水区发生可能危及供水安全的重大洪涝灾害、干旱灾害、水污染事件、工程安全事故等突发事件时，或河北、天津需要应急调水时，通过组织实施水量应急调度，最大限度地减少突发事件的影响范围、程度及其造成的危害。研究内容包括工作原则、调水线路与规模、突发事件分类分级、组织管理、应急响应与处置以及保障措施等。

突发事件是指发生的危及南水北调东线一期工程供水安全，或河北省、天津市发生供水危机时，需要对南水北调东线一期工程采取水量应急调度措施的事件。突发事件可分以下几类。

（1）洪涝灾害事件，即发生危及调水工程正常运行的洪涝灾害事件。

（2）干旱灾害事件，即调水沿线区域及受水区发生严重干旱，湖泊出现重大水生态问题，济宁至扬州段京杭运河断航，河北省、天津市发生供水危机。

（3）水污染事件，即调水沿线区域（调蓄湖泊、输水河道等）及受水区发生水污染事件。

（4）工程安全事故，调水工程在运行过程中突发安全事故，影响安全供水。

（5）其他可能危及供水安全的突发事件。

根据突发事件对供水的危害程度和对需水的紧急程度等因素，可将突发事件分为四级：Ⅰ级事件（特别重大）、Ⅱ级事件（重大）、Ⅲ级事件（较大）及Ⅳ级事件（一般）。

1. Ⅰ级事件（特别重大）

（1）调水沿线区域发生洪涝灾害事件，严重影响南水北调东线一期工程江苏、山东两省的供水安全。

（2）洪泽湖、南四湖下级湖、南四湖上级湖水位均低于最低生态水位。

（3）调水沿线区域及受水区发生特别重大水污染事件，严重影响南水北调东线一期工程江苏、山东两省及以上范围的受水区供水安全。

（4）工程在运行过程中发生突发安全事故，导致各输水线路均中断运行，严重影响南水北调东线一期工程江苏、山东两省受水区供水安全。

（5）济宁至扬州段京杭运河全线断航。

2. Ⅱ级事件（重大）

（1）调水沿线区域发生洪涝灾害事件，影响南水北调东线一期工程江苏、山东两省的供水安全。

（2）洪泽湖、南四湖下级湖、南四湖上级湖其中之一水位低于最低生态水位。

（3）调水沿线区域及受水区发生重大水污染事件，严重影响南水北调东线一期工程江苏、山东两省及以上范围的受水区供水安全。

（4）工程在运行过程中发生突发安全事故，导致输水线路中的一条输水中断运行，影响南水北调东线一期工程江苏、山东两省受水区供水安全或者严重影响一省受水区供水安全。

（5）济宁至扬州段京杭运河跨省行政区域出现局部断航。

3. Ⅲ级事件（较大）

（1）调水沿线区域发生洪涝灾害事件，影响南水北调东线一期工程一省供水安全。

（2）洪泽湖、南四湖下级湖、南四湖上级湖其中之一水位低于死水位。

（3）调水沿线区域及受水区发生较大水污染事件，严重影响南水北调东线一期工程一省受水区供水安全。

（4）工程在运行过程中发生突发安全事故，导致胶州输水干线或鲁北输水干线中断运行，影响南水北调东线一期工程一省受水区供水安全。

（5）济宁至扬州段京杭运河省内出现断航。

4. Ⅳ级事件（一般）

（1）调水沿线区域发生洪涝灾害事件，影响南水北调东线一期工程省内局部受水区供水安全。

（2）调水沿线区域及受水区发生水污染事件，影响南水北调东线一期工程省内局部受水区供水安全。

（3）工程在运行过程中发生突发安全事故，运行单机工程供水。

（4）济宁至扬州段京杭运河省内局部区域断航。

对应突发事件的级别，南水北调东线水量应急调度的应急响应可分为Ⅰ级、Ⅱ级、Ⅲ级和Ⅳ级 4 个等级。应急响应启动后，可视事件损失情况及其发展趋势调整响应级别，避免响应不足或响应过度。南水北调东线水量应急调度应坚持以人为本、减少危害的原则，预防为主、平战结合的原则，统一指挥、分级负责的原则，对突发事件的应急处置应坚持属地为主的原则。为加强做好南水北调东线一期工程水量调度突发事件的应急处置工作，应加强组织管理，应成立突发事件应急处置工作组织机构和水量应急调度组织机构，明确相关部门在应急调度工作中的职责。同时要编制南水北调东线一期工程水量应急调度实施方案，实施方案主要内容应包括调度目标、水量应急调度供需分析、调度原则、调度线路、调度规模、调度时间、调度工程运行管理、水量水质监测、监督管理等。

# 3.3　沂河、沭河水量调度方案研究

## 3.3.1　沂河水量调度方案研究

### 1. 水量分配细化

为落实《沂河流域水量分配方案》，淮河水利委员会开展了沂河流域水量调度方案编制工作。《沂河流域水量分配方案》给出的不同来水频率年份的分配水量及各控制断面的下泄量均是年值，不利于水量调度实施的具体操作，需要把年度分配水量进一步细化到各个月。水量分配细化的方法是借助水资源配置系统情景共享模型，在总可供水量控制的前提下，按照流域水系、水资源分区及计算单元，以 1956—2000 年来水系列和 2030 年规划水平年经济社会需求、河道内生态需求，逐月进行长系列调算，从而得出逐月的地表水供水过程。也就是将沂河需水预测成果与工程措施条件组合，以月为基本调节计算时段，以主要控制站点为控制节点，以沂河可分配水量、主要控制节点下泄水量、区域缺水状况为约束，通过模型模拟，从而得出沂河各省行政区多年平均各月分配水量。同理，采用线性内插方法可将其他不同来水频率下沂河各省年分配水量细化到年内各月，这里不再赘述。

沂河各省多年平均及不同保证率各月分配水量见表 3.3-1～表 3.3-3。

表 3.3-1 　　　　　　　　沂河各省多年平均各月分配水量 　　　　　　　单位：亿 m³

| 月份 | 沂河 | 山东 | 江苏 | 月份 | 沂河 | 山东 | 江苏 |
|---|---|---|---|---|---|---|---|
| 1 | 0.64 | 0.56 | 0.08 | 8 | 3.51 | 2.92 | 0.59 |
| 2 | 0.77 | 0.68 | 0.09 | 9 | 1.26 | 0.75 | 0.51 |
| 3 | 2.08 | 1.95 | 0.13 | 10 | 1.55 | 1.46 | 0.09 |
| 4 | 1.29 | 1.16 | 0.13 | 11 | 0.78 | 0.69 | 0.09 |
| 5 | 1.31 | 0.94 | 0.37 | 12 | 0.99 | 0.68 | 0.31 |
| 6 | 3.01 | 2.56 | 0.45 | 全年 | 19.65 | 16.30 | 3.35 |
| 7 | 2.46 | 1.95 | 0.51 | | | | |

表 3.3-2 　　　　　　　　75％来水频率沂河各省月可分配水量 　　　　　　单位：亿 m³

| 月份 | 沂河 | 山东 | 江苏 | 月份 | 沂河 | 山东 | 江苏 |
|---|---|---|---|---|---|---|---|
| 1 | 0.72 | 0.61 | 0.11 | 8 | 3.85 | 3.01 | 0.84 |
| 2 | 0.69 | 0.58 | 0.11 | 9 | 1.46 | 0.87 | 0.59 |
| 3 | 2.04 | 1.95 | 0.09 | 10 | 2.33 | 2.26 | 0.07 |
| 4 | 0.84 | 0.70 | 0.14 | 11 | 0.79 | 0.73 | 0.06 |
| 5 | 1.12 | 0.77 | 0.35 | 12 | 1.24 | 0.78 | 0.46 |
| 6 | 3.56 | 2.95 | 0.61 | 全年 | 20.56 | 16.69 | 3.87 |
| 7 | 1.92 | 1.48 | 0.44 | | | | |

表 3.3-3 　　　　　　　　95％来水频率沂河各省月可分配水量 　　　　　　单位：亿 m³

| 月份 | 沂河 | 山东 | 江苏 | 月份 | 沂河 | 山东 | 江苏 |
|---|---|---|---|---|---|---|---|
| 1 | 0.65 | 0.56 | 0.08 | 8 | 3.51 | 2.92 | 0.59 |
| 2 | 0.77 | 0.68 | 0.09 | 9 | 1.26 | 0.75 | 0.51 |
| 3 | 2.08 | 1.95 | 0.13 | 10 | 1.55 | 1.46 | 0.09 |
| 4 | 1.29 | 1.16 | 0.13 | 11 | 0.78 | 0.69 | 0.09 |
| 5 | 1.31 | 0.94 | 0.37 | 12 | 0.99 | 0.68 | 0.31 |
| 6 | 3.01 | 2.56 | 0.45 | 全年 | 19.66 | 16.30 | 3.35 |
| 7 | 2.46 | 1.95 | 0.51 | | | | |

通过水资源配置系统模型模拟调算，对沂河重要控制断面苏鲁省界、临沂及沂河末端站多年平均来水情况下控制断面下泄水量进行逐月细化，得出主要断面各月下泄水量。同

理，采用上述线性内插方法可将其他不同来水频率下沂河主要控制断面年下泄水量细化到年内各月，这里不再赘述。

沂河主要控制断面多年平均及不同保证率各月下泄量见表3.3-4～表3.3-6。

表3.3-4　　　　　　　　沂河主要控制断面多年平均月下泄量　　　　　　　单位：亿 m³

| 月份 | 苏鲁省界 | 临沂 | 沂河末端 | 月份 | 苏鲁省界 | 临沂 | 沂河末端 |
|---|---|---|---|---|---|---|---|
| 1 | 0.33 | 0.49 | 0.31 | 8 | 1.72 | 2.55 | 1.70 |
| 2 | 0.40 | 0.59 | 0.37 | 9 | 0.44 | 0.66 | 0.61 |
| 3 | 1.15 | 1.71 | 1.01 | 10 | 0.86 | 1.27 | 0.75 |
| 4 | 0.69 | 1.02 | 0.63 | 11 | 0.41 | 0.61 | 0.38 |
| 5 | 0.56 | 0.82 | 0.64 | 12 | 0.40 | 0.59 | 0.48 |
| 6 | 1.51 | 2.24 | 1.46 | 全年 | 9.63 | 14.26 | 9.54 |
| 7 | 1.16 | 1.71 | 1.20 | | | | |

表3.3-5　　　　　　　　沂河主要控制断面75%来水频率月下泄量　　　　　　单位：亿 m³

| 月份 | 苏鲁省界 | 临沂 | 沂河末端 | 月份 | 苏鲁省界 | 临沂 | 沂河末端 |
|---|---|---|---|---|---|---|---|
| 1 | 0.22 | 0.33 | 0.16 | 8 | 1.10 | 1.64 | 0.84 |
| 2 | 0.21 | 0.31 | 0.15 | 9 | 0.32 | 0.48 | 0.32 |
| 3 | 0.71 | 1.06 | 0.44 | 10 | 0.82 | 1.23 | 0.51 |
| 4 | 0.26 | 0.38 | 0.18 | 11 | 0.27 | 0.40 | 0.17 |
| 5 | 0.28 | 0.42 | 0.24 | 12 | 0.28 | 0.42 | 0.27 |
| 6 | 1.07 | 1.61 | 0.77 | 全年 | 6.08 | 9.08 | 4.47 |
| 7 | 0.54 | 0.80 | 0.42 | | | | |

表3.3-6　　　　　　　　沂河主要控制断面95%来水频率月下泄量　　　　　　单位：亿 m³

| 月份 | 苏鲁省界 | 临沂 | 沂河末端 | 月份 | 苏鲁省界 | 临沂 | 沂河末端 |
|---|---|---|---|---|---|---|---|
| 1 | 0.07 | 0.19 | 0.04 | 8 | 0.21 | 0.52 | 0.12 |
| 2 | 0.04 | 0.10 | 0.02 | 9 | 0.10 | 0.26 | 0.07 |
| 3 | 0.20 | 0.51 | 0.10 | 10 | 0.22 | 0.57 | 0.11 |
| 4 | 0.11 | 0.28 | 0.06 | 11 | 0.09 | 0.23 | 0.05 |
| 5 | 0.13 | 0.34 | 0.09 | 12 | 0.23 | 0.59 | 0.11 |
| 6 | 0.25 | 0.64 | 0.13 | 全年 | 1.95 | 4.99 | 1.07 |
| 7 | 0.30 | 0.76 | 0.17 | | | | |

2. 水量调度原则、目标、范围及调度期

(1) 调度原则。沂河水量调度应遵循：安全原则，水量调度服从防洪调度，确保防洪安全；统一调度原则，对流域水量进行统一调度，区域水量调度服从流域水量调度；总量控制原则，各行政区实施取用水总量控制，重要控制断面实施断面流量控制；分级管理、分级负责原则；公平公正原则，协调好上下游、左右岸相关取用水户的用水公平；统筹兼顾原则，优先保障城乡居民生活用水、合理安排生产和生态用水；正常年份或丰水年份，应在确保防洪安全的前提下，按照江河流域水量调度任务的主次关系及不同特点，优化调配水量，满足流域上下游、左右岸的生活、生产和生态合理用水需要；枯水年份，应统筹流域上下游、左右岸和各行业用水需求，按照保障重点、注重公平、维系生态安全的原则，重点保障流域生活用水需求，兼顾其他生产用水，最大限度减少因干旱造成的损失。

（2）调度目标。按照沂河水量分配方案，严格控制流域和区域取用水总量，合理开发利用水资源，促进水资源的可持续利用和生态环境的良性循环。统筹安排沂河上下游不同区域对水资源的合理需求，减少省际用水矛盾，保障河道内最小生态流量，控制主要省界断面下泄水量，保障上下游、左右岸合理、合法用水需求，促进和谐发展。

（3）调度范围。调度范围应与批复《沂河流域水量分配方案》一致。调度区域：从沂河干流及主要支流取水的用水户，主要涉及山东、江苏两省，以省级行政区为单元。调度河段：由于沂河水量分配方案并未将沂河水量分配到支流，因此，调度的重点为沂河干流。

（4）调度期。沂河水量调度方案的调度期按日历年计，分汛期和非汛期，调度在统计汛期用水的基础上，重点关注非汛期调度，实现全年取用水总量控制。

3. 水量调度规则

（1）水量调度次序。水量调度次序按先支流后干流，先上后下调度。临沂以上断面，先调度上游大型水库，到下流控制闸依次调度。临沂到省界断面之间基本无支流汇入，主要按先后次序调度控制闸坝。省界以下的工程不多，主要调度授贤橡胶坝，保证下泄水量。

（2）沂河干流调度。沂河干流的主要控制断面为临沂、省界和沂河末端，3个断面均为沂河干流水量调度工程控制节点。临沂以上调度以重要控制节点临沂断面的下泄量控制指标为目标开展调度，临沂到省界之间调度以重要控制节点省界断面的下泄量控制指标为目标开展调度，省界以下调度以重要控制节点沂河末端的下泄量控制指标为目标开展调度。

（3）实时滚动调度。水量调度按月滚动调度，年总量控制。按省级用水单元上报的月用水计划，首先利用水资源配置系统情景共享模型进行模拟调度，预测是否满足重要断面下泄量，并根据调度实测断面下泄量调整用水计划。调度随着水文预测调整的月取用水量及下泄量指标进行逐月滚动，最终按年总取用水量控制。

（4）汛期调度和特枯年份调度。汛期水量调度服从防洪调度，由国家防总会同淮河水利委员会负责对沂河干支流大型水库的蓄泄水和河道径流流量进行统一调度。特枯干旱年份的水量调度，以保证上游、下游生活用水为主，限制农业用水，必要时限制工业用水。

4. 控制节点的确定

沂河水量调度的关键在于对重要节点的控制。综合考虑沂河水资源开发利用特点、省界出入境水量的控制点、重要控制性工程以及有监测设施的河道断面等因素，确定临沂、苏鲁省界、沂河末端站为沂河干流水量调度的重要控制节点。

5. 调度权限

沂河水量调度方案遵循分级管理的原则，根据国家有关法律法规确定沂河干流的水量调度权限，明确淮河水利委员会、相关省水行政主管部门、有关工程管理单位等相关部门和单位的水量调度管理权限。沂河水量的统一调度管理工作由淮河水利委员会负责，淮河水利委员会负责对省界控制断面的水量进行调度，相关省负责所辖区域内的水量调度。

6. 应急调度体系

应急调度体系是由应急需要的机构、人员、物资、措施等构成的对应急对象进行有效应急的有机整体，包括涉及的组织机构的职责与权力、应急人员的构成与数量、物资设备的种类甚至数量、行动的流程和各种可能出现情况的处置措施。该体系是由应急的组织机构系统、应急的资源系统、应急的决策技术系统、应急的信息反馈系统等构成。淮河水利委员会应会同相关省及相关管理单位编制沂沭水量应急调度预案，应急调度预案包括应急组织体系、应急水源、预警机制以及应急措施等内容。

## 3.3.2　沭河水量调度方案研究

1. 水量分配细化

为落实《沭河流域水量分配方案》，淮河水利委员会开展了沭河流域水量调度方案编制工作。《沭河流域水量分配方案》给出的不同来水频率年份的分配水量及各控制断面的下泄量均是年值，不利于水量调度实施的具体操作，需要把年度分配水量进一步细化到各个月。水量分配细化的方法是借助水资源配置系统情景共享模型，在总可供水量控制的前提下，按照流域水系及水资源分区、计算单元，以 1956—2000 年来水系列和 2030 年规划水平年经济社会需求、河道内生态需求，逐月进行长系列调算，从而得出逐月的地表水供水过程。也就是将沭河需水预测成果与工程措施条件组合，以月为基本调节计算时段，以主要控制站点为控制节点，以沭河可分配水量、主要控制节点下泄水量、区域缺水状况为约束，通过模型模拟，从而得出沭河各省行政区多年平均各月分配水量。同理，采用线性内插方法可将其他不同来水频率下沭河年分配水量细化到年内各月，这里不再赘述。

沭河各省多年平均及不同保证率各月分配水量见表 3.3 - 7～表 3.3 - 9。

表 3.3 - 7　　　　　　　　沭河各省多年平均月分配水量　　　　　　　　单位：亿 m³

| 月份 | 沭河 | 山东 | 江苏 | 月份 | 沭河 | 山东 | 江苏 |
|---|---|---|---|---|---|---|---|
| 1 | 0.37 | 0.30 | 0.07 | 8 | 2.06 | 1.53 | 0.53 |
| 2 | 0.44 | 0.36 | 0.08 | 9 | 0.85 | 0.39 | 0.46 |
| 3 | 1.14 | 1.02 | 0.12 | 10 | 0.84 | 0.76 | 0.08 |
| 4 | 0.73 | 0.61 | 0.12 | 11 | 0.44 | 0.36 | 0.08 |
| 5 | 0.82 | 0.49 | 0.33 | 12 | 0.64 | 0.36 | 0.28 |
| 6 | 1.75 | 1.34 | 0.41 | 全年 | 11.56 | 8.54 | 3.02 |
| 7 | 1.48 | 1.02 | 0.46 | | | | |

表 3.3-8                75％来水频率沭河各省月可分配水量          单位：亿 m³

| 月份 | 沭河 | 山东 | 江苏 | 月份 | 沭河 | 山东 | 江苏 |
|---|---|---|---|---|---|---|---|
| 1 | 0.41 | 0.32 | 0.09 | 8 | 2.26 | 1.57 | 0.69 |
| 2 | 0.39 | 0.30 | 0.09 | 9 | 0.94 | 0.46 | 0.48 |
| 3 | 1.10 | 1.02 | 0.08 | 10 | 1.24 | 1.18 | 0.06 |
| 4 | 0.48 | 0.37 | 0.11 | 11 | 0.43 | 0.38 | 0.05 |
| 5 | 0.69 | 0.40 | 0.29 | 12 | 0.79 | 0.41 | 0.38 |
| 6 | 2.04 | 1.54 | 0.50 | 全年 | 11.90 | 8.72 | 3.18 |
| 7 | 1.13 | 0.77 | 0.36 | | | | |

表 3.3-9                95％来水频率沭河各省月可分配水量          单位：亿 m³

| 月份 | 沭河 | 山东 | 江苏 | 月份 | 沭河 | 山东 | 江苏 |
|---|---|---|---|---|---|---|---|
| 1 | 0.27 | 0.20 | 0.07 | 8 | 0.92 | 0.57 | 0.35 |
| 2 | 0.16 | 0.11 | 0.05 | 9 | 0.61 | 0.28 | 0.33 |
| 3 | 0.64 | 0.56 | 0.08 | 10 | 0.69 | 0.62 | 0.07 |
| 4 | 0.39 | 0.30 | 0.09 | 11 | 0.29 | 0.25 | 0.04 |
| 5 | 0.78 | 0.37 | 0.41 | 12 | 0.68 | 0.65 | 0.03 |
| 6 | 0.83 | 0.70 | 0.13 | 全年 | 7.48 | 5.44 | 2.04 |
| 7 | 1.22 | 0.83 | 0.39 | | | | |

通过水资源配置系统模型模拟调算，对沭河重要控制断面苏鲁省界、大官庄及老沭河末端站多年平均来水情况下控制断面下泄水量进行逐月细化，得出主要断面各月下泄水量。同理，采用上述线性内插方法可将其他不同来水频率下沭河主要控制断面年下泄水量细化到年内各月，这里不再赘述。

沭河主要控制断面多年平均各月下泄量见表 3.3-10～表 3.3-12。

2. 调度原则、目标、范围及调度期

（1）调度原则。沭河水量调度应遵循：安全原则，水量调度服从防洪调度，确保防洪安全；统一调度原则，对流域水量进行统一调度，区域水量调度服从流域水量调度；总量

表 3.3-10                沭河主要控制断面多年平均月下泄量          单位：亿 m³

| 月份 | 苏鲁省界 | 大官庄 | 老沭河末端 | 月份 | 苏鲁省界 | 大官庄 | 老沭河末端 |
|---|---|---|---|---|---|---|---|
| 1 | 0.14 | 0.25 | 0.15 | 8 | 0.70 | 1.27 | 0.82 |
| 2 | 0.16 | 0.29 | 0.17 | 9 | 0.18 | 0.32 | 0.34 |
| 3 | 0.47 | 0.85 | 0.45 | 10 | 0.35 | 0.63 | 0.34 |
| 4 | 0.28 | 0.51 | 0.29 | 11 | 0.17 | 0.30 | 0.18 |
| 5 | 0.23 | 0.41 | 0.33 | 12 | 0.16 | 0.29 | 0.26 |
| 6 | 0.61 | 1.11 | 0.70 | 全年 | 3.92 | 7.08 | 4.62 |
| 7 | 0.47 | 0.85 | 0.59 | | | | |

表 3.3－11  沭河主要控制断面 75% 来水频率月下泄量  单位：亿 m³

| 月份 | 苏鲁省界 | 大官庄 | 老沭河末端 | 月份 | 苏鲁省界 | 大官庄 | 老沭河末端 |
|---|---|---|---|---|---|---|---|
| 1 | 0.07 | 0.17 | 0.07 | 8 | 0.36 | 0.81 | 0.37 |
| 2 | 0.07 | 0.16 | 0.06 | 9 | 0.10 | 0.24 | 0.15 |
| 3 | 0.23 | 0.53 | 0.18 | 10 | 0.27 | 0.61 | 0.20 |
| 4 | 0.08 | 0.19 | 0.08 | 11 | 0.09 | 0.20 | 0.07 |
| 5 | 0.09 | 0.21 | 0.11 | 12 | 0.09 | 0.21 | 0.13 |
| 6 | 0.35 | 0.80 | 0.33 | 全年 | 1.97 | 4.53 | 1.93 |
| 7 | 0.17 | 0.40 | 0.18 | | | | |

表 3.3－12  沭河主要控制断面 95% 来水频率月下泄量  单位：亿 m³

| 月份 | 苏鲁省界 | 大官庄 | 老沭河末端 | 月份 | 苏鲁省界 | 大官庄 | 老沭河末端 |
|---|---|---|---|---|---|---|---|
| 1 | 0.04 | 0.08 | 0.01 | 8 | 0.10 | 0.23 | 0.04 |
| 2 | 0.02 | 0.05 | 0.01 | 9 | 0.05 | 0.11 | 0.02 |
| 3 | 0.10 | 0.22 | 0.03 | 10 | 0.11 | 0.25 | 0.03 |
| 4 | 0.05 | 0.12 | 0.02 | 11 | 0.04 | 0.10 | 0.01 |
| 5 | 0.06 | 0.15 | 0.03 | 12 | 0.11 | 0.26 | 0.03 |
| 6 | 0.12 | 0.28 | 0.03 | 全年 | 0.94 | 2.18 | 0.31 |
| 7 | 0.14 | 0.33 | 0.05 | | | | |

控制原则，各行政区实施取用水总量控制、重要控制断面实施断面流量控制；分级管理、分级负责原则；公平公正原则，协调好上下游、左右岸相关取用水户的用水公平；统筹兼顾原则，优先保障城乡居民生活用水、合理安排生产和生态用水；正常年份或丰水年份，应在确保防洪安全的前提下，按照江河流域水量调度任务的主次关系及不同特点，优化调配水量，满足流域上下游、左右岸的生活、生产和生态合理用水需要；枯水年份，应统筹流域上下游、左右岸和各行业用水需求，按照保障重点、注重公平、维系生态安全的原则，重点保障流域生活用水需求，兼顾其他生产用水，最大限度减少因干旱造成的损失。

（2）调度目标。按照沭河水量分配方案，严格控制流域和区域取用水总量，合理开发利用水资源，促进水资源的可持续利用和生态环境的良性循环。统筹安排沭河上下游不同区域对水资源的合理需求，减少省际用水矛盾，保障河道内最小生态流量，控制主要省界断面下泄水量，保障上下游、左右岸合理、合法用水需求，促进和谐发展。

（3）调度范围。沭河调度范围应批复的《沭河流域水量分配方案》一致。调度区域为本方案调度区域：从沭河干流及主要支流取水的用水户，主要涉及山东、江苏两省，以省级行政区为单元。由于沭河水量分配方案并未将沭河水量分配到支流，因此，调度的重点河段为沭河干流。

（4）调度期。本方案的调度期按日历年计，分汛期和非汛期，调度在统计汛期用水的基础上，重点关注非汛期调度，实现全年取用水总量控制。

3. 水量调度规则

（1）水量调度次序。水量调度次序按先支流后干流，先上后下调度。大官庄以上断面，先调度上游大型水库，从支流上中水库到下流控制闸依次调度。大官庄到省界断面之间基本无支流汇入，主要按先后次序调度控制闸坝。省界以下的工程不多，主要保证沭河末端下泄水量。

（2）沭河干流调度。沭河干流的主要控制断面为大官庄、苏鲁省界、老沭河末端站，3个断面均为沭河干流水量调度工程控制节点。大官庄以上调度以重要控制节点大官庄断面的下泄量控制指标为目标开展调度；大官庄到省界之间调度以重要控制节点省界断面的下泄量控制指标为目标开展调度；省界以下调度以重要控制节点沭河末端的下泄量控制指标为目标开展调度。

（3）实时滚动调度。水量调度按月滚动调度、年总量控制。按省级用水单元上报的月用水计划，首先利用水资源配置系统情景共享模型进行模拟调度，预测是否满足重要断面下泄量，并根据调度实测断面下泄量调整用水计划。调度随着水文预测调整的月取用水量及下泄量指标进行逐月滚动，最终按年总取用水量控制。

（4）汛期调度与特枯年份调度。汛期水量调度服从防洪调度，由国家防总会同淮河水利委员会负责对沭河干支流大型水库的蓄泄水和河道径流流量进行统一调度。特枯干旱年份的水量调度，以保证上游、下游生活用水为主，限制农业用水，必要时限制工业用水。

4. 控制节点的确定

沭河水量调度的关键在于对重要节点的控制。综合考虑沭河水资源开发利用的特点、省界出入境水量的控制点、重要控制性工程以及有监测设施的河道断面等因素，确定大官庄、苏鲁省界、老沭河末端站为沭河干流水量调度的重要控制节点。

5. 调度权限

沭河水量调度方案遵循分级管理的原则，根据国家有关法律法规确定沭河干流的水量调度权限，明确淮河水利委员会、相关省水行政主管部门、有关工程管理单位等相关部门和单位的水量调度管理权限。沭河水量的统一调度管理工作由淮河水利委员会负责，淮河水利委员会负责对省界控制断面的水量进行调度，相关省负责所辖区域内的水量调度。

6. 应急调度体系

应急调度体系是由应急需要的机构、人员、物资、措施等构成的对应急对象进行有效应急的有机整体，包括涉及的组织机构的职责与权力、应急人员的构成与数量、物资设备的种类甚至数量、行动的流程和各种可能出现情况的处置措施。该体系是由应急的组织机构系统、应急的资源系统、应急的决策技术系统、应急的信息反馈系统等构成。淮河水利委员会应会同相关省水行政主管部门及相关管理单位编制沭河水量应急调度预案，应急调度预案包括应急组织体系、应急水源、预警机制以及应急措施等内容。

# 第4章

# 水资源调度的主要成效、存在问题与措施建议

## 4.1　主要成效

各地通过积极探索，加强水量调度管理，合理配置水资源，成功应对水资源短缺、水污染和生态用水危机，统筹生产、生活和生态用水，为保障经济社会发展作出了重要贡献。近年来，我国水资源调度实践呈现出五个较为明显的变化趋势，即从应急调度发展到常规调度，从单纯水量调度到水量水质统筹考虑，从单纯服务于生产生活到为兼顾改善生态环境调水，从单纯地表水调度到地表水与地下水联合调度，从单一水利工程调度到全流域甚至跨流域水量统一调度。水资源调度主要成效具体包括以下几个方面。

一是水资源统一调度格局初步形成。目前，我国以流域为单元的水资源统一管理和调度的格局已初步形成，黄河、黑河、塔里木河流域的水量统一调度已步入了正常调度，在调度原则、调度方法、调度技术等方面日趋成熟，2006 年，国务院以行政法规的形式颁发实施了我国第一个流域性水量调度法规——《黄河水量调度条例》，其他一些河流的水量调度工作也逐步展开。

二是水资源调度工程格局不断完善。各流域、省（自治区、直辖市）水资源基础工程建设不断完善，以三峡水利枢纽为代表的一大批流域控制性水利工程，以南水北调东线、中线一期工程为代表的跨流域调水工程以及以"五小水利"为代表的中小型水资源开发利用工程不断建成，显著提高了水资源调控能力。

三是应急调度逐步向常态化调度转变。部分因突发事件、特殊需要而开展的应急调度工作成效显著。因继续进行调度有良好的综合效益，所以正逐步转变为常态化调度。如太湖流域引江济太工程试验期促进受水区域水质明显改善，得到了社会各界的广泛认可，转入了长效运行阶段，有效保障了太湖流域的水安全。珠江流域 2005 年、2006 年为保障春节期间供水安全，启动压咸补淡应急调度，通过两次应急调水的实践，确定了进行珠江流域枯期压咸调度的长期解决措施，有力地保障了澳门等地的供水安全。

四是单一工程调度向流域统一调度转变。我国水资源调度工作的开展经历了两个阶段。20 世纪 90 年代前，流域控制性工程建设滞后，能参与调度的工程少，各水库、水利枢纽或其他工程大多是各自进行调度，水资源调度以水利工程的兴利调度为主。随着各项工程的不断建成完工，水库群联合调度和流域统一调度逐渐成为水资源调度的主要方式。2000 年以来，水资源调度逐步重视河流自身的生态用水，统筹兼顾，综合协调，依据可持续发展的要求，逐步开展了黄河流域的全河水量调度、黑河和塔里木河流域水量统一调度、南四湖生态调度补水、引江济太、珠江压咸补淡等跨流域、远距离的多项水量调度工作，逐渐形成了短期抗旱应急、中期供需平衡、长期生态维系的综合调度体系。

五是单一目标调度向水量、水质、生态等多目标调度转变。水资源调度工作开始阶段主要是为完成单一任务而开展的。随着调度手段的不断强化，调度工程的不断完善，开始由单一水量调度向水量、水质、水生态等多目标调度转变，并取得了显著的社会效益和生态效益。例如，珠江水利委员会组织的压咸调度工作，最初的目的是保障下游珠江三角洲、澳门等地的取水安全，通过多年工作实践，在保证压咸目标完成的基础上，开始增加对发电、航运、水质的考虑，实现了水调、电调、航运及改善生态的多赢局面；在保障生产生活用水的基础上，重视生态用水，缩短了太湖换水周期，加快了河湖水体流动，改善了流域主要水源地水质及受水地区水环境。

六是水量调度基础工作不断加强。近年来，按照水利部的统一部署和有关技术要求，各流域机构开展了水资源管理控制指标分解、跨省河流水量分配等工作，不断夯实水资源管理工作基础：组织开展水资源管理控制指标分解工作，将 2015 年、2020 年、2030 年各流域水资源开发利用、用水效率、水功能区限制纳污控制指标分解到流域各省；组织开展全国主要江河流域水量分配工作，经过几年努力，编制完成水量分配方案，第一批主要江河水量分配方案已获批复；各地结合水量调度工作需要，开展国家水资源监控能力建设，加强省界断面、重要取用水户、重要水功能区的水量水质监测工作，实现水质水量在线监测，初步形成与实行最严格水资源管理制度相适应的水资源监控能力，也为流域水量调度工作开展奠定坚实的工作基础。

总的来看，我国水量调度工作在调度管理体制上，按照国家统一分配水量，进行流量断面控制，省（自治区、直辖市）负责用水配水、重要取水口和骨干水库统一调度的原则，初步建立了流域管理与区域管理相结合的水量调度管理体制；在调度技术上，通过应用水文预报、需水预测、信息技术及远程监测、监控、监视及水库优化调度等技术，使得水量调度断面控制和总量控制得以更加合理、可行，保障和提升了水量调度的精细水平；在调度方案上，形成了年计划、月方案、旬方案、实时调度指令等长短结合、滚动调整、实时调度方案编制和发布体系；在调度监督上，实现了水量调度行政首长负责制和水量调度监督检查制度，保证了调度顺利实施；在调度手段上，通过行政、法律、技术、经济及工程手段，加强了水量调度管理。

## 4.2　存在问题

我国水量调度工作在取得以上成效的同时，也存在一些不足和问题，主要有以下几个方面。

一是水量调度法律与制度体系尚不完善。目前，国家及地方正在着手开展水量调度相关法律法规制度体系建设工作，部分流域、省（自治区、直辖市）已出台相关规范性文件，如黄河流域已基本建立完备的法律体系。但与水量调度工作的要求相比，水量调度立法工作滞后，从国家层面上看，缺少水量调度的法律法规体系和配套的规章制度，淮河流域大部分地区还存在水资源调度工作法律依据不足的现象，缺乏细化的、地方性水资源调度法律法规。目前，尚未制订出台专门的水量调度方面的条例或办法；没有制订流域及重要河流水量调度方案，各方责权不明确，行政监督和处罚权不落实，处理违规问题缺乏法律支撑，调度指令存在主观性和随意性，不适应当前流域水量统一调度与管理工作需要。条例、办法等的制定大多数都是从工程管理者的角度出发，对工程与用水户之间的利益关系、协商机制则没有明确的制度规定。

二是水资源调控能力不足，缺乏有效的调度控制工程。水量调度控制性工程在实现流域水资源优化调度配置方面具有关键作用。各流域、省（自治区、直辖市）都存在不同程度的水资源调控能力不足的情况，如流域控制性工程缺乏，渠系配套工程建设滞后等问题；存在不同程度的引排工程输水效率低、输水能力不足等调控配套设施不完善情况。骨干水利工程大都属于地方管理，流域管理机构缺少有效的工程控制手段，水量调度只能依靠地方有关部门的配合，缺乏约束力，影响了流域水资源统一调度的实施。

三是管理体制不健全，权责不明。水资源调度工作管理体制不完善，仍存在权责不明、管理混乱的情况。水资源调度主体虽然明确，但在落实中涉及部门和单位众多，沟通协调难度大，不利于实现水资源调度效益最大化；流域调度与区域调度存在冲突，属于区域调度的地方水利工程未按照流域调度方案控制运行。有的地方电调与水调的矛盾难以协调，"电调服从水调"还得不到完全贯彻落实，部分工程管理单位片面追求发电、供水收益，不完全服从流域水资源统一调度管理。有的地方水资源调度与防洪调度存在冲突。

四是水资源监控体系建设亟待加强。水资源监控能力建设滞后是制约水量调度工作有序开展的重要因素。随着国家防汛指挥系统、国家水资源监控能力建设等项目的推进，流域、省市水资源监控体系已经初步建立。但是，相对于水资源调度管理工作的需求来说，仍存在监测系统尚不配套，监控能力略显滞后等问题。目前，尚未建立专门的、覆盖流域的水资源监测站网，水量监测主要依托现有水文站资料。这些水文站网均是按照为防汛服务目的进行布设的，一方面缺乏对跨省河流省界断面等重要断面的实时监测；另一方面监测项目不全、内容不配套，尤其是枯水期水量监测，这与流域水资源统一调度管理的要求还有很大的差距。

## 4.3 措施建议

随着流域经济社会的快速发展，部分地区水资源短缺、水生态环境恶化问题日益严重，水量调度日益凸显其重要性。必须站在流域水资源优化配置与统一管理的高度上，统筹水量、水质与水生态，供水安全与生态安全等不同层面的目标，并从应急调度向常态调度转变。同时，水利工程作为水量调度工作的基础性支撑，今后水利工程规划建设与运行管理应更多地考虑和服务于流域水资源的配置调度。以下是水资源调度的具体措施建议。

一是严格管理，强化流域水资源统一调度。水量调度工作涉及不同地区、不同部门间利益的均衡，正确认识和妥善处理好各方面的利益关系，是实现水量调度多方共赢的基础。流域机构应加强与流域各省市和有关部门的协调，建立权威高效的水资源统一管理体制，探索建立流域水量调度管理体系，建立统一管理、分工负责的工作机制，保障区域间、上下游、左右岸及行业间的用水公平和协调发展。为切实加强流域水资源统一管理与调度，应进一步明确流域机构在水量调度方面的工作职责，充分发挥其组织协调和监督指导作用。区域水量调度应当服从流域水资源统一调度，水力发电、供水、航运等调度应当服从流域水资源统一调度。水量调度方案、应急调度预案和调度计划一经批准，有关地方人民政府和部门等必须服从，各负其责，形成齐抓共管的合力，共同推动水量调度工作的实施。重大调水工程一般都是跨区域、跨流域的调水工程，涉及多个流域、行政区及管理机构。建议建立水量调度流域协商决策和议事机制，健全地方政府和公众的参与机制，形成科学、高效和协调的调水工程水资源管理体制。

二是健全制度，完善水资源调度相关法规体系。水量调度工作作为一种政府行为，必须制定相关制度。水资源调度法律法规的制定和完善是调度规范化的关键，依法调度是水资源调度工作应遵循的基本要求。为规范水资源调度管理，保证调水工程充分发挥效益和良性运行，建议国家尽快着手建立水量调度的法律法规体系及配套规章制度，用以指导和规范调水工程的水量调度运行管理。鉴于各调水工程特性不同，存在的具体问题也不同，建议根据特定区域的需求制定与该工程相配套的法律法规。此外，亟须制定专门的法律及规范性文件，尽快建立完备的流域应急水量调度管理制度，对跨流域调水工程的水资源调度进行规范管理。在立法中要明晰水权交易，加强调水的生态环境保护，使我国的重大调水工程水资源调度管理形成一个完整的体系。通过相关法规制度建设，进一步明确流域水量调度的管理主体与法律责任，界定调度权限和职责，建立公正、高效、公开的调度工作程序，确立流域管理与区域管理相结合、分工协作的长效工作机制。

三是夯实基础，科学编制江河水量调度方案。《中华人民共和国水法》规定，"县级以上地方人民政府水行政主管部门或者流域管理机构应当根据批准的水量分配方案和年度预测来水量，制定年度水量分配方案和调度计划，实施水量统一调度"。河湖水量分配方案是开展水量调度工作的重要基础，要抓紧落实已批复的跨省河流水量分配方案，开展跨省河流水量调度方案和年度水量调度计划编制工作，制订旱情紧急情况下的水量调度预案。今后要将水量调度工作作为实施最严格水资源管理制度的重要工作来抓，作为落实水资源消耗总量和强度双控行动的一项重要工作来抓。编制水量调度方案时要科学制定水量调度目标、调度原则，合理确定水量调度期，明确工程调度原则及控制运用指标，规定水量调度权限及管理职责。规范调度计划制定、批准程序，制定监督管理措施以及省界和重要控制断面水量监测方案。同时，加强流域重点河湖生态调度、水污染事件应急调度等方面的专题研究工作，制定与完善水量应急调度预案，规范水量应急调度工作。

四是优化布局，完善水资源调配工程体系。加强水资源调配工程的前期论证工作，综合考虑调出区和流域水资源的供给能力，科学设计调水能力。加强水资源调控工程体系建设。对于淮河流域而言，应加快南水北调东线二期工程、引江济淮工程等重大跨流域水资源配置工程建设，加快推进出山店、白雀园等大型蓄水工程建设。同时，在不影响防洪和排涝前提下，适当发挥临淮岗等拦蓄工程以及淮河沿淮湖洼洪水资源利用、淮沂洪水互补利用等洪水资源利用工程的水量调度作用。此外，要充分发挥工程在水生态保护方面的作用，通过调整现有闸坝运行管理方式，利用其调节能力提高枯季河湖生态流量，改善修复重点地区水生态环境。

五是加强监测，加快水量调度信息系统建设。加强水量调度信息化建设，提高水资源调度信息化水平。建立河流水量调度中心，对干支流大中型水库、跨流域调水工程、重要引水涵闸等实施远程监控，实时监控省界断面水资源等信息，实时掌握重大调水工程水量调度情况。以信息采集、决策支持和引水工程监控为重点，建立一套覆盖全流域、面向水资源管理与调度各业务的"先进实用，可靠高效"的江河流域水量调度管理系统。要建立高效的现代化重大调水工程水资源调度管理系统，综合运用3S（RS、GIS和GPS）技术、计算机技术、通信技术等现代信息技术，掌握重大调水工程水量调度的历史、实时情况，对重大调水工程信息数据进行定位、管理、查询、更新及空间分析，实现调水工程水资源调度数据的采集、传输、分析、汇总和共享。

六是加强宣教，提高水资源调度管理水平。要充分利用和发挥舆论宣传的作用，做好面向社会的宣传工作，要加大水资源调度服务意识和功能的宣传，充分发挥水资源调度的引导和指导作用。要加强水资源短缺意识的宣传，要让社会各界都能够认识到当地水资源的短缺状况，促进节水型社会建设，为水资源调度创造良好的环境。广泛深入开展基本水情教育，加大对水量调度理念、调度目标、调度方案的宣传，让社会各界认识到水量调度工作的重要性，自觉成为水资源调度的支持者、实践者、受益者和宣传者。重视水量调度和管理人员培训，编制水量调度方面的培训教材，加强交流和学习，从调度思路、调度理念和调度技能上，全面提高调度队伍的素质。大力推进水量调度管理科学决策和民主决策，完善公众参与机制，进一步提高决策透明度。

# 下篇

## 淮沂水系水资源调度模型研究与应用

# 第5章

# 研究区域概况

本书研究范围包括淮河水系、沂沭泗水系，总面积 27 万 km²，重点研究区域为洪泽湖、骆马湖及其周边主要供水区。

## 5.1 淮河流域基本情况

### 5.1.1 自然地理

淮河流域地处我国东部，介于长江与黄河之间，东临黄海。以废黄河为界，以南为淮河水系，以北为沂沭泗水系，总面积 27 万 km²，其中淮河水系 19 万 km²，沂沭泗水系 8 万 km²。京杭大运河、分淮入沂水道和徐洪河贯穿其间，沟通两大水系。

淮河流域总的地形为由西北向东南倾斜，淮南山丘区、沂沭泗山丘区分别向北和向南倾斜。流域西、南、东北部为山区，约占流域总面积的 1/3；其余为平原、湖泊和洼地，约占流域总面积的 2/3。

淮河流域西部的伏牛山、桐柏山区，一般海拔为 200～300m，沙颍河上游的石人山为全流域最高峰，海拔为 2153m；南部大别山区海拔一般为 300～500m，淠河上游的白马尖海拔 1774m；东北部沂蒙山区海拔一般为 200～500m，沂河上游龟蒙顶海拔 1155m。丘陵主要分布在山区的延伸部分，海拔一般为：西部 100～200m，南部 50～100m，东北部一般 100m 左右。淮干以北广大平原海拔一般为 15～50m；南四湖湖西为黄泛平原，海拔为 30～50m；里下河水网区海拔为 2～10m。

淮河流域以潮土、砂礓黑土和水稻土为主，占流域总面积的 64％左右。淮河流域西部伏牛山区主要为棕壤和褐土；丘陵区主要为褐土，土层深厚，质地疏松，易受侵蚀冲刷。淮南山区主要为黄棕壤，其次为棕壤和水稻土；丘陵区主要为水稻土，其次为黄棕壤。沂蒙山区多为粗骨性褐土和粗骨性棕壤，土层浅薄，质地疏松，多夹砾石，蓄水保肥能力很差，水土流失严重。淮北平原北部主要为黄潮土，土壤质地疏松，肥力较差；淮北平原中部、南部主要为砂礓黑土，为淮北古老的耕作土壤，其次为黄潮土、棕潮土等。淮河下游平原水网区为水稻土，土壤肥沃。苏、鲁两省滨海平原新垦地多为滨海盐土。

淮河流域植被分布具有明显的过渡性特点。自然植被的分布大致为：伏牛山北麓、黄淮平原和偏北的泰沂山区植被属暖温带落叶阔叶林与针叶松林的混交林；淮河流域的中部低山丘陵区植被属亚热带落叶阔叶林与常绿阔叶林混交林；淮河流域南部的大别山区主要为常绿阔叶林、落叶阔叶林和针叶松林混交林，并夹有竹林，山区腹部有部分原始森林。

淮河流域是我国的南北气候过渡带。淮河流域四季分明。在气候区划中，以淮河和苏北灌溉总渠为界，北部属暖温带半湿润区，南部属亚热带湿润区。影响本流域的天气系统众多，既有北方的西风槽和冷涡，又有热带的台风和东风波，还有本地产生的江淮切变线和气旋波，因此造成流域气候多变，天气变化剧烈，东亚季风是影响流域天气的主要因素。

淮河流域年平均气温为 $13.2\sim15.7℃$，气温南高北低。年平均月最高气温 $27℃$（7月或 8 月）左右，年平均月最低气温 $0℃$（1 月）左右。无霜期为 $200\sim240\text{d}$。年均日照时数为 $1990\sim2650\text{h}$。相对湿度年平均值为 $63\%\sim81\%$。

淮河流域水系示意图见图 5.1-1。

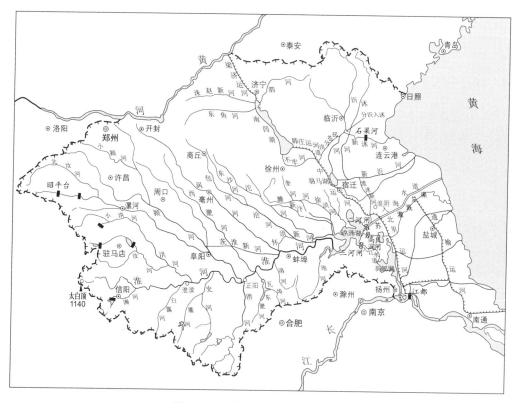

图 5.1-1　淮河流域水系示意图

## 5.1.2　社会经济

淮河流域跨湖北、河南、安徽、江苏、山东 5 省 40 个地级市行政区，是我国重要的商品粮、油、棉生产基地。流域内气候温和、无霜期长，适宜于发展农业生产，以占全国 1/8 的耕地生产了全国 1/6 的粮食。主要农作物有小麦、水稻、玉米、薯类、大豆、棉花、花生和油菜，淮河以北以小麦、玉米等旱作物为主，淮河以南及下游水网地区以水稻、小麦两熟为主。淮河流域工业主要有煤炭、电力、食品、轻纺、化工、建材、机械制造等。淮河两岸矿产资源丰富，以煤炭资源最多，煤炭产量约占全国的 1/8。流域内火力发电比较发达。交通发达，京沪、京九、京广三条铁路纵贯南北，陇海铁路横贯东西；内河水运南北向有京杭运河，年货运量居全国第二，东西向有淮河干流，平原各支流及下游水网区水运也很发达，高等级公路四通八达。

### 5.1.3 河流水系

淮河水系约占流域总面积的 71%。淮河干流发源于河南省南部桐柏山，自西向东流经河南、安徽至江苏的三江营入长江，全长约 1000km，总落差 200m。从河源到洪河口为上游，流域面积超过 3 万 km²，河长 364km，落差 178m，比降为 0.5‰；从洪河口至洪泽湖出口为中游，面积约 13 万 km²，河长 490km，落差 16m，比降 0.03‰；洪泽湖中渡以下为下游，面积约 3 万 km²，河长 150km，落差 6m，比降 0.04‰。

淮河上中游支流众多。南岸支流都发源于大别山区及江淮丘陵区，源短流急，流域面积为 2000～7000km² 的有浉河、白露河、史河、淠河、东淝河、池河等。北岸支流主要有洪汝河、沙颍河、涡河、漴潼河、新汴河、奎濉河等，其中除洪汝河、沙颍河上游有部分山丘区以外，其余都是平原排水河道。流域面积以沙颍河最大，近 4 万 km²；涡河次之，为 1.6 万 km²；其他支流多为 3000～16000km²。

淮河下游，洪泽湖出口除干流汇入长江以外，还有苏北灌溉总渠、入海水道和向新沂河相机分洪的淮沭新河；里运河以西为湖区，白马湖、宝应湖、高邮湖、邵伯湖自北向南呈串状分布；里运河以东为里下河和滨海区，河湖稠密，主要入海河道有射阳河、黄沙港、新洋港和斗龙港等。

沂沭泗水系发源于山东沂蒙山，由沂河、沭河和泗河组成。沂河发源于沂源县鲁山南麓，自北向东南流经临沂，至江苏境内入骆马湖，沂河流域面积约 1.7 万 km²。沭河发源于沂山南麓，流域面积超过 6000km²，与沂河并行南流，至大官庄分成两条河，南流的为老沭河，经江苏新沂市入新沂河；东流的为新沭河，经江苏省石梁河水库至临洪口入海。泗河水系包括蒙山西麓（南四湖湖东）和南四湖湖西诸支流，其中湖东较大的河流有白马河、城河、大沙河等，湖西有洙赵新河、万福河、东鱼河、复兴河等，均汇入南四湖，经韩庄运河，再由中运河汇合邳苍分洪道流入骆马湖，然后经新沂河入海。

淮河流域湖泊众多。水面面积约 7000km²，占流域总面积的 2.6%，总蓄水能力 280 亿 m³，其中兴利库容 66 亿 m³。较大的湖泊，淮河水系有洪泽湖、高邮湖和邵伯湖等，沂沭泗水系有南四湖、骆马湖。其中洪泽湖、骆马湖、南四湖是淮河和沂沭泗水系综合利用的大型水库，现状总蓄水调节库容 40.13 亿 m³，总防洪库容达 211 亿 m³。

本书重点研究区域为洪泽湖、骆马湖及周边供水区。洪泽湖、骆马湖及周边河流水系图见图 5.1-2。

### 5.1.4 水资源状况

（1）降水。淮河流域 1956—2000 年多年平均年降水深 875mm（淮河水系 911mm，沂沭泗水系 788mm）。淮河流域内降水空间分布不均，空间上总体呈南部大、北部小、沿海大、内陆小、山丘区大、平原区小的规律。多年平均降水量变幅为 600～1600mm，南

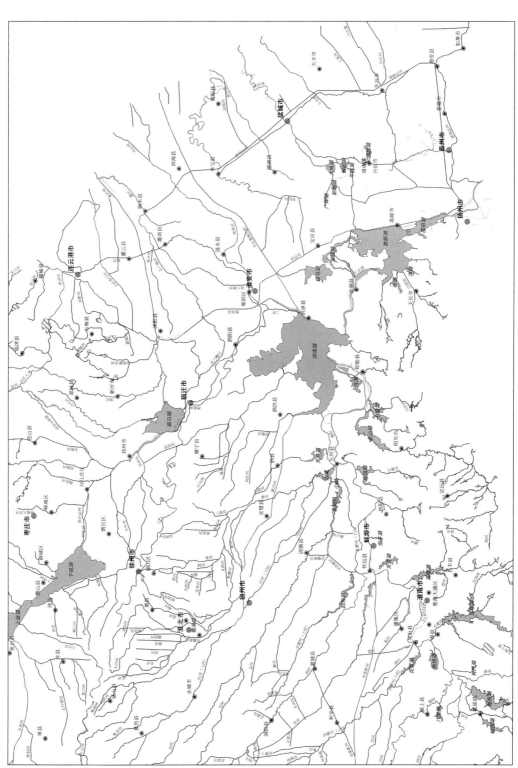

图 5.1-2 洪泽湖、骆马湖及周边河流水系图

部大别山最高达 1600mm，北部沿黄平原区最少，不足 600mm，南北向相差约 1000mm；西部伏牛山区和东部地区为 900~1000mm，中部平原区为 600~800mm，东西向两边大、中间小。淮河流域降水量的年内分配具有汛期集中的特点，汛期降水 557mm，占全年总量的 64%，其中 7 月降水量约占全年降水量的 24%，多数集中于几场暴雨，降水集中程度自南往北递增。淮河流域降水量的年际变化很大，变差系数 $C_v$ 一般为 0.25~0.40，总趋势自南向北增加，根据 1956—2000 年资料统计，流域内多数雨量站最大年降水量与最小年降水量的比值为 2~4，个别站大于 5；极值比在面上分布为南部小于北部、山区小于平原、淮北平原小于滨海平原。

（2）地表水资源状况。淮河流域 1956—2000 年多年平均地表水资源量 597 亿 $m^3$（淮河水系 455 亿 $m^3$，沂沭泗水系 142 亿 $m^3$），折合年径流深 221mm（淮河水系 234mm，沂沭泗水系 177mm）。淮河水系、沂沭泗水系长系列地表径流量见表 5.1-1。

受降水和下垫面条件的影响，地表水资源量地区分布总体与降水相似，总的趋势是南部大、北部小，同纬度山区大于平原，平原地区沿海大、内陆小。

淮河流域年径流深变幅为 50~1000mm，径流深最大与最小值相差 20 倍以上。南部大别山最高达 1000mm，次高在西部伏牛山区，径流深为 400mm，东部滨海地区为 250~300mm，北部沿黄河一带径流深仅为 50~100mm。

表 5.1-1　　　　　淮河水系、沂沭泗水系长系列地表径流量　　　　单位：亿 $m^3$

| 年份 | 淮河水系 | 沂沭泗水系 | 年份 | 淮河水系 | 沂沭泗水系 |
|---|---|---|---|---|---|
| 1956 | 963 | 197 | 1979 | 448 | 137 |
| 1957 | 446 | 230 | 1980 | 624 | 122 |
| 1958 | 413 | 172 | 1981 | 261 | 53 |
| 1959 | 302 | 97 | 1982 | 597 | 115 |
| 1960 | 426 | 221 | 1983 | 587 | 92 |
| 1961 | 229 | 129 | 1984 | 671 | 145 |
| 1962 | 527 | 220 | 1985 | 475 | 147 |
| 1963 | 817 | 316 | 1986 | 332 | 109 |
| 1964 | 681 | 249 | 1987 | 598 | 102 |
| 1965 | 645 | 219 | 1988 | 221 | 43 |
| 1966 | 113 | 48 | 1989 | 469 | 70 |
| 1967 | 266 | 92 | 1990 | 419 | 236 |
| 1968 | 410 | 58 | 1991 | 902 | 153 |
| 1969 | 568 | 115 | 1992 | 229 | 91 |
| 1970 | 425 | 190 | 1993 | 379 | 158 |
| 1971 | 444 | 268 | 1994 | 165 | 110 |
| 1972 | 543 | 122 | 1995 | 226 | 129 |
| 1973 | 321 | 120 | 1996 | 594 | 127 |
| 1974 | 422 | 273 | 1997 | 251 | 83 |
| 1975 | 808 | 143 | 1998 | 705 | 222 |
| 1976 | 219 | 82 | 1999 | 212 | 64 |
| 1977 | 399 | 82 | 2000 | 617 | 179 |
| 1978 | 104 | 74 | 多年平均 | 455 | 142 |

淮河流域地表水资源量年内分配的不均匀性超过降水，集中程度呈自南向北递增趋势。汛期 6—9 月多年平均径流量约占年径流量的 55%～85%，淮河水系一般为 55%～70%，沂沭泗水系为 70%～82%。淮河水系非汛期径流因上中游拦蓄，蚌埠闸以上河道淮干有时断流；沂沭泗水系冬春季仅占 10%，造成旱灾频发。

淮河流域径流的年际变化也比降水更为剧烈。最大与最小年径流量的比值一般为 5～25 倍，呈现南部小，北部大，平原大于山区的规律。淮河水系一般为 5～25 倍，沂沭泗水系为 10～25 倍。淮河流域年径流变差系数变幅一般为 0.40～0.75，并呈现自南向北递增、平原大于山区的规律。淮南大别山区年径流变差系数较小为 0.40～0.50，其他地区一般为 0.50～0.75。

（3）地下水资源状况。淮河流域多年平均浅层地下水资源量为 338 亿 m³，微咸水为 6.4 亿 m³。

多年平均浅层地下水资源模数在平原区和山丘区有所不同。平原区：淮河上游区为 15.0 万～20.0 万 m³/(a·km²)，淮河中游区为 17.3 万～18.0 万 m³/(a·km²)，淮河下游苏北灌溉总渠以北及山东省大部分地区为 15 万～21.2 万 m³/(a·km²)；山丘区：淮南大别山与流域西部伏牛山区一般为 6.6 万～14.2 万 m³/(a·km²)，流域北部鲁南山丘区一般为 5.9 万～9.6 万 m³/(a·km²)，流域中部山丘区一般小于 5.0 万 m³/(a·km²)。

地下水可开采量主要是平原区浅层地下水多年平均可开采量，淮河流域平原区多年平均浅层地下水可开采量为 183 亿 m³。

（4）水资源总量。淮河流域水资源总量 799 亿 m³（淮河水系 588 亿 m³，沂沭泗水系 211 亿 m³）。其中地表水资源量为 595 亿 m³，占水资源总量的 74%，地下水资源量（扣除与地表水资源量的重复水量）为 205 亿 m³，占水资源总量的 26%。

### 5.1.5　水资源开发利用状况

中华人民共和国成立以来，淮河流域修建了大量的水利工程，已建成的大中小型水库 0.57 万座，塘坝 56.55 万座，引提水工程 1.35 万处，配套机电井 113.6 万眼，跨流域调水工程 20 处，形成了约 606 亿 m³ 的年现状实际供水能力，初步形成了淮水、沂沭泗水、江水、黄水并用的水资源利用工程体系。

淮河流域现状年总供水量为 512.0 亿 m³，其中地表水供水量 374.4 亿 m³，占 73.1%；地下水供水量 136.5 亿 m³，占 26.7%；海水淡化、污水处理回用、雨水集蓄利用等其他水源利用量 1.1 亿 m³，占 0.2%。

淮河流域供水水源主要为地表水、地下水、跨流域调水和其他水源。受资源条件、水质条件等因素的影响，历年各种供水水源供水量在总供水量中所占比重变化较大。供水结构变化趋势使当地地表水供水比重下降，地下水供水比重增加，跨流域调水比重逐步增加，其他水源供水总量较小但增势较快。淮河流域生活、工业和农业供水水质合格率分别为 67.5%、90.6%、79.0%，淮河流域总供水合格率为 79.5%。

淮河流域现状年用水总量为 512 亿 m³，其中农业用水量 368.6 亿 m³，占总用水量的 72.0%；工业用水量 86.5 亿 m³，占总用水量的 16.9%；生活用水量 52.7 亿 m³，占总用水量的 10.3%；河道外生态环境用水量 4.1 亿 m³，占总用水量的 0.8%。近 20 年多来，淮河流域用水总量总体呈增长趋势,增长速度趋缓。

淮河流域现状河道外多年平均缺水量 50.9 亿 $m^3$,挤占河道内生态环境用水量 23.7 亿 $m^3$,河道内外总缺水量 74.6 亿 $m^3$。

淮河流域当地地表水开发利用率为 44.4%,中等干旱以上年份,地表水资源供水量已经接近当年地表水资源量,已经严重挤占河道、湖泊生态环境用水。淮河流域现状浅层地下水开发利用率为 58.4%。

淮河流域水资源赋存条件和生态环境并不优越,人口众多,经济社会发展迅速,水资源分布与经济社会发展布局不相匹配,加之部分地区在追求经济增长过程中对水资源和水环境的保护力度不够,加剧了水资源短缺、水环境和水生态恶化,水生态安全受到严重威胁。随着人口增长、社会经济发展和人民生活水平的提高,全社会对水资源的要求越来越高,淮河流域仍面临着比较严峻的水资源问题。

## 5.2　洪泽湖基本情况

### 5.2.1　自然地理

洪泽湖是淮河流域最大的平原型湖泊水库,为中国第四大淡水湖,也是淮河的重要组成部分。洪泽湖地处苏北平原中部偏西,位于淮河中下游结合部。西北部、西部和西南部有宽窄不等、高低相间的岗陇和洼地,东部地势低平,临近京杭大运河里运河段,北临废黄河和中运河。它西纳淮河,南注长江,东通黄海,北连沂沭,湖面分属淮安市的盱眙、洪泽、淮阴和宿迁市的泗阳、宿城、泗洪六县(区)。洪泽湖西北部为成子湖湾,西部为安河洼、溧河洼,港汊众多,西南部为淮河入湖口,洲滩发育,东部为洪泽湖大堤,史称高家堰。

洪泽湖区地处苏北凹陷区的西部边缘,地形受郯庐断裂带和淮阴断裂带(嘉山-响水断裂)的影响,形成地质构造上的"洪泽凹陷"。淮阴断裂是华北、扬子两大地台的地质分界。湖盆的演化与新构造运动紧密联系,西部、南部表现为继承性上升,湖中、北部则以沉降运动为主。在地貌上,形成了湖西、湖南的低山岗阜,湖西岗陇和洼地宽窄不等、"三洼四岗"高低相间,洼地高程约 12m,成子湖洼高程约 10m,岗地高程 15~21m;湖南区蒋坝至盱眙县城是连绵的低山丘陵;湖北为废黄河高地,废黄河堤高程 18~23m;湖东由河湖冲刷堆积而成的平原,地势低下,成簸箕口形,地势最低处高程仅 8~10m。洪泽湖湖盆呈西北高东南低的形态。

洪泽湖湿地是我国极为重要并具有代表性的内陆湿地,为各种生态系统的物种提供了良好的繁衍、栖息地,生物资源极其丰富,主要种群为浮游植物、水生高等植物、底栖动物、鱼类和鸟类。洪泽湖矿产资源中化工与建材类非金属矿产资源丰富,岩盐和芒硝具有储量大、品位高、深度大的特点。

洪泽湖地处暖温带黄淮海平原区与北亚热带长江中游、下游区的过渡带,受海洋、大气环流等因子的影响,具有季风性、不稳定性、过渡性的气候特征,冬寒、夏热、春温、秋暖,四季分明。

入湖河流为泥沙主要来源，泥沙含量 6—7 月最多，最大月平均含沙量 0.4～0.5kg/m³，汛期明显减少。洪泽湖多年平均入湖沙量 1168 万 m³，出湖沙量 688 万 m³，年淤积量 480m³。

通过长期坚持不懈的整治，洪泽湖改变了蓄泄条件，已从天然过水湖泊逐步过渡为湖泊型平原水库，承担着淮河上中游来水的调蓄任务，同时也是我国南水北调东线工程的重要调蓄水库，是苏北地区主要的供水水源地。它具有防洪减灾、灌溉供水、交通航运、水能发电、水产养殖、生态保护、旅游观光等多种功能，在防洪、排涝、抗旱、兴利上发挥了巨大效益，在保障经济社会发展中发挥着非常重要的作用。洪泽湖水情除受湖泊水量平衡各要素的变化和湖面气象条件影响外，还受周围泄水建筑物启闭的影响，在很大程度上受人为调控，使其向有利于生产和生活的方向发展，湖水量得到合理调度，水资源得以充分发挥效益，湖水位的年内、年际变幅减小。

### 5.2.2 周边水系

洪泽湖水系示意图如图 5.2-1 所示。

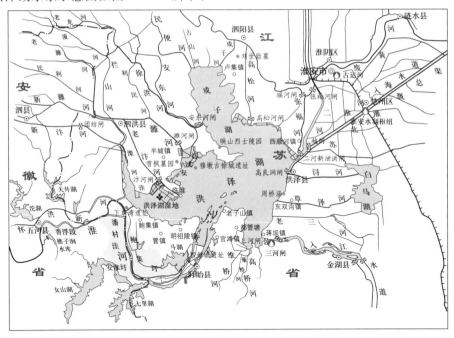

图 5.2-1 洪泽湖水系示意图

**1. 入湖水系**

上游进入洪泽湖的主要河道有：淮河、怀洪新河、新汴河、老汴河、濉河、浍河、沱河、漴潼河、池河等，汇水面积为 15.8 万 km²，其中淮河来水量占流入总量的 70% 以上。

（1）淮河。淮河是最大的入湖河流，发源于河南省桐柏山，干流流经河南、湖北、安徽、江苏四省。于江苏省扬州市三江营入长江，全长约 1000km，是洪泽湖水量补给的主要来源。自源头淮源镇至洪河口为淮河上游段，长 360km；洪河口至中渡为淮河中游段，长 490km；中渡至入江口三江营为淮河下游段，长 150 多 km。淮河洪泽湖以上左岸支流主要有洪河、颍河、涡河、怀洪新河、濉河（包括新汴河），汇流面积均在 1 万 km² 以上，右岸支流主要有浉河、史河、淠河、东淝河、池河等。

（2）怀洪新河。怀洪新河是淮河中游一项治淮战略性骨干工程，是淮河中游左岸的一条大型人工河道，西起涡河下游左岸安徽省怀远县何巷，东入江苏省境内洪泽湖支叉溧河洼，干流总长 121.55km（其中安徽省 95km），汇水面积 1.2km²。怀洪新河设计分洪流量 2000m³/s，主要功能是分泄淮河干流和涡河洪水，提高漴潼河水系排涝能力，兼顾蓄引水灌溉、航运等综合效益。何巷闸至新胡洼闸为上游段，长 26.48km；新胡洼闸至十字岗为中游段，长 58.73km；十字岗至洪泽湖支叉溧河洼为下游段，长 35.37km。

（3）新汴河。新汴河是 1966—1971 年开挖的一条大型人工河道，因河线基本平行于早已湮废的古汴河，故命名新汴河。新汴河始于宿州市西北戚岭子，在江苏省溧河洼注入洪泽湖，全长 127km。新汴河截引濉河上游来水面积 2626km²，截引沱河上游来水面积 3936km²，合计流域面积 6562km²。新汴河上建有宿州、灵西、团结三座大型水利枢纽工程，包括节制闸、船闸和翻水站。通过枢纽开展，河道蓄水库容达 5726 万 m³。新汴河全线通航，沿河建有泗县、灵璧、宿州港口。1979 年建成新汴河灌区工程。

（4）老汴河。老汴河在泗洪境内，又称汴河，隋大业元年（公元 605 年）开凿，时称通济渠，唐称广济渠，又称汴渠，从青阳镇至临淮河段，从青阳镇西接淮河来水，流入洪泽湖，全长 34km。西由虞姬墓入境，经阴陵、鹿鸣山、长直沟至县治穿城东注，经枯河头、通海店、马公店、青阳镇折向东经石集、城头至临淮关归入洪泽湖。泗城以东称东汴河、泗城以西称西汴河。西汴河与长直沟合流东行，经泗城时向南分流，绕城与石梁河汇合入天井湖。自 1951 年开挖新濉河后，水口魏以下为新濉河所取代。新汴河 1966 年冬开挖。1967 年建新汴河五四大桥。1968—1969 年建石梁河地下涵。

（5）濉河。濉河古称睢河、睢水，为淮河中游左岸支流。濉河源出砀山县东下楼，洪河为其主源，向东偏南流，经砀、萧、濉、宿、灵、泗等县。古睢水上源经黄河南泛和历代治理已面目全非。后经治理开挖萧濉新河，萧濉新河于张树闸上经濉河引河注入新汴河。今濉河干道主要指张树闸以下河道，全长 151.7km，流域面积 3598km²。张树闸以东濉河下段经新中国治理后为新濉河，在新汴河口入溧河洼。老濉河是濉河故道，于泗洪县境内入洪泽湖。奎河是张树闸下濉河左岸支流。

（6）浍河。古称涣水河，又称浍水，原是淮河一条重要支流，曾是漴潼河水系的一部分，现为怀洪新河最大的支流，为跨省河流，全长约 211km，流域面积 4850km²。浍河发源于夏邑县马头寺乡东南蔡油坊，流经河南夏邑县、永城市、安徽省濉溪县、宿州市、固镇县、五河县等市县，在五河县九湾入香涧湖与澥河汇流，通过怀洪新河流入洪泽湖。因其主要支流为包河，故有时也称"包浍河"。浍河有流域面积 100km² 以上的支流 5 条，其中包河较大，流域面积 785km²，均属于平原型浅窄河道，平时水量甚小或枯干，洪水时排水不畅，易成涝灾。浍河中下游在九湾以上河床较宽，河槽较深。浍河拦河建有南坪、蕲县、固镇三座蓄水节制闸。2005 年，为向临涣工业园供水，修建了临涣节制闸。

（7）沱河。沱河发源于商丘县东北部刘口集西油坊庄，经虞城、夏邑在永城县出省境进入安徽省。沱河为怀洪新河左岸最大支流，又称南沱河，全长 295.5km，流域面积

$5051km^2$，属平原型排涝河道。1968年，因开挖新汴河被分成上下两段。沱河干流建有9座跨河的节制闸，新中国成立后，对沱河上游、下游段进行了系统治理，使其防汛、除涝和灌溉能力大大提高。沱河以新汴河为界分上游段、下游段。源头至新汴河源头为上游段，全长160km。沱河进水闸至沱河口为下游段，全长99.5km。沱河支流有虹龙沟、王引河、唐河。

（8）潍潼河。潍潼河在今安徽省五河县境内，源于废黄河南测，汇淮北、浍、沱、唐诸支流，承接浍河、沱河诸水下经窑河分别由双沟和下草湾切岭流入洪泽湖，潍潼河是1952年在治淮工程中内外水分流时沿潍河、潼河故道新开的主要河道。由北店子浍、沱两河汇流处起点，至江苏省泗洪县峰山窑河止，共长20km，流域面积$15700km^2$。河底宽128m，设计流量$1200m^3/s$。

（9）池河。池河又名古池水，是淮河中游右岸最后一条支流，也是辖区境内最大淮河支流。源出定远县西北大金山东麓，流经定远、嘉山县两县，于苏皖交界的洪山头注入淮河，总流域面积为$4215km^2$，全长245km，平均比降0.23‰。

2. 出湖水系

下游出洪泽湖的主要河道有淮河入江水道、淮沭新河、淮河入海水道、苏北灌溉总渠等河道。

（1）淮河入江水道。淮河入江水道也称三河，是淮河南下入江的一条主要河道，全长156km，上起洪泽湖三河闸，经高邮湖、邵伯湖至扬州市三江营入长江，流经江苏淮安、扬州和安徽天长二省三市十县（市、区）。淮河入江水道分为上、中、下三段。上段由三河闸至施尖入高邮湖，长56km。由天然河道—三河和人工河道—金沟改道段组成；中段从高邮湖施尖经新民滩、六闸到邵伯湖，长55km，为湖区行洪；下段从六闸至三江营，长47km，由运盐河及金湾河汇入芒稻河，太平、凤凰、壁虎、新河汇入寥家沟，芒稻河与寥家沟汇于夹江，至三江营入长江。入江水道沿线区间汇水面积$6633km^2$，除白马湖、宝应湖地区外，有汪木排河、利农河、杨寿涧、方巷河、槐泗河及安徽省境内的铜龙河、白塔河、秦栏河、天菱河等支流汇入。淮河入江水道设计行洪流量$12000m^3/s$，1954年8月6日实际最高行洪流量$10700m^3/s$。淮河入江水道也是洪泽湖泄洪的最大口门，为淮河、洪泽湖的主要泄洪道，湖水60%～70%由三河闸下泄，经入江水道流入长江。淮河入江水道同时承担三河闸至邵伯湖区间$6633km^2$的区间汇水。淮河入江水道泄洪流量占洪泽湖设计泄洪能力的66%，占洪泽湖实际排泄中等洪水的90%左右。

（2）淮沭新河。淮沭新河是一条连接洪泽湖和新沂河的以灌溉为主，结合防洪、通航和发电的多功能综合利用的人工河道，是1958—1960年新辟沟通淮河和新沂河的跨流域调水工程，南从洪泽湖二河闸引水，经杨庄、沭阳，穿新沂河至吴场，达新浦，全长173km。淮沭河段设计泄水量$3000m^3/s$。淮沭新河采用宽浅河槽，平地开河，束堤漫滩，东西各挖偏泓一条，送灌溉水结合通航，中间为夹滩，可种植庄稼，发展生产。设计灌溉流量$440m^3/s$，灌溉46.3万$hm^2$；设计排洪流量$3000m^3/s$，校核流量$4000m^3/s$。堤距1440～1500m，滩面高程约7～11m。沿线主要建筑物有淮阴闸、淮沭船闸、钱集闸、六塘河地下涵洞、淮柴河闸、柴米闸、沭阳闸和柴米河地下涵洞等。淮沭新河使得淮河水系和沂沭泗河水系联系更为紧密，新沂河主要承接经嶂山闸下泄的骆马湖洪水，在淮沂洪水不同时遭遇时，可将淮水通过淮沭新河排入新沂河入海。

（3）淮河入海水道。淮河入海水道与苏北灌溉总渠平行，全长 163.5km，西起洪泽湖二河闸，经清浦、淮安、阜宁、滨海 4 县（区），至扁担港入黄海，以备特大水灾年承泄淮河洪水。二河口东至淮安水利枢纽为上游段，长 30km；淮安水利枢纽至滨海枢纽为中游段，长 70km；滨海枢纽至海口枢纽为下游段，长 63.5km。

淮河入海水道于 1999 年正式开工建设，2003 年全线通水后不久即投入运行，2006 年通过验收。近期工程设计泄洪流量 2270m³/s，强迫泄洪流量 2890m³/s，远期工程设计泄洪流量 7000m³/s。淮河入海水道近期工程与入江水道、苏北灌溉总渠和分淮入沂工程联合运用，可使洪泽湖大堤防洪标准由 50 年一遇提高到 100 年一遇，同时改善江苏渠北地区排涝条件和水环境；远期工程设计将使洪泽湖防洪标准更进一步提高到 300 年一遇。淮河入海水道工程是扩大淮河洪水出路，提高洪泽湖防洪标准，确保淮河下游地区 2000 万人口、3000 万亩❶耕地防洪安全的战略性骨干工程，是从根本上治理淮河洪水隐患的一项重大战略决策，结束了淮河 800 多年来无独立排水入海通道的历史，预示着淮河流域"蓄泄兼筹"防洪体系的初步形成，同时具有引水排涝、通航、改善生态环境等综合利用功能。

淮安水利枢纽主要工程为入海水道穿京杭运河立交地涵，为入海水道的第二级枢纽，作用是满足入海水道泄洪和京杭运河通航；滨海枢纽为淮河入海水道的第三级控制筑物，主要工程为立交地涵，使入海水道与通榆河立交；海口枢纽为入海水道的末级枢纽，由海口南闸、海口北闸组成。

（4）苏北灌溉总渠。苏北灌溉总渠位于江苏省北部，西起洪泽湖高良涧进水闸，高良涧进水闸承泄湖水，流经淮安城南与里运河平交，至射阳县六垛扁担港入黄海，全长 168km。高良涧至运东分水闸为上游段，运东分水闸至入海口为中下游段。河底宽 60～80m，堤顶宽 8m。苏北灌溉总渠是淮河洪泽湖以下排洪入海通道之一，为淮河增添了一条入海尾闾。苏北灌溉总渠是引进洪泽湖水源发展废黄河以南地区灌溉的引水渠道，兼有排涝、引水、航运、发电、泄洪等多项功能。苏北灌溉总渠是治淮的首期工程，于 1951 年 10 月开工，1952 年 5 月完成，设计行洪流量为 800m³/s。同时在总渠北堤外平行开挖排水渠一条，用于排除总渠北部地区的内涝。一般年份，洪泽湖水量不缺，苏北可保持并发展农田灌溉 167 万 hm²。

苏北灌溉总渠沿线分别建有高良涧进水闸、运东分水闸、阜宁腰闸、六垛挡潮闸，并在高良涧、运东、阜宁三闸附近分别建有水电站、船闸等建筑物。沿总渠两岸建有灌排涵洞 36 座，渠北排涝闸 2 座和跨河公路桥梁 4 座。总渠与二河之间还建有高良涧越闸，增辟了一个排洪入总渠的口门，以更好地发挥总渠的排洪潜力。

## 5.2.3　社会经济概况

洪泽湖的防洪、水源调节、灌溉、水产、航运、发电、城乡供水、生态环境等综合效益显著，是淮河流域内不可或缺的资源宝库。洪泽湖周边涉及淮安和宿迁两市，淮安市涉及盱眙县、洪泽县和淮阴区，宿迁市涉及泗阳县、泗洪县和宿城区。洪泽湖这个资源宝库

---

❶　1 亩≈666.67m²。

已成为区域经济发展的重要载体，经济地位日显重要。洪泽湖水产资源丰富，历史上就有"日出斗金"的美誉，是发展水产业的宝地。

沿湖有淮安、宿迁两市的 57 个乡镇，拥有丰富的鱼虾蟹贝等水产资源，是江苏重要的渔业基地。现代化的水产养殖业收入已成为沿湖区市、县国内生产总值的重要组成部分。洪泽湖地区非金属矿产资源丰富，其创造的产值在工业总产值中占较大比重。盐化工产业已发展成为淮安市重要的新兴产业之一。洪泽湖地区的芒硝矿开发力度大，已成为全国最大的芒硝生产基地之一。

洪泽湖地区有着丰富的旅游资源，有关县充分利用境内得天独厚的山、水、林等自然资源优势，构建以洪泽湖为中心，自然景观和人文景观融为一体的独具特色的旅游发展框架，努力调整旅游产业结构，积极构筑旅游市场体系，大力发展旅游经济，旅游业发展方兴未艾。

### 5.2.4　水资源状况

1. 降水蒸发

受季风气候影响，洪泽湖地区降水量较为丰沛，降雨时空分布不均。多年平均降水量 925.5mm，最大年降水量 1240.9mm，最小年降水量 532.9mm。年内分布极不均匀，一般集中在汛期，6—9 月多年平均降水量 605.9mm，占年总量的 65.5%，集中程度从南向北递增。年降水量的空间分布大致是由南向北递减，西南部山区大于湖区。

洪泽湖地区多年平均年蒸发量为 852.3mm，多年平均湖面蒸发量为 13.87 亿 $m^3$。洪泽湖地区主要灾害性天气有旱涝、暴雨、寒潮、冰雹等，以旱涝灾害为多。

2. 径流量

洪泽湖丰水年的水量几乎是枯水年的 20 倍。多年平均年入湖地表径流量 294.1 亿 $m^3$，湖面降水量 14.41 亿 $m^3$，合计年入湖总水量 308.51 亿 $m^3$。

根据 1956—1997 年洪泽湖出口站实测径流统计分析，多年平均出湖径流量为 300.47 亿 $m^3$，最大 1991 年为 688.53 亿 $m^3$，最小 1978 年为 44.05 亿 $m^3$。由于淮河上游水资源开发利用程度的不断提高，洪泽湖出湖径流量有减少趋势，1970 年以前的 15 年，年平均出湖径流量为 349.84 亿 $m^3$；1971—1989 年的 19 年，年平均出湖径流量为 281.27 亿 $m^3$；而 1990 年以后，年平均出湖径流量仅有 253.48 亿 $m^3$。

3. 蓄水情况

洪泽湖死水位 11.30m（蒋坝站，废黄河口基准，下同），汛限水位 12.50m，现状正常蓄水位 13.00m，设计洪水位 16.00m，兴利库容 30.11 亿 $m^3$，可利用兴利库容 23.11 亿 $m^3$。洪泽湖多年（1954—2003 年）平均水位为 12.37m，历史最高洪水位 15.23m（1954 年 8 月 16 日），历史最低水位 9.54m（1966 年 11 月 11 日）；多年平均入湖水量 330.4 亿 $m^3$，多年平均出湖水量 342.0 亿 $m^3$，最大入湖流量 24600$m^3$/s，最大出湖流量 16200$m^3$/s。

洪泽湖水位年内变化，月平均最高水位出现在 8 月，湖泊年内最低水位多出现在每年的 5—6 月，正值灌溉的高峰时期。

洪泽湖特征水位与水面面积关系见表 5.2-1。

| 控制运用情况 | 水位/m | 面积/km² | 控制运用情况 | 水位/m | 面积/km² |
|---|---|---|---|---|---|
| 校核洪水位 | 17.00 | | 最小生态水位 | 11.00 | 808.4 |
| 设计洪水位 | 16.00 | 1942.2 | 适宜生态水位 | 11.50 | 1151.0 |
| 正常蓄水位 | 13.00 | 1698.7 | 历史最低水位 | 9.54 | |
| 死水位 | 11.30 | 1037.0 | 历史最高水位 | 15.23 | |
| 汛期限制水位 | 12.50 | 1575.5 | 多年平均湖水位 | 12.37 | |

表 5.2-1　　　　洪泽湖特征水位与水面面积关系

## 5.2.5　水资源开发利用状况

1. 周边地区取水情况

洪泽湖分属淮安、宿迁两市，沿湖周边涉及4县2区，洪泽湖周边地区范围除沿湖岸线周边，还包括入湖河道控制站以下河段。洪泽湖周边取水工程及用水量主要为农业用水，部分航运用水和少量工业用水，居民生活用水、乡镇企业用水以（深层）地下水为主。南部为三河闸以上盱眙县境内沿湖及淮干右岸沿线，有9个工业取水口、7个农业取水口，直接取自淮河干流和洪泽湖；东部为洪泽湖大堤，在洪泽县境内，主要有两个灌区引水涵洞和两个船闸共4个取水口；北部为淮安市淮阴区和宿迁市泗阳县、宿城区废黄河以南区域，用水主要为农业灌溉，取水以机电泵站提水为主，数量较多，分布于沿湖河道两侧，取水口按通湖河道计，淮阴区有3个、泗阳县有5个、宿城区有4个；西部为泗洪县的滨湖区和盱眙县的鲍集圩行洪区，用水主要为农业灌溉，以机电泵站提水为主，数量较多，分布于沿湖河道两侧，泗洪县取水量较大的通湖河道有徐洪河、安东河、濉河（原濉河尾段）、老汴河、溧西引河等5个，从湖区、溧河洼直接取水的泵站数量有限，盱眙县鲍集圩有两个灌区直接从洪泽湖取水。

2. 地表水取用水情况

（1）工业取用水。洪泽湖周边工业取水主要在盱眙县境内，大部分集中在盱眙县城附近的淮河干流，直接取自洪泽湖的只有淮河化工有限公司一家企业。工业用水以水泵提水为主。

（2）农业取用水。洪泽湖周边北、西、南地形较高，取水以提水为主，基本不具备自引条件，东侧（洪泽湖大堤外侧）地势低洼，具备自引条件。洪泽湖周边有大型灌区引水工程2个（洪金灌区洪金洞、周桥灌区周桥洞）、中型灌区首级提水工程5个（堆头灌区4个一级提水泵站、桥口灌区桥口一级提水泵站），小型灌区（1万亩以上）提水工程4个（河桥、官滩、三墩、姬庄），其他零散提水泵站较多，数量较难统计。

（3）航运取用水。洪泽湖及淮河、苏北灌溉总渠均属江苏省骨干航道网中的三级航道。在洪泽湖下游有蒋坝船闸连接金宝航道、高良涧船闸连接苏北灌溉总渠、张福河船闸连接淮沭河。船闸用水为河道内用。

3. 地下水取用水情况

洪泽湖地处淮河流域中下游结合部，防洪地位突出，周边较大范围（正常蓄水位以上校核洪水位17.00m以下区域）作为蓄滞洪区，平时以农业、水产业为主，人口也相对较稀，生活用水及少量乡镇企业用水需求量较小，基本以地下水（深层）为主。

### 5.2.6 洪泽湖周边主要水利工程

洪泽湖周边主要水利工程位于洪泽湖东岸，承担控制、调节、排泄利用。洪泽湖周边水利工程包括涵闸工程和抽水工程。

**1. 涵闸工程**

（1）三河闸。三河闸水利工程位于江苏省境内的洪泽湖东南部，是淮河入江水道的重要控制口门，也是淮河流域骨干工程，具有防洪、灌溉、航运、发电等综合效益。三河闸于1953年7月建成，是新中国成立初期我国自行设计和施工的大型水闸，属大Ⅰ型水闸。三河闸全长697.75m，闸身为钢筋混凝土结构，共63孔，每孔净宽10m，底板高程7.50m，宽18m，共21块底板，闸孔净高6.2m。闸门为钢结构弧形门，每孔均设有2×10t卷扬启闭机一台。闸上设计水位16.00m，校核水位17.00m，设计流量12000m³/s，校核流量13000m³/s。三河闸工程的建成，极大地减轻了淮河下游的防洪压力，拦蓄淮河上游、中游来水，使洪泽湖成为一个巨型平原水库，为苏北地区的工农业生产、人民生活用水提供了丰富的水源。

（2）三河船闸。三河船闸位于江苏省洪泽县蒋坝镇南端，是洪泽湖大堤的穿堤建筑物，是三河闸水利枢纽的组成部分。上闸首切洪泽湖大堤入洪泽湖，下游经入江水道三河段、石港船闸、金宝航道和南运西船闸连通大运河。其主要功能是通航，兼顾防洪和抗旱输水。三河船闸建成于1970年3月，建成后经多次大修。加固后的船闸口门净宽10m，闸室为扩散结构，有效长度100m，最大净宽16m。上闸首工作门底槛高程9.00m，闸室底板和下游工作门底槛高程4.80m。上闸首顶高程17.50m，闸室墙顶高程16.50m，下闸首顶高16.50m，船闸最大水级差8m，闸室内最小坎上水深2.50m。

三河船闸的控制运用由江苏省洪泽湖水利工程管理处根据江苏省水利厅调度指令进行调度（抗旱），管理运用原则如下。

1）三河船闸工作的最大水位差为8m，超过8m时停航挡水，闸室内外水位分三级控制。

2）三河船闸上游最高通航水位15.50m，最低通航水位11.50m，下游最低通航水位7.50m。

3）七级以上大风或能见度低于30m时，必须停止运行。

4）船闸发挥抗旱效益时，上下游闸门同时开启。

5）停航3天以上（含3天），由江苏省洪泽湖水利工程管理处提出意见，报江苏省水利厅批准，并须在停航10天前登报及印发航道公报。

6）闸门、启闭机的运用须严格按照操作规程执行。

（3）二河闸。二河闸位于江苏省洪泽县高良涧东北约7km处，建成于1958年8月，既是分淮入沂及淮河入海水道的总口门，又是淮水北调的渠首工程，并兼有引沂济淮的任务。二河闸是具有防洪、排涝、灌溉、调水等综合效益的大（1）型水工建筑物，闸身为带胸墙的钢筋混凝土平底板结构，共35孔。每孔净宽10m，总宽401.8m。闸底板高程8.00m，闸墩顶高程19.50m，采用弧形钢闸门挡水，卷扬式启闭机控制。工程自建成以来，在防汛、抗旱、工农业生产、生活供水等方面发挥了重要作用。

二河闸设计标准：分淮入沂设计流量为 3000m³/s，校核流量为 9000m³/s（其中 4000m³/s 经新沂河入海，5000m³/s 由渠北分洪）；引沂济淮设计流量为 300m³/s，校核流量为 1000m³/s；淮水北调设计流量为 750m³/s，供给淮安、盐城、连云港、宿迁四市沂南沂北地区 1030 万亩农田灌溉用水及连云港市工业、生活用水，在骆马湖有余水时，可通过中运河经二河引水入洪泽湖，实施引沂补淮。

（4）二河新闸。二河新闸工程地处江苏省淮安市清浦区和平镇境内，位于淮河入海水道与二河的交汇处，是淮河入海水道的第一级控制工程，其主要任务是分泄洪泽湖洪水，确保洪泽湖以东的大片地区的防洪安全。二河枢纽新泄洪闸为大（1）型水闸。新泄洪闸共 10 孔，单孔净宽 10m，总宽度 120.08m，底板面高程为 6.00m，闸上设计水位 14.11m，闸下设计水位 13.80m，设计泄洪流量 2270m³/s，强迫泄洪流量 2890m³/s。新泄洪闸左右岸墙为空箱式结构，上下游翼墙为空箱式和扶壁式结构。工作闸门为弧形钢闸门 10 扇，配固定卷扬式启闭机 10 台套。

（5）高良涧进水闸。高良涧进水闸位于淮安市洪泽县高涧镇境内，是灌溉总渠的渠首，为苏北灌溉总渠排泄洪泽湖洪水的控制工程，建成于 1952 年 7 月，历史上共进行过 4 次较大规模的加固和 3 次大修。高良涧进水闸共 16 孔，每孔净宽 4.2m，闸室总宽 81.24m，全闸总长 173.06m，闸孔净高 4.00m，设计流量 800m³/s。闸顶高程 19.50m，闸底高程 7.50m。闸门为平板直升钢闸门，闸墩、胸墙、工作桥为钢筋混凝土结构。

（6）高良涧水电站。高良涧水电站位于洪泽县西侧的洪泽湖畔，坐落于苏北灌溉总渠之首，是二河水利枢纽之一，为 I 级水工建筑物，属小（1）型水电站，具有防洪、灌溉、发电等综合功能。水电站采用坝后式布置，由引水闸、混凝土引水涵洞、厂房和升压站等建筑物组成。穿堤的引水闸共 16 孔，孔宽 72.66m。引水涵洞上游段长 21.7m，4 块底板，每块底板 4 孔；引水涵洞下游段长 16.25m，16 块小底板，每块底板 1 孔。引水闸、涵洞底板高程 8.00m，闸墩、洞身、底板均为钢筋混凝土结构。高良涧水电站始建于 1969 年，1972 年 3 月正式投入发电。

（7）淮安水利枢纽工程。淮安水利枢纽工程位于江苏省淮安市南郊楚州区、京杭运河与苏北灌溉总渠交汇处北侧的淮河入海水道上，是淮河入海水道的第二级枢纽，建成于 2003 年 10 月。淮安水利枢纽由 4 座大型电力抽水站、11 座涵闸、4 座船闸、5 座水电站等 24 座水工建筑物组成。淮安枢纽主体工程立交地涵造型先进、结构复杂、技术含量高、施工难度大，是目前亚洲最大的水上立交工程。淮安水利枢纽工程既是南水北调东线工程输水干线的节点，又是淮河之水东流入海的控制点，工程把长江、淮河、大运河、灌溉总渠、洪泽湖、白马湖、高邮湖等水系连成一片，实现跨湖泊调度，远距离输水，达到多方受益，具有泄洪、排涝、灌溉、调水、发电、航运等综合功能。

2. 抽水工程

（1）淮安抽水站。淮安第一抽水站位于淮安市淮安区南郊、京杭大运河与苏北灌溉总渠的交汇处，与淮安二站、淮安三站及相关配套工程组成淮安水利枢纽工程，作为江苏省江水北调的第二级抽水工程，也是南水北调东线工程第二梯级站，同时淮安一站还承担抽排白马湖地区内涝的任务。淮安第一抽水站总装机容量 8000kW，设计流量 89.6m³/s，泵站设计扬程 4.89m。淮安抽水二站装机 2 台套，单机容量 5000kW，单泵流量 60m³/s，总流量 120m³/s，设计扬程 4.89m。淮安第三抽水站单机装机流量为 33m³/s，后进行了改造。

（2）蒋坝抽水站。蒋坝抽水站枢纽位于江苏省洪泽县蒋坝镇境内，包括蒋坝站、蒋坝引江闸工程。蒋坝抽水站为淮河下游引江济淮的第三梯级站，该站因 1973 年苏北地区抗旱急需而建，1975 年 6 月建成投入运行，后经续建，于 1978 年年底全部建成。干旱年份可转引石港抽水站来水，通过入江水道在东西偏泓漫水公路西侧打坝，引水入洪泽湖，以保证灌溉、航运和工农业生产用水。蒋坝抽水站为大型电力抽水站，站身总长 728m，原设计流量 150m³/s，施工建成后抽水流量 130m³/s。蒋坝引江闸是蒋坝抽水站的配套工程，共 5 孔，每孔净宽 6.0m，高 3.50m，闸顶高程 9.00m，闸底板高程 5.00m。每孔设螺杆式 2×10T 启闭机一台，闸门为钢丝网水泥门。

（3）石港抽水站。石港抽水站位于金湖县石港，淮河入江水道北岸。老站建成于 1974 年，设计流量 120m³/s，装机 240 台套，总容量 1.32 万 kW，主要承担宝应湖地区 1001km² 的排涝任务。2013 年 11 月，石港站更新改造主体工程正式开工。新建泵站设计流量为 90m³/s，安装 4 台套立式液压全调节轴流泵，单机流量 22.5m³/s，配同步电动机 1800kW，总装机容量 7200kW。2016 年 2 月 22 日，石港站更新改造附属工程开工建设。

石港站是淮河下游引江济淮第二级梯站，担负着排涝、抗旱双重任务。干旱时向洪泽湖补水，输水线路是从江都抽水站抽引江水入大运河后，开启南运西闸入金宝航道，然后经石港抽水站抽水到入江水道，再由蒋坝抽水站经三河船闸引航道送至洪泽湖；遇涝时承担白马湖、宝应湖等地区的排涝任务，排涝面积约 30 万亩。该站是宝应、金湖、洪泽、楚州等县区安全度汛的重要水利设施。

### 5.2.7 洪泽湖现状用水控制运用条件与供水次序分析

明确现状用水控制运用条件与合理的供水次序是做好洪泽湖水量调度工作的前提。王玉、程建华等人在南水北调东线一期工程实施后的洪泽湖水量调度研究中，对洪泽湖的现状用水控制运用条件和供水次序作了分析，主要内容如下。

1. 洪泽湖现状用水的控制运用条件

（1）防洪。洪泽湖现状汛限水位为 12.50m（废黄河高程，下同），警戒水位 13.50m，设计洪水位 16.00m，校核洪水位 17.00m。其洪水调度应按照 2007 年国务院批复的《淮河防御洪水方案》和 2016 年国家防汛抗旱总指挥部批复的《淮河洪水调度方案》执行。在汛期预报淮河上中游发生较大洪水时洪泽湖应提前预泄，尽可能降低湖水位；根据不同洪泽湖水位，相应利用淮河入江水道、入海水道、分淮入沂、苏北灌溉总渠及废黄河行洪。

1）洪泽湖汛限水位为 12.50m。当预报淮河上中游发生较大洪水时，洪泽湖应提前预泄，尽可能降低湖水位。

2）当洪泽湖水位达到 13.50m 时，充分利用入江水道、苏北灌溉总渠及废黄河泄洪；淮、沂洪水不遭遇时，利用淮沭河分洪。

洪泽湖水位达到 13.50～14.00m，启用入海水道泄洪。

3）当预报洪泽湖水位将达到 14.50m 时，三河闸全开敞泄，入海水道充分泄洪，在淮、沂洪水不遭遇时淮沭河充分分洪。

4）当洪泽湖水位达到 14.50m 且继续上涨时，滨湖圩区破圩滞洪。

5）当洪泽湖水位超过 15.00m 时，三河闸控泄 12000m³/s。如三河闸以下区间来水大且高邮水位达 9.50m，或遇台风影响威胁里运河大堤安全时，三河闸可适当减少下泄流量，确保洪泽湖大堤、里运河大堤安全。

6）当洪泽湖水位超过 16.00m 时，入江水道、入海水道、淮沭河、苏北灌溉总渠等适当利用堤防超高强迫行洪，加强防守，控制洪泽湖蒋坝水位不超过 17.00m。

7）当洪泽湖蒋坝水位达到 17.00m，且仍有上涨趋势时，利用入海水道北侧、废黄河南侧的夹道地区泄洪入海，以确保洪泽湖大堤的安全。

在不影响防洪和排涝的前提下，洪泽湖可在后汛期根据雨水情适时拦蓄尾水，逐步由汛限水位抬高至汛末蓄水位 13.00m，充分利用洪水资源。

（2）兴利。洪泽湖现状兴利水位 13.00m，死水位 11.30m，2012 年确定其旱限水位为 11.80m。根据《江苏省流域性、区域性水利工程调度方案》中有关洪泽湖水源调度要求、省供水范围的供水调度计划及当时雨水情、用水形势，确定省管及其他重要引水口门的出湖流量。在遭遇干旱年份，为确保城乡生活等重点用水，需要采取江水北调、挖掘死库容等措施。在不影响防洪和排涝的前提下，洪泽湖可在后汛期根据雨水情适时拦蓄尾水，逐步由汛限水位抬高至汛末蓄水位 13.00m，充分利用洪水资源。

（3）航运。洪泽湖设计最低通航水位为 11.50m，设计最高通航水位：洪山头至老子山段为 15.50m，老子山至高良涧段为 15.00m。当湖水位低于设计最低通航水位时，需要采取小船队或减载等措施。

（4）生态。当洪泽湖水位低于 11.30m 时，为尽量防止洪泽湖生态受到破坏，全力实施江水北调，尽量控制洪泽湖周边引水口门，减缓水位下降速度。

2. 供水次序分析

（1）现有工程供水应遵循以下次序。

1）根据轻重缓急，首先满足城镇生活及港口用水；二是保证电厂、京杭运河等骨干航道航运用水；三是重点工业用水；四是农业用水，其中主要满足水稻用水；五是一般工业及生态环境用水。

2）供水次序由近到远；高水高用，低水低用；上游来水不足时，秋播冬灌、春灌、育秧尽量利用当地水，当地水不足时利用江河湖库等外来水补充。

（2）新增工程供水应遵循以下次序。

1）供水水源次序。①供水区各种水源的利用次序依次为当地水、淮河水和长江水。按照水资源优化配置的要求，要注重江水、淮水的联合运用。②干旱年份，洪泽湖接近死水位时，限制出湖水量，加大抽江水量补湖，保障生活、生产及水生态环境用水。③以长江为水源供水时，保障供水的优先次序应分段供给，即先"长江—洪泽湖"段，再"洪泽湖—骆马湖"段，后"骆马湖—下级湖"段，条件允许时兼顾下一区段。④供水水源在分区段供水的同时，力求按照水功能区水质保护目标实施达标供给。⑤汛期应服从防洪调度，同时兼顾水量的年际变化，每年 9 月、10 月开始，应视河湖水情及上游来水情况逐步蓄水，必要时继续抽江水补充湖库，以保证冬春水量的正常供给。

2）行业供水次序。①在非用水高峰期，用水的优先次序通常为：生活、农业、工业及生态环境。②在用水高峰期，按设计供水保证率由高到低实施供水，即首先满足生活、工业尤其是电力及煤炭工业、航运用水；其次供给农业灌溉用水；再次供给一般工业及生态环境用水。

3）区域供水次序。①当长江水源有保证，且洪泽湖高于北调控制水位时，抽江水量出省优先；长江水源有保证，但洪泽湖低于北调控制水位时，新增装机抽江水量视情况出省。②当长江大通站流量小于 10000m³/s，或者长江水源发生突发性水污染事故、恐怖袭击、战争等影响抽江水的事件时，限制或停止抽江供水。③在供水区域内，拟由近及远实施供水；农业灌溉用水高峰期、特殊干旱期、地区用水矛盾突出时，水资源调出（流出）所在地适度优先用水，同时采取限制和错峰措施，保障沿线及供水末梢地区的基本用水权益。④对于直接供水区，一般干旱年份充分利用淮水，同时抽江补给其不足；干旱年份抽江济淮，力求保证工农业生产及航运用水；特殊干旱年份除全力拦蓄地方径流、利用回归水或取用地下水源外，全力运用各项水工程措施，蓄、引、提等各种水源工程实施供水。

## 5.3 骆马湖基本情况

### 5.3.1 自然地理

骆马湖古称乐马湖，又名落马湖，原是沂河和中运河的滞洪洼地，为浅水型湖泊，南北长约 20km，东西宽约 16km。骆马湖位于江苏省徐州市新沂市和宿迁市宿豫区结合部，地跨徐州市新沂、宿迁市宿豫两县（市），湖区大部分在宿豫县境内，小部分在新沂市境内。骆马湖为江苏省第四大淡水湖。该湖位于沂河与中运河交汇处，位于沂河末端、中运河东侧。

骆马湖的原始湖盆基底是地堑式的陷落盆地，著名的郯庐断裂带沿湖东岸穿过，湖西岸还有一组南北向的断裂与郯庐大断裂并列，因此，骆马湖由地壳构造运动所形成，就湖盆形成而论，骆马湖属于典型的构造湖。骆马湖湖底由西北向东南倾斜，湖底高程为 18.50～22.00m。北部、西北部因中运河、沂河入湖泥沙的淤积，又有大量生物繁殖更迭，湖底多为软黏土质，生长芦苇、蒲草等挺水植物。南部为水较深的蔽水区，湖底沉积物较为板结，生长着沉水藻类植物。骆马湖泥沙主要来自沂河挟带的悬移质泥沙，约占入湖泥沙量的 60%～70%。入湖泥沙集中在汛期，入湖口段泥沙淤积快，颗粒粗。自 1958年骆马湖蓄水后，沂河入湖口三角洲浅滩不断向湖内推进，致使湖内原有河槽逐渐淤平。中运河入湖口也有部分淤积现象。

新中国成立后，为有效调蓄沂河、南四湖及邳苍区间来水，逐步兴建了控制工程，成为防洪、灌溉、调水、补充航运水、水产养殖等综合利用的湖泊。骆马湖上承南四湖、沂河干流及邳苍区间来水，经骆马湖拦蓄后，下游分别通过嶂山闸泄入新沂河入海，皂河闸和宿迁闸泄入中运河。骆马湖正常蓄水位 23.00m，相应水面面积 375km²，平均水深

3.32m。骆马湖有两道控制线：第一道皂河控制由骆马湖一线南堤和皂河枢纽、杨河滩闸等组成；第二道宿迁大控制由中运河西岸堤防、宿迁枢纽和井儿头大堤等组成。第一道皂河控制主要是正常蓄水和挡24.33m洪水位，第二道宿迁大控制是挡24.83m设计洪水位。骆马湖承泄上游5.8万 km² 的来水，主要入河河道为中运河、沂河，出湖河道为新沂河、皂河闸下中运河，控制建筑物为嶂山闸、皂河闸和宿迁闸。

本区属半湿润的暖温带气候区，具有明显的季风环流特征，四季分明，夏热多雨，冬寒干燥，春旱多风，秋旱少雨，旱涝较为突出。灾害性天气有雨涝、干旱、台风、低温霜冻、高温、干热风、冰雹等。本区常年主导风向，冬季多东北风，夏季多东南风。气温南高北低，年平均气温为 13~16℃。初霜期在 10 月下旬至 11 月上旬，终霜期在 3 月中旬至 4 月上旬。年平均日照时数为 1900~2240h。

入湖的泥沙集中在汛期，入湖口段泥沙淤积快，颗粒粗。

### 5.3.2　周边水系

骆马湖的入湖河流主要有沂河和中运河，出湖河流有新沂河、中运河、总六塘河。此外，在骆马湖周边直接或间接与骆马湖相通的河流还有房亭河、邳苍分洪道、民便河、邳洪河、徐洪河、不牢河、总沭河、淮沭河等。

骆马湖水系示意图见图 5.3-1。

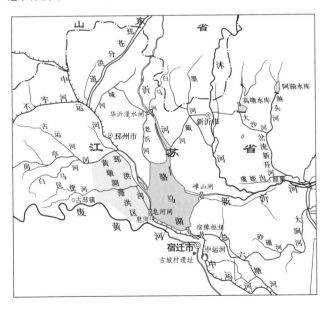

图 5.3-1　骆马湖水系示意图

（1）沂河。沂河发源于山东省沂蒙山区鲁山南麓，经江苏省邳州市，在新沂市捻头乡苗圩附近入骆马湖，全长 331km，流域面积 11820km²。境内主要支流有东汶河、蒙河、祊河、白马河。沂河从山东省进入江苏邳州市境内，至华沂分为两支，东支为新中国成立初期新开辟的新沂河，泄流直入骆马湖；西支即沂河古道，称老沂河，原在窑湾附近入中运河，现已废弃。

（2）新沂河。新沂河为 1949 年兴建的人工河道，西自嶂山闸开始，经江苏省徐州、宿迁、连云港三市的新沂、宿迁、沭阳、灌南、灌云县至燕尾镇南入灌河，全长 146km。新沂河是沂沭泗流域洪水两大出口通道之一，承担该流域的泄洪任务，还是相机分泄淮河洪水，增加淮河入海出路的一条分洪道。沭阳以上南岸有山东河、路北河、柴沂河等支流汇入，北岸有总沭河、新开河汇入。至沭阳城西，南汇淮沭河，沭阳以下与盐河相交。

（3）总六塘河。六塘河原为骆马湖重要泄水河道，上起骆马湖，经宿豫、泗阳，至灌南过盐河入灌河。新沂河开挖后，六塘河不再排洪，用于排涝。淮沭河以西段称总六塘河，以东段分为南六塘河和北六塘河。总六塘河上起宿迁六塘河雍水闸，东南折东北流经宿豫、泗阳两县及泗阳、淮阴两县边界，于泗阳县吴方塘村东南入淮沭河，全长 70km，区间流域面积 598km²。沿线汇入大小支流 8 条。自总六塘河雍水闸开始向东南流 36km 至宿泗交界，北有柴塘河汇入，沿途有东民便河、马河、闸河等支流汇入。总六塘河在东南流 400m 处，有程道口渡槽，设计引水流量 19m³/s，可灌溉总六塘河以北、柴塘河以东泗阳境内 20 万亩农田。再东流 12.6km，建有庄滩闸，沿程有小黄河汇入。再折向东北流 12km，至淮泗河口，沿线有泗塘河、葛东河汇入。总六塘河向东北流 9km，进入淮沭河。

（4）房亭河。房亭河位于铜山、邳州境内，是运西地区主要排水河道之一。源于徐州市东桥家湖，蜿蜒东流，经苑山、单集、土山，到猫窝入中运河，全长 74km，流域面积 716km²。沿岸支流有安定河、蝉河、一手禅河、帮房亭河、白马河、古运河等，以古运河为最大。房亭河上游分南北两支，南支自王庄扬水站向东北，经魏集于吴楼西北入房亭河；北支北起荆山桥，与不牢河航道相连，向南流经东贺村北、三官庙北，在大庙以东穿过陇海铁路，又东南至吴楼西北与南支会合。

（5）民便河。民便河由白山河、旧城河两河相接而成，新中国成立后改称民便河。上起邳州、铜山边界，向东经睢宁和邳州境内，于马桥入邳洪河，全长 36.5km，流域面积 386km²。该河东边有中运河，北边有房亭河，南边有废黄河，西边为铜山、邳州边界山区。

（6）邳洪河。邳洪河是 1958 年结合中运河复西堤而开挖的人工河道，是一条南北向的人工排水河道，由房亭河河口起至皂河闸下入中运河止，全长 27.2km，流域面积 581km²。邳洪河经过多次治理，目前已成为运西地区的排水骨干工程。在一般情况下，邳洪河可向皂河闸下自流排水，但遇到骆马湖退守宿迁大控制，邳洪河失去自排条件时，必须依靠皂河扬水站向骆马湖抽排。同时，作为江水北调工程之一，皂河扬水站和扬水站以南的邳洪河段，还承担向北送水和调水入骆马湖的任务。

（7）淮沭河。淮沭河南起洪泽湖二河闸，北经沭阳闸入新沂河，总长 97.6km，堤防长 173.4km，由二河和淮沭河两段组成，是一项分淮入沂、扩大淮河洪水出路的工程，在淮沂洪水不遭遇时，设计分淮入沂流量 3000m³/s，淮沭河也是充分利用淮水资源对淮北供水的人工河道。淮沭河段自淮阴闸至沭阳闸，长 66.1km。淮沭河上主要建筑物有二河闸、淮阴水利枢纽（淮阴闸、淮沭船闸、淮阴船闸、盐河闸、杨庄闸、淮涟闸等）、六塘河地涵、钱集闸、柴米闸、柴米地涵、沭阳闸等。

（8）京杭运河不牢河段。不牢河始于蔺家坝，下至邳州市大王庙入中运河，全长

71.7km。河道于1958—1960年新建，1984年疏浚续建，目前已具有灌溉、调水、航运、排涝、行洪等综合功能。该河道分三级控制，上游蔺家坝是徐州市及附近工矿区防御南四湖洪水的控制工程，下游刘山闸控制航运水位并防止中运河洪水倒灌，解台枢纽为中间控制工程，分级控制水位，便于闸上引水灌溉。

### 5.3.3　社会经济概况

骆马湖周边地区按行政区划包括徐州市的新沂市、邳州市、睢宁县，宿迁市的宿城区、宿豫县、泗阳县、沭阳县、泗洪县，连云港市的灌云县、灌南县，淮安市的楚州区、淮阴区、清浦区、清河区。2000年全区总人口1326.64万人，耕地面积109.159万 hm²，国内生产总值523.05亿元，工业生产总值806.76亿元，农业总产值375.59亿元，粮食总产量661.1万 t，农作物播种面积170.247万 hm²。

骆马湖天然饵料丰富，水生动植物种类繁多，水产养殖条件优越。骆马湖湖内共有鱼类56种，其中，纯淡水鱼类55种。总产量不高，其中鲫鱼、鲤鱼、银鱼的产量占总产量的一半。骆马湖银鱼为历代贡品，色味俱佳，与鲈鱼齐名，年产量约125t。骆马湖的虾类资源主要有青虾和白虾两种，尤以青虾为主。青虾鲜美可口，年产量约300t左右。另外，湖中蚌、蟹也较丰富，螃蟹年产量约100t。银鱼、青虾远销西欧、日本、东南亚等地。黄砂、石英砂、陶瓷土是骆马湖及周边的主要优质矿藏。湖东岸白马涧出产的优质石英砂总储量在5亿 t以上。从晓店至井头的60km²内，蕴藏着质优量丰的陶瓷土，它是生产高品位陶瓷墙地板砖、琉璃瓦、陶瓷器具、陶瓷工艺品的理想原料，总储量在20亿 t以上。

### 5.3.4　水资源状况

#### 1. 降水蒸发

骆马湖地区暴雨成因主要是黄淮气旋、台风或南北切变造成的，长时间降雨多由切变线和低涡接连出现而致。流域内降水一般自南向北递减，多年平均降水量为800～1000mm。降水量年内分配不均匀，年内降水多集中在夏秋两季。6—7月间，冷暖气团遭遇，常产生锋面低压和静止锋，形成连绵阴雨的梅雨期；7—9月受台风影响，常伴有来势迅猛的特大暴雨，年降水量70%以上集中在汛期6—9月的几场暴雨，最小月降水量仅占年降水量的1‰～2‰。

湖区多年平均年降水量为854.0mm，汛期570.9mm。降水量以1963年为最大，年降水量为1447.8mm，汛期6—9月为1009.5mm；1936年降水量最小，为520.6mm，汛期286.4mm。汛期月最大降水量为1963年8月的609.9mm，最小为1918年9月的1.0mm。日最大暴雨为1974年8月12日，降雨量达327.2mm。

湖面多年平均蒸发量864.6mm，超过多年平均降水量。多年平均湖面蒸发量23.50亿 m³。蒸发历史最大年为1966年，蒸发量936.3mm；历史最小年为1980年，蒸发量767.1mm。灌溉用水期，月最大蒸发量为160.9mm，最小为56.8mm，均发生在7月。

#### 2. 径流量

骆马湖湖水依赖地表径流和湖面降水补给，入湖河流主要有沂河水系、南四湖水系和邳苍地区共 40 多条支流。据骆马湖 1951—2000 年 50 年历年逐月入湖径流量资料统计，多年平均入湖年径流量为 67.2 亿 m³，最丰的 1963 年为 187.0 亿 m³，最枯的 1981 年为 11.2 亿 m³，是最丰年的 6%，丰枯年际变幅高达 16.7 倍。年径流的年内分配也不均匀，多年平均汛期 6—9 月的入湖径流量为 49.96 亿 m³，占多年平均年径流量的 74.3%。最多的 1963 年为 151.97 亿 m³，占年径流量的 81.3%；最少的 1981 年仅为 6.0 亿 m³，占年径流量的 53.6%。汛后 10 月至次年 5 月的多年平均入湖量为 17.12 亿 m³，最多的 1964 年为 50.0 亿 m³，最少的 1966 年为 13.03 亿 m³。

骆马湖出口有三处，经嶂山闸入新沂河、皂河闸入中运河、杨河滩闸入六塘河，根据 1956—1997 年骆马湖出口站实测径流统计分析，多年平均出湖径流量 49.93 亿 m³。1963 年最大为 206.3 亿 m³，1987 年最小为 0。1990 年以后沂河及南四湖水系处于枯水时期，加之流域上游用水的增加，骆马湖入湖、出湖径流量减少。1970 年以前的 15 年，年平均出湖 84.95 亿 m³；1971—1989 年的 19 年，年平均出湖 32.89 亿 m³；而 1990 年后，年平均出湖径流量仅有 24.76 亿 m³。

3. 蓄水情况

骆马湖水位以杨河滩水位站为代表，有 1952—2000 年共 49 年历年逐月水位资料。

骆马湖改建成常年蓄水库后，多年平均湖水位 21.70m，出现最高洪水位 25.47m（发生于 1974 年），最低枯水位 15.69m（发生于 1954 年）。一般年份，7—9 月入汛，其间山水来势迅猛，洪峰尖瘦，湖水位的涨势与之吻合，即 7 月起涨，8—9 月达到高峰，10 月至次年汛前，水位变化平缓。其中 3—5 月受桃汛影响水位有所上升；6—7 月农田灌溉水量增加，湖水位明显下降，如遇干旱可一直降至 20m 以下（1965 年），年内水位最大变幅 5.73m（1963 年），最小变幅 1.90m（1971 年）。

据骆马湖 1962—2000 年系列资料统计，多年平均蓄水量 6.59 亿 m³；另据骆马湖 1983—2000 年系列资料统计，骆马湖多年平均汛末蓄水位 22.62m，汛末蓄水量 7.88 亿 m³，兴利水量 5.82 亿 m³。

骆马湖特征水位、水面面积与蓄水库容关系见表 5.3-1。

表 5.3-1 骆马湖特征水位、水面面积与蓄水库容关系

| 控制运用情况 | 水位/m | 相应面积/km² | 相应库容/亿 m³ | 控制运用情况 | 水位/m | 相应面积/km² | 相应库容/亿 m³ |
|---|---|---|---|---|---|---|---|
| 校核洪水位 | 26.00 | 413 | 19.0 | 汛期限制水位 | 22.50 | 350 | 7.5 |
| 设计洪水位 | 25.00 | 413 | 15.0 | 死水位 | 20.50 | 194 | 2.1 |
| 正常蓄水位 | 23.00 | 375 | 9.0 | | | | |

## 5.3.5 水资源开发利用状况

1. 水资源供需分析

骆马湖多年平均入湖年径流量 67.2 亿 m³，而多年平均可利用水资源量只有 19.9 亿 m³。降雨的时空分配不均，汛期河川径流废弃入海，非汛期径流量偏少，造成湖泊可利用的水资源量偏少。随着骆马湖周边地区社会经济的快速发展，国民经济各部门对水资源

需求呈大幅度增长，仅当地有限的水资源量很难满足日益增长的用水需求。骆马湖周边地区丰水年份和平水年份并不缺水，但遇枯水年份和特枯年份，则存在不同程度的缺水。

2. 周边地区取水情况

1983 年 4 月，宿迁井儿头扬水站建成后，江苏省政府决定骆马湖水原则上供给徐州、宿迁专用，原淮安市骆马湖供水地区改为抽引江水灌溉区。在特殊情况下，如骆马湖蓄水位较高，或淮安市有特殊需要，也可通过杨河滩闸、六塘河闸放水到六塘河壅水闸上；或通过皂河闸、宿迁闸放水到中运河；也可通过房亭河入徐洪河，再送水入洪泽湖。

从骆马湖直接取水的供水工程 12 处，主要为提水工程，主要供水对象为农业灌溉，其次是工业和生活用水。随着骆马湖周边地区人口增加、城市化进程的加快和社会经济的快速发展，用水量也在不断增加。骆马湖周边地区取用骆马湖水的主要用水部门有农业、工业、生活及航运，其中农业灌溉用水是骆马湖的主要用水大户，约占总用水量 75%左右。

3. 现状取用水情况

（1）农业用水量。据调查，骆马湖周边地区 2006 年灌溉用水量 2708 万 $m^3$、2007 年灌溉用水量 3128 万 $m^3$、2008 年灌溉用水量 3046 万 $m^3$，近三年平均农业灌溉用水量 2956 万 $m^3$。

（2）工业用水及城镇生活用水。工业用水和城镇生活用水以骆马湖水为供水水源的有徐州市的邳州市、新沂市（通过新戴河）、徐州市区和铜山县及宿迁市。20 世纪 70 年代末以来，随着骆马湖周边地区社会经济的快速发展，工业和城市生活用水不断增加。邳州紧靠中运河，部分工业取用中运河水，大部分工业取水来自骆马湖。宿迁在骆马湖南边，工业和城镇居民生活用水主要从骆马湖中提引。新沂市于 1986 年将新戴河扩挖成河底高程为 19.00m 的平底河道，骆马湖死水位以下的水可自流到县城驻地新安镇，工业和城镇生活用水大量引用骆马湖水；徐州市市区和铜山县由于当地水资源贫乏，几年来从骆马湖调水至刘山闸以上，经解台翻水站送水至两地区，作为工业和城镇生活用水。骆马湖周边地区工业和城镇生活用水量 2006 年为 985 万 $m^3$、2007 年为 995 万 $m^3$、2008 年为 1005 万 $m^3$，近三年平均工业和城镇生活用水量为 995 万 $m^3$。

### 5.3.6　骆马湖周边主要水利工程

骆马湖周边水利工程包括：涵闸工程和抽水工程。

1. 涵闸工程

（1）黄墩湖滞洪闸。黄墩湖滞洪闸位于徐州、宿迁两市交界处的中运河西堤上，闸上为与骆马湖相接的中运河，闸下为邳洪河、民便河船闸引航道的交汇处，是骆马湖连接黄墩湖滞洪区的控制工程。该闸建于 1998 年 11 月，为大型Ⅰ级建筑物。全闸共 12 孔，每孔净高 7.5m，每孔净宽 10m。设计标准 50 年一遇，设计滞洪水位 25.80m，校核滞洪水位 26.30m，设计平均流量为 2000$m^3$/s。黄墩湖滞洪闸作为黄墩湖滞洪区的主要控制建筑物，其主要作用是用来滞洪，不仅是保障人民生命财产安全的关键工程，而且保护着下游 1000 万亩耕地和 600 万人民生命财产安全。

该闸控制运用原则：骆马湖水位达 24.50m 时，退守宿迁大控制后，当湖水位达

25.50m 并预报湖水位将超过 26.00m 时，黄墩湖滞洪闸开闸滞洪。

（2）刘老涧闸。刘老涧闸位于中运河上，地处宿豫县仰化乡，建于 1952 年，主要作用是用于排洪。全闸共 4 孔，每孔净宽 8m，每孔净高 5.75m，闸底高程 12.00m。设计闸上游水位 18.00m，闸下游水位为无水，设计流量为 500m³/s。

（3）刘老涧新闸。刘老涧新闸地处宿豫县仰化乡，位于中运河上，建于 1975 年，该闸主要作用是排洪。全闸共 5 孔，每孔净高 5.75m，每孔净宽 5m，闸底高程 12.50m。闸门结构型式为钢丝网水泥直升门，配有卷扬式启闭机。设计闸上游水位 20.00m，闸下游水位 14.50m，设计流量 400m³/s。

（4）六塘河节制闸。六塘河节制闸地处宿豫县井儿头乡，地处宿迁节制闸和宿迁船闸的北面，位于宿迁城北约 4km 的总六塘河上，建于 1958 年 6 月，设计标准为千年一遇，属Ⅰ级建筑物。该闸与宿迁闸、宿迁船闸、六塘河拦河坝组成宿迁大控制工程。该闸主要作用是灌溉。1964 年起，该闸不再承担防洪任务，骆马湖有水时送水灌溉；退守宿迁大控制时，起挡洪作用。该闸共 3 孔，闸总长 165m，总宽 34.6m。闸门结构型式为弧形钢闸门，配有卷扬式启闭机。加固后设计水位组合上游 25.10m，下游 17.40m，校核水位组合上游 26.00m，下游 17.40m。加固后单孔净宽 9.5m，孔高 5m。

（5）六塘河壅水闸。1959 年，为了保证骆马湖灌区自流灌溉的水位，同时兼顾骆马湖排洪，在六塘河节制闸下游、二干渠进水口的右侧建成六塘河壅水闸。全闸共 13 孔，每孔净宽 3m。设计上游水位 20.50m，下游水位 18.10m，设计排涝流量 600m³/s。闸门为型钢端柱木质直升门，配置螺杆式手摇、电动两用启闭机。从 1965 年起，总六塘河不再分洪，仅作为区域排涝河道，六塘河壅水闸的作用只壅水，不排洪，成为总六塘河的新起点。

（6）皂河节制闸。皂河节制闸位于宿豫县皂河镇北，与杨河滩闸以及骆马湖南堤组成骆马湖一线控制工程，所在河湖为骆马湖与中运河，建于 1952 年，1971 年进行加固。该闸属Ⅱ级建筑物，设计标准为百年一遇。全闸共 7 孔，每孔净宽 9.2m，每孔净高 4m，闸总长 130.2m，闸总宽 71.25m。闸门结构型式为弧形钢闸门，配有 15t 卷扬式启闭机。1994 年按 7°进行抗震加固，更换了弧形钢闸门，设计泄洪流量为 1000m³/s。皂河闸为骆马湖泄水口门之一，控制着骆马湖向中运河的泄水量，起到了防洪、灌溉、航运等综合作用。

该闸控制运用原则：上游、下游水位应保持在 5m 以内，以确保骆马湖一线大堤的安全。该闸的作用一是控制骆马湖水位，汛期排洪，非汛期蓄水；二是控制下泄流量，以确保骆马湖以下中运河堤防安全。在骆马湖水位为 23.50m 时，照顾黄墩湖地区排涝，同时提供中运河航运及工农业用水。

（7）洋河滩闸。洋河滩闸位于江苏省宿迁市湖滨新区洋河滩村，总六塘河出口处，建成于 1951 年 11 月。该闸共 3 孔，每孔净宽 9.2m。设计上游水位 24.50m，设计下游水位 19.50m，设计流量 300m³/s，校核流量 500m³/s。闸门结构型式为平面钢闸门，配有卷扬式启闭机。该闸建成后，历经九次维修改造，其中 1981 年在左右空箱岸墙内各增设一台 160kW 立式水轮发电机组；1996 年除险加固工程时将原闸孔一分为二，3 孔为净宽 3.2m 的泄水孔，采用平面钢闸门、卷扬式启闭机，另 3 孔安装 3 台套 320kW 水轮发电机组；

2003 年在发电孔上游增设挡洪门,采用平面钢闸门、液压启闭机。

该闸与骆马湖南堤,皂河节制闸等共同组成骆马湖一线控制工程,为骆马湖泄水口门之一,控制着骆马湖向六塘河的泄水量。除挡洪任务外,还承担向来龙灌区 40 万亩农田输送灌溉用水等任务,因此该闸也作为来龙灌区二干渠的渠首工程;在中运河水位较低、河湖分开后,还可以通过该闸引骆马湖底水向中运河补水,以满足中运河航运需要。该闸建成以来在防洪、灌溉、水力发电及航运保障等方面均发挥了显著作用。

(8)新邳洪河闸。新邳洪河闸建成于 1986 年,地处宿豫县皂河镇,所在河流为中运河,位于新邳洪河、黄墩湖小河交汇处,东与皂河复线船闸相连,西与骆马湖二线大堤相接。新邳洪河闸和黄墩湖小河闸组成一体。该闸属Ⅱ级建筑物,闸身为钢筋混凝土框架结构。共 8 孔(其中邳洪河 5 孔,黄墩湖小河 3 孔),每孔净宽 6.60m,孔高 7.00m,闸门采用平板钢闸门,配备 2×16t 绳鼓式启闭机,1990 年将 6 号孔改建为通航孔,1993 年增建了启闭机房。2006 年 4 月对上游隔水墙进行修复加固。

该闸可双向运行,主要作用是灌溉、排涝、挡洪,担负着控制邳洪河水位、排除黄墩湖内涝的任务,当骆马湖退守宿迁大控制时关闸挡洪,以防高水倒灌,抗旱时引中运河水供皂河站抽水。

(9)泗阳节制闸。泗阳闸地处泗阳县众兴镇,位于中运河上,建于 1959 年,属Ⅱ级建筑物。该闸主要作用是排洪,该闸担负着排泄骆马湖洪水及宿豫县洋北地区涝水的任务。2013 年拆除重建。主闸身共 7 孔,每孔净宽 10m,设计流量 1000m³/s,校核流量 2000m³/s。闸门结构型式为直升式钢闸门,配有卷扬式启闭机。1990 年,对闸墩、工作桥、排架等部位进行了加固。

(10)宿迁节制闸。宿迁闸地处皂河闸下游宿迁市城北的中运河上,位于江苏省宿迁市井儿头,为骆马湖宿迁大控制工程之一,也是宿迁大控制的重要组成部分,是控制中运河泄量的主要建筑物,它与嶂山闸一起共同担负上游沂沭泗流域的排洪任务。该闸主要作用是排洪。该闸建成于 1958 年 6 月,为Ⅰ级水工建筑物,设计标准为千年一遇。闸身为钢筋混凝土结构,闸门为钢质弧形闸门。全闸共 6 孔,每孔净高 5m,每孔净宽 10m。闸总长 191m,闸总宽 67.48m。闸门结构型式为钢架钢丝网水泥面板弧形门,配有 15t 卷扬机。设计闸上游水位为 24.00m,设计闸下游水位为 17.50m;校核闸上游水位 25.00m,校核闸下游水位 18.00m。

该闸控制运用原则:调节闸上水位,为排涝、航运和骆马湖大堤安全服务,黄墩湖排涝要求闸上水位在 19.50m 左右,但骆马湖大堤上、下水位差要求不超过 3.50m;根据上游来水及上游、下游堤防情况进行安全排洪。当骆马湖水位超过 24.00m 时退守本闸和六塘河闸控制。

(11)嶂山闸。嶂山闸地处宿豫县嶂山集西,位于江苏省宿迁市嶂山集西 1.1km 处,是骆马湖连接新沂河的泄洪控制工程,也是骆马湖主要泄洪控制工程,它是沂沭泗流域洪水下泄的主要控制口门。该闸建成于 1961 年 4 月,主要作用是排洪。全闸共 36 孔,闸孔净高 7.5m,闸孔净宽 10m,闸总长 216.5m,闸总宽 428.97m。该闸设计标准为千年一遇,属Ⅰ级建筑物。设计上游水位 25.10m,设计下游水位 15.50m;校核上游水位 26.00m,校核下游水位 15.50m,设计泄量 8000m³/s。闸门为钢丝网水泥四波型面板钢架弧形门，采用 4×15t 卷扬式启闭机控制。该闸建成后进行过多次除险加固处理。

该闸控制运用原则：嶂山闸泄骆马湖洪水入新沂河。当骆马湖水位超出 24.50m 时，考虑退守宿迁大控制，控制嶂山闸下泄流量，使新沂河沭阳站流量不超过 6000m³/s。

（12）淮阴闸。淮阴闸地处淮阴县杨庄乡，所在河流为淮沭新河，建成于 1959 年 10 月，主要作用是排洪和灌溉。该闸为 Ⅲ 级建筑物，设计标准 300 年一遇。全闸 30 孔，闸孔净高 8m，闸孔净宽 10m。闸总长 107m，闸总宽 345.4m。闸门结构型式为钢架钢丝网水泥面板弧形门，采用 4×15t 卷扬式启闭机。设计上游水位（14.60＋1.10）m，设计下游水位 7.50m；校核上游水位（15.20＋1.20）m，校核下游水位 7.50m。

该闸控制运用原则：①在淮沂洪水不遭遇情况下，当洪泽湖水位低于 13.50m，可放底水 800m³/s，但湖水位达 14.50m 时，逐渐加大到 1000～2000m³/s，新沂河泄洪时控制分淮入沂流量。②当沂沭泗发生特大洪水，中运河有来水量时，应关闭淮阴闸，通过盐河、废黄河入海；如洪泽湖水位较低，也可由二河调入洪泽湖调蓄；如淮阴闸下无排涝要求，可将部分中运河来水通过淮阴闸下泄。③灌溉季节按用水计划向淮沭河灌区供水，并向连云港送水。

（13）沭阳闸。沭阳闸坐落于沭阳县丁集乡，位于淮沭河尾闾、新沂河以南 7km 处的淮沭新河上，建成于 1959 年 10 月，主要作用是排洪和挡洪。全闸共 25 孔，每孔净宽 10m，每孔净高 7.5m（其中航孔净高 8.30m）。闸总长 183.3m，总宽 288.15m。该工程为大型 Ⅲ 级建筑物，按 300 年一遇标准设计，设计最大过闸流量为 4000m³/s。设计闸上游水位 12.00m，设计闸下游水位 7.50m；校核闸上游水位 13.30m，闸下游水位 7.50m。闸门为弧形钢闸门，采用 6 台 4×15t 卷扬式启闭机进行启闭。

该闸控制运用原则：①新沂河分洪时，密切注意上下游，待水平时，立即关闭闸门；②桃汛期，总沭河、新开河有流量，应及时接纳，由柴米闸下泄，以保证新沂河滩地三麦正常生长；③淮沂无洪水情况，闸门不加控制，便利通航。

（14）房亭河地涵。房亭河地下涵洞位于江苏省邳州市新集乡境内房亭河上，距中运河西堤 340m，建成于 1966 年 5 月，主要作用是排涝，对消除内河决口泛滥、保证东陇海铁路安全起到重要作用。设计标准为 10 年一遇，为 Ⅲ 级建筑物。该工程为箱式地下涵，共 6 孔，每孔净宽 3m。闸门结构型式为钢丝网水泥门，采用螺杆式启闭机。该闸的兴建解决了房亭河以北 188km² 内涝水自排问题，而且由于彭河口堵闭，洪水不致倒灌，在灌溉季节还可利用上层闸引骆马湖水灌溉黄墩湖地区农田。

（15）沙集北闸。沙集北闸所在地为睢宁县沙集乡，所在河流为徐洪河西支，建成于 1970 年，主要作用是排涝。共 3 孔，每孔净高 5.1m，每孔净宽 7m。闸总长 72m，闸总宽 23m。设计闸上游水位 19.50m，设计闸下游水位 15.90m。该闸设计标准为 5 年一遇。闸门结构型式为钢丝网水泥立拱式，采用卷扬式启闭机控制。

（16）沙集西闸。沙集西闸坐落于睢宁县沙集乡，所在河流为徐洪河西支，建成于 1979 年 5 月，主要作用是灌溉和排涝。共 6 孔，每孔净高 8m，每孔净宽 7m；闸总长 131m，闸总宽 47m。闸顶高程 22.50m，闸底高程 15.00m。钢丝网水泥波形闸门，采用卷扬式启闭机控制。设计上游水位 19.00m，设计下游水位 12.00m；校核上游水位 19.80m，校核下游水位 12.00m。该闸设计标准为 5 年一遇。

（17）刘集闸。刘集闸坐落于邳州市八路乡，位于房亭河上，建成于 1971 年 5 月，主要作用是节制水位，排涝、灌溉。全闸共 16 孔，每孔净高 5m，每孔净宽 3m。闸总长 70.30m，闸总宽 64.50m。闸顶高程 24.00m，闸底高程 19.20m。设计上游水位 23.00m，设计下游水位 20.50m。闸孔为钢丝网平板门，航孔为平面钢闸门。启闭机型式：闸孔为螺杆式，航孔为卷扬式。

（18）解台闸。解台闸地处铜山县大吴乡，位于京杭运河不牢河段，建成于 1959 年 8 月，主要作用是航运、灌溉、排涝和防洪。全闸共 12 孔（其中 2 孔发电），每孔净高 4m（航孔 4m），每孔净宽 3m。闸总长 111.2m，闸总宽 48.1m。设计上游水位 31.50m，设计下游水位 26.00m；校核上游水位 32.00m，校核下游水位 26.00m。设计标准为百年一遇。闸门结构型式为钢筋混凝土平面直升门。启闭机型式：闸孔为卷扬式，航孔为卷扬式。

（19）南水北调东线骆马湖水资源控制工程。南水北调东线骆马湖水资源控制工程位于江苏与山东交界处江苏境内的中运河上，是南水北调东线的重要水资源控制工程，主要目的是在满足泄洪和通航功能要求条件下，加强对骆马湖水资源的控制与管理。该闸建成于 2009 年 5 月。工程主要任务是：正常情况下参与东调南下工程泄洪、南水北调东线工程调水和航道通航；在南水北调东线工程非调水期，当骆马湖水位低于 21.32m 且河水向北流动时，对骆马湖水资源实施有效控制与管理。工程建设包括新建控制闸、开挖引河和加固改造现状中运河临时性水资源控制设施，主要建筑物设计防洪标准为 50 年一遇，洪水流量 5600m³/s，洪水水位 28.88m，设计输水流量 125m³/s。

2. 抽水工程

（1）刘老涧抽水站。刘老涧抽水站位于宿豫县仰化镇境内的中运河上，建成于 1996 年 5 月，是南水北调东线第五梯级站，淮水北调第二梯级站。该站总装机容量为 8800kW，设计流量为 150m³/s，设计扬程 3.50m，在丰水季节可反向发电。该站采用簸箕式进水流道，虹吸式出水流道，出水管与站身分段式结构。

（2）皂河抽水站。皂河抽水站位于宿豫县皂河镇北 5km 处，东临中运河、骆马湖，西接邳洪河、黄墩湖，建成于 1986 年。该站是骆马湖整治的工程项目之一，为南水北调东线第六梯级站，淮水北调第三梯级站，主要担负向骆马湖补水和黄墩湖地区排涝任务。皂河抽水站装机两台，总装机容量 14000kW，设计扬程 6m，设计流量 195m³/s，单机流量目前为亚洲之最。

（3）沙集闸站。沙集闸站位于睢宁县沙集镇南约 2km 处的徐洪河上，下游直接和相距 72km 的洪泽湖相通，为徐洪河第一级抽水站，南水北调中运河线并行抽水站。该工程整体结构采用闸站合一的形式，中间为抽水能力 50m³/s 的抽水站，两侧布置设计流量为 200m³/s 的节制闸，全部工程按 I 级水工建筑物设计。该站建成于 1993 年 10 月，抽水站选用 1800HD–10.5 型立式混流泵，共 5 台套，单机流量 10m³/s，设计扬程 10.50m。该站在保障徐州地区工农业生产、航运、环保及调节骆马湖水位起着重要的作用；同时，节制闸可排泄黄墩湖地区部分涝水。

（4）泗阳抽水站。泗阳抽水站建成于 2012 年 5 月，该站装机 6 台套，设计流量 165m³/s，总装机容量 18000kW。泗阳第二抽水站建于 1996 年，装机 2 台套，总装机容量 5600kW，设计流量为 66m³/s。主要作用是将淮水或上一级抽水站引来的江水转送给下一级刘老涧抽水站，并补给泗阳闸上中运河航运和两岸工农业用水，当泄洪时，可利用下泄洪水发电。

### 5.3.7 骆马湖现状用水控制运用条件与供水次序分析

明确现状用水控制运用条件与合理的供水次序是做好骆马湖水量调度工作的前提。王玉、侍翰生等人在骆马湖水量调度与水资源利用研究中，对骆马湖现状用水的调度运用条件与水资源供水次序作了分析，主要内容如下。

1. 骆马湖现状用水的调度运用条件

（1）防洪。骆马湖现状汛限水位为22.50m（废黄河高程，下同），警戒水位23.50m，设计洪水位25.00m，校核洪水位26.00m，其洪水调度运用按照2012年国家防汛抗旱总指挥部批复的沂沭泗河洪水调度方案（国汛〔2012〕8号）执行。根据骆马湖不同水位，确定新沂河、中运河行洪流量，相机利用徐洪河行洪。

（2）供水。骆马湖现状兴利水位23.00m，死水位20.50m，2012年确定其旱限水位为21.30m。有关骆马湖水源调度要求、省供水范围的供水调度计划及当时雨水情、用水形势，确定并实施兴利调度；当预计骆马湖上中游基本没有来水且蓄水位不能满足未来一个时期用水需求时，为确保皂河闸以上城乡生活用水和中运河航运，需要采取多梯级抽水补给骆马湖，旱情严重、水源严重短缺时采取压减沿线农业用水等措施，以确保重点用水；8月15日至9月30日，考虑骆马湖水位逐步抬高到汛末蓄水位。

（3）航运。骆马湖设计最低通航水位为20.50m，设计最高通航水位为24.00m。当中运河运河镇水位降至21.00m以前，交通部门要采取紧急措施，突击抢运积存煤炭。对一些主要物资也要组织突击抢运，做好两手准备；当运河镇水位降至20.50m，航运和农灌用水发生严重矛盾时，农业和航运用水要兼顾，局部要服从全局。在旱情严重难以维持正常航运的时候，应减载或改用小船队运输。

（4）生态。当骆马湖水位低于20.50m时，为尽量防止骆马湖生态受到破坏，全力实施江水北调，尽量控制骆马湖周边引水口门，减缓水位下降速度。

2. 水资源供水次序分析

（1）现有工程的水资源供水次序。①根据轻重缓急，首先满足城镇生活及港口用水；二是保证电厂、京杭运河等骨干航道航运用水；三是重点工业用水；四是农业用水，其中主要满足水稻用水；五是一般工业及生态环境用水。②供水次序由近到远；高水高用，低水低用；上游来水不足时，秋播冬灌、春灌、育秧尽量利用当地水，当地水不足时利用江河湖库等外来水补充。

（2）新增工程的水资源供水次序。新增工程供水次序分供水水源次序、行业供水次序两方面。

1）供水水源次序。①供水区各种水源的利用次序依次为当地水、淮河水和长江水。按照水资源优化配置的要求，要注重江水、淮水的联合运用；②干旱年份，骆马湖接近死水位时，限制出湖水量，加大抽江水量补湖，保障人们的生活、生产及水生态环境用水；③以长江为水源供水时，保障供水的优先次序应分段供给，即先"长江—洪泽湖"段，再"洪泽湖—骆马湖"段，后"骆马湖—下级湖"段，条件允许时兼顾下一区段；④供水水源在分区段供水的同时，力求按照水功能区水质保护目标实施达标供给；⑤汛期应服从防洪调度，同时兼顾水量的年际变化，每年9月、10月开始，应视河湖水情及上游来水情况逐步蓄水，必要时继续抽江水补充湖库，以保证冬春水量的正常供给。

2）行业供水次序。《中华人民共和国水法》第二十一条明确指出，"开发、利用水资源，应当首先满足城乡居民生活用水，并兼顾农业、工业、生态环境用水以及航运等需要。在干旱和半干旱地区开发、利用水资源，应当充分考虑生态环境用水需要"。在非用水高峰期，用水的优先次序通常为：生活、农业、工业和生态环境。在用水高峰期，按设计供水保证率由高到低实施供水，即首先满足生活、工业尤其电力及煤炭工业、航运用水；其次供给农业灌溉用水；再次供给一般工业及生态环境用水。

（3）区域水资源供水次序。①当长江水源有保证，且骆马湖高于北调控制水位时，抽江水量出省优先；长江水源有保证，但骆马湖低于北调控制水位时，新增装机抽江水量视情况出省。②当长江大通站流量小于 $10000\,m^3/s$，或者长江水源发生突发性水污染事故、恐怖袭击、战争等影响抽江水的事件时，限制或停止抽江供水。③在供水区域内，拟由近及远实施供水；农业灌溉用水高峰期、特殊干旱期、地区用水矛盾突出时，水资源调出（流出）所在地适度优先用水，同时采取限制和错峰措施，保障沿线及供水末梢地区的基本用水权益。④对于直接供水区，一般干旱年份充分利用淮水，同时抽江补给其不足；干旱年份抽江济淮，力求保证工农业生产及航运用水；特殊干旱年份除全力拦蓄地方径流、利用回归水或取用地下水源外，全力运用各项水工程措施，蓄水、引水、提水等各种水源工程实施供水。

### 5.3.8　骆马湖周边地区水利工程调度运用方案

#### 1. 宿迁市水利工程调度运用方案

为了保证防洪、除涝、灌溉工作的顺利进行，根据江苏省防指《一九九九年江苏省流域性、区域性水利工程调度方案》，遵循统筹兼顾、蓄泄兼筹、局部利益服从全局利益，科学调度洪水，最大限度地减少洪灾损失，合理调度水源，引江水、淮水补给，保障城乡生活生产用水的原则，宿迁市结合本市具体情况和现状工程的实际防洪能力，制订了《一九九九年宿迁市洪涝水和灌溉水源调度方案》。

（1）洪水调度。洪水调度包括骆马湖洪水调度、徐洪河洪水调度以及黄墩湖滞洪区运用。

1）骆马湖洪水调度。洪水调度包括洪水调度原则、指导思想、调度方案等方面内容。

a. 洪水调度原则。目前，骆马湖正常蓄水位23.00m，汛限水位22.50m。洪水调度包括以下原则。

当骆马湖水位在23.50m以下时，皂河闸以下中运河服从黄墩湖排涝；超过23.50m时，在新沂河走足的情况下，皂河闸以下中运河服从排洪 $1000\,m^3/s$。

当骆马湖水位达到24.50m时，如湖水位继续上涨，则退守宿迁大控制（二线），同时做好黄墩湖分洪准备，开始防汛抢险、撤退的行动，完成分洪口的爆破准备。当骆马湖退守宿迁大控制后，黄墩湖及邳洪河流域涝水由皂河闸自排。

退守宿迁大控制后，上游来量继续加大，骆马湖水位达25.50m，预报将超过26.00m

时，则黄墩湖滞洪，并发出分洪口爆破命令，确保宿迁大控制安全。

在具体调度运用上，要及时预报洪水，争取时间降低骆马湖水位，以增大其调蓄洪水的能力。另外，如在麦收前发生中运河可通过的洪水，则尽可能不开嶂山闸，以保滩地30万亩麦子。

骆马湖正常蓄水由淮河水利委员会沂沭泗水利管理局调度。皂河闸及皂河闸以下中运河排涝由江苏省骆马湖联防指挥部调度。

b. 洪水调度指导思想。根据沂沭泗流域防洪规划和原水电部批复的《淮河流域洪水调度意见》（〔78〕水电管字第18号），遵循统筹兼顾、蓄泄兼筹、团结协作和局部利益服从全局利益的原则，按现状工程的实际防洪能力，科学调度洪水，最大限度地减少洪灾损失。洪水调度包括以下指导思想。

沂河、沭河洪水尽可能东调，腾出骆马湖部分蓄洪和新沂河部分泄洪能力接纳南四湖及邳苍地区洪水；在中运河运河镇及骆马湖水位较低时，南四湖洪水尽可能下泄；当运河镇及骆马湖水位较高时，南四湖洪水控制下泄；骆马湖防洪要确保宿迁大控制安全，必要时启用黄墩湖滞洪；遇超标准洪水，除利用水闸、河道强迫行洪外，相机利用滞洪区滞洪和采取应急措施处理洪水。

c. 洪水调度方案。调度方案包括现状工程标准以下洪水调度方案、现状工程标准洪水调度方案、超标准洪水调度方案。

a）现状工程标准以下洪水。当预报南四湖南阳站水位达35.50m及其以下洪水时（上级湖汛限水位34.20m，下级湖汛限水位32.50m），如中运河运河镇水位低于26.50m，或预报骆马湖水位（洋河滩站，以下同）低于25.00m，二级坝各闸及韩庄闸、伊家河闸开闸，南四湖洪水尽量下泄；如中运河运河镇水位达到26.50m，或预报骆马湖水位超过25.00m时，南四湖洪水控制下泄。

当预报骆马湖水位超过23.50m时，骆马湖提前预泄（汛限水位22.50m）；嶂山闸泄洪，控制新沂河沭阳站洪峰流量不大于5000m³/s；骆马湖水位低于23.50m时，皂河闸下中运河照顾黄墩湖地区排涝；当骆马湖水位超过24.50m并预报继续上涨时，退守宿迁大控制。

b）现状工程标准洪水。当预报沂河临沂站洪峰流量超过9000m³/s，不足12000m³/s洪水时，利用彭道口闸向分沂入沭水道分洪2000～2500m³/s；江风口闸闸前水位达58.50m，开闸向邳苍分洪道分洪，分洪流量为500～2500m³/s，余额洪水由沂河下泄，尽可能使港上站洪峰流量不超过6500m³/s。

当预报南四湖南阳水位达36.00m时，如中运河运河镇水位低于26.50m，或预报骆马湖水位低于25.00m时，在控制中运河运河镇流量不超过5000m³/s的情况下，南四湖洪水尽量下泄；如中运河运河镇水位达到26.50m，或预报骆马湖水位超过25.00m时，南四湖洪水控制下泄，湖东洼地自然滞洪。

骆马湖通过嶂山闸泄洪，控制新沂河沭阳站洪峰流量不大于5500m³/s。宿迁以下中运河泄洪500～1000m³/s。如预报骆马湖水位超过26.00m，当水位达到25.50m时，启用黄墩湖滞洪区滞洪，确保宿迁大控制安全。

c）超标准洪水。骆马湖应多蓄洪水，新沂河加大泄洪，沭阳站流量力争达到6000m³/s；宿迁以下中运河泄洪1000m³/s；如预报骆马湖水位超过26.00m，当水位达到

25.50m 时，黄墩湖滞洪。在条件允许时考虑徐洪河等相机泄洪。

　　d）关于汛末蓄水。如中长期预报无大的降水过程，8 月中旬起抓紧汛末蓄水，骆马湖由汛限水位逐步抬高到汛末蓄水位。

　　d. 洪水调度权限。遇现状工程标准以下洪水，由淮河水利委员会沂沭泗水利管理局按本方案提出调度意见，经淮河水利委员会同意后由宿迁市防汛防旱指挥部协助省防汛防旱指挥部组织实施。遇现状工程标准及超标准洪水，由淮河水利委员会沂沭泗水利管理局提出调度意见，经淮河水利委员会审查并报国家防汛总指挥部批准后执行，沂沭泗水利管理局负责所属水闸的运行调度，江苏省防汛防旱指挥部负责黄墩湖滞洪，并组织实施。汛末蓄水由淮河水利委员会沂沭泗水利管理局统一调度。

　　2）徐洪河洪水调度。根据徐洪河工程规划和实施现状，该工程具有调水、灌溉、排涝、排洪、挡洪、航运等综合功能。现对沙集闸站和黄河北闸的控制运用提出如下原则。

　　a. 汛期沙集东闸闸上控制水位 19.50m，当沙集以北黄河北闸、以南徐洪河沿线有涝水或废黄河魏工分泄道泄洪时，即开闸排水，黄河北闸关闭。

　　b. 当骆马湖水位较高，其他排水通道排水有困难时，刘集地涵视徐洪河水情、工情适当帮助排泄骆马湖部分来水。

　　c. 根据规划，当骆马湖水位 25.00m，为减轻骆马湖洪水压力、减少黄墩湖滞洪机遇，刘集地涵天窗口门调泄骆马湖洪水 200m³/s；当骆马湖水位达 25.50m 时，刘集地涵天窗口门调泄骆马湖洪水 400m³/s，相应开启黄河北闸、沙集东闸，帮助泄洪。

　　d. 在徐洪河分泄部分骆马湖洪水或沙集站抽水北送时，黄河北闸开闸，除此以外，黄河北闸原则上应予控制。

　　3）黄墩湖滞洪区运用。根据沂沭泗流域洪水调度方案，骆马湖水位超过 24.50m 并预报继续上涨时，退守宿迁大控制。同时做好黄墩湖滞洪准备。如预报骆马湖水位超过 26.00m，当水位达到 25.50m 时，启用黄墩湖滞洪，确保宿迁大控制安全。黄墩湖滞洪由市防指配合，省防指及骆马湖联防指挥部指挥实施。宿豫县成立专门的黄墩湖滞洪指挥部驻守第一线，直接领导滞洪撤退安置及其他有关工作。

　　（2）涝水调度。

　　1）黄墩湖地区除涝。控制皂河闸下中运河水位在 19.50m 以下，以增加自排机遇，必要时，利用现有排涝站或皂河抽水站抢排。在正常情况下，按照先低水、后高水的原则，及时控制房亭河地涵、民便河闸及张集地涵，以错开除涝时间。在徐洪河水情允许时，张集地涵下层闸关闭，徐洪河以西的小闫河涝水通过地涵上层闸门（天窗）自排入徐洪河。当西部涝水不能自排入徐洪河时，分三种情况：张集地涵在上游水位超过 21.00m、下游水位低于 20.00m 时，如徐洪河以西地区降水较大而以东地区较小，则提前开下层闸门排涝；张集地涵在上游水位低于 21.50m，下游高于 20.00m 时，如徐洪河以西地区降水较小时，在下游水位降到 20.00m 后，开下层闸门排涝；张集地涵在上游水位超过 21.50m 时，开下层闸门排涝。骆马湖退守宿迁大控制后，在任何情况下，徐洪河以西地区涝水均不得进入黄墩湖地区，张集地涵必须关闭。在开启张集地涵下层闸门排涝前，徐州市要及时向宿迁市通报。

　　2）仰北洼地排涝。在正常情况下，应控制刘老涧闸下水位在 15.50m 以下，以便自排，超过 16.00m 时，关闭自排涵洞，团结站、卓码站开机抢排。

3）宿城区排涝。在正常情况下，控制宿迁闸下中运河水位在 18.00m 以下，以便自排，超过 18.50m 时，关闭城南自排涵洞，开城南排涝站进行抢排。

（3）灌溉水源调度。

1）灌溉水源调度原则。骆马湖正常蓄水位 23.00m，相应库容 9 亿 m³，兴利库容 6.89 亿 m³。按照各用水部门的需求，在兴利运用方面，优先保证城市生活用水和航运用水，再安排工农业生产用水。通过皂河闸、宿迁闸调节中运河刘老涧闸以上至台儿庄节制闸下的通航水位；当骆马湖水位较低时，利用各级泵站提引江（淮）水来补水，以满足通航要求。鉴于骆马湖容积有限，骆马湖蓄水原则上供徐州市使用，淮阴市（包括沭阳由骆马湖自流引水部分）用水由江（淮）提水或引水来解决。宿迁井儿头翻水站的运行按季节分开：灌溉期提引的江（淮）水供淮阴市用；非灌溉期由中运河提引的江（淮）水进六塘河，经六塘河闸、六运调度闸进入中运河，经新邳洪河闸进入邳洪河，再由皂河站提水入骆马湖储存或使用。如果骆马湖蓄水位较高，或因淮阴市特殊需要，也可通过杨河滩闸、六塘河闸放水到六塘河壅水坝上；或通过皂河闸、宿迁闸放水到中运河；也可通过房亭河、徐洪河，再送水入洪泽湖。

2）骆马湖水源。泗阳闸以上原由骆马湖供水的灌区灌溉用水原则上由泗阳、刘老涧、井儿头三站翻引江水或淮水解决，在电力、油料供应不及时以及用水高峰时，由省防指予以协调，视骆马湖水情适当从骆马湖放水解决。泗阳站、刘老涧站抽水量由省防指决定，宿豫、泗阳两县及宿城区的用水由市防指分配安排，并加强管理，保证中运河通航水位。皂河闸以下以及宿豫县来龙灌区原则上由泗阳站抽引淮水、江水解决，但在电力、油料供应不及时以及用水高峰时，视骆马湖水情适当从骆马湖放水解决。用水紧张时，江苏省防汛抗旱指挥部确定总用水量，宿豫和泗阳两县的用水由宿迁市负责分配安排，并确定井儿头、刘老涧两站的抽水流量。京杭运河不牢河段、中运河的水位，关系电厂发电和全省煤炭等重要物资的运输，对江苏省国民经济有着重大影响，因此，徐州、宿迁两市要加强沿湖、沿运的用水管理。

当中运河与骆马湖"河湖分家"以后，在中运河水位低于骆马湖水位时，以及骆马湖水位降到 21.00m 以下时，根据交通部门要求，开启杨河滩闸和六运涵洞，关闭六塘河闸，放骆马湖底水，由皂河站抽水补给中运河航运。如遇中运河运河镇水位高于 20.50m，且高于骆马湖水位，皂河站可酌情减少底水流量。如宿豫、宿城用水高峰已过，也可根据交通部门提出的要求，酌情利用泗阳、刘老涧等抽水站翻引江水、淮水，补充航运用水。同时皂河闸以上沿中运河和京杭运河不牢河段的各抽水站都要控制抽水。

当中运河运河镇水位降至 21.00m 以前，交通部门要采取紧急措施，突击抢运积存煤炭。对一些主要物资也要组织抢运，做好两手准备。当运河镇水位降至 20.50m，航运和农业灌溉用水发生严重矛盾时，农业和航运用水要兼顾，局部要服从全局。在旱情严重难以正常航运时，应减载或改用小船队运输。

沭阳县淮沭河以西地区，主要提用大涧河回归水，水量不足，由淮柴闸、大涧河闸引淮沭河水补给。在水稻栽插用水高峰期间，市防指根据水源及用水情况，对边界重点控制工程（张圩闸、团结闸、徐圩闸、路北河地涵）进行统一调度，合理利用水源。

3）洪泽湖水源。洪泽湖水位在 12.50m 以上时，水源由省防指统一调度。当洪泽湖水位降至 12.50m 以下时，按省规定，除经蔷北地涵和沭新退水闸（含桑墟水电站）向连云港送水 50m³/s，其余由省防指协调，按宿迁、淮阴两市用水计划调度使用。

4）江水水源。在江都站抽足情况下，泗阳站抽水 160m³/s，按计划留足泗阳用水外，其余由刘老涧站翻水北送，供宿豫县、宿城区灌溉用水。遇干旱年份在水稻栽插用水高峰期，当宿迁闸下水位低于 17.50m，泗阳闸上水位低于 14.60m，必须采取应急措施，保证发电、生活用水，兼顾农业灌溉和航运。栽插期，只能保活棵，提高作物自身的抗灾能力，补水期，保水源，用好分配水量，挖掘地方水源，加大抗灾力度，把可能造成的损失降到最低。

5）沙集站翻水水源。当洪泽湖水位在 12.50m 以上，需沙集站引用江淮水源冬春向北调水以及在灌溉期间向沙集以上徐洪河补水时，由徐州市提出要求，省防指统一安排调度。

**2. 徐州市水利工程调度运用方案**

根据国家防总、省防指有关文件精神，徐州市于 2001 年制订了《徐州市主要水利工程调度运用方案》（骆马湖周边地区），主要包括以下内容。

（1）河湖堤防防洪标准。①骆马湖大堤确保洪水位 26.50m（废黄河高程系，下同），警戒水位 23.50m（杨河滩站）；②中运河大堤确保安全行洪 5500m³/s，相应运河镇水位 26.50m，警戒水位 25.50m 或流量 2000m³/s（运河镇站）；③骆马湖以上沂河堤防确保安全行洪 6000m³/s，争取 7000m³/s，警戒水位 28.50m 或流量 4000m³/s（华沂站）；④骆马湖以下新沂河确保嶂山闸泄洪 5500m³/s，争取 6000m³/s，特殊情况下报请省防指，力争多泄；⑤总沭河堤防确保新安镇行洪 2500m³/s，力争 3000m³/s，警戒水位 28.50m 或流量 1000m³/s（新安镇站）；⑥邳苍分洪道确保江风口闸分洪 3000m³/s，计入区间来量后林子站安全行洪 4500m³/s，警戒水位 28.50m 或 1000m³/s（林子站）。

（2）防洪调度。对应于不同水位有如下防洪调度方案。

1）当骆马湖水位在 23.50m 以下时，皂河闸以下中运河照顾黄墩湖排涝；超过 23.50m 时，在新沂河已经达到新沂河的设计水位或流量的情况下，由省防指视水情确定皂河闸以下中运河服从排洪，黄墩湖地区涝水请省防指安排皂河站开机排除或通过徐洪河黄河北闸、沙集东闸下排。

2）当骆马湖水位超过 24.50m，湖水位还在上涨时，退守宿迁大控制，同时，充分做好黄墩湖滞洪准备。

3）当骆马湖水位在 24.00～25.00m 时，新沂河要尽量多泄。退守宿迁大控制后，黄墩湖滞洪前，为减少黄墩湖滞洪机遇，要求省防指调度新沂河力争多泄，皂河闸以下中运河行洪 1000m³/s，徐洪河刘集地涵协助排洪 200～400m³/s。

4）当骆马湖水位达到 25.50m，预报上游洪水来量大，湖水位将超过 26.00m 时，而新沂河已经达到新沂河的设计水位或流量，为确保骆马湖、新沂河大堤的防洪安全，黄墩湖进行滞洪。滞洪前按照保人、保大牲畜、保重要物资的原则，认真做好撤退转移和安置工作。黄墩湖滞洪意见由省防指、淮河水利委员会沂沭泗水利管理局分别向省政府、淮河水利委员会提出，经其审查并上报国家防总批准后，再经省政府同意，由省防指指挥下达滞洪命令。徐州市及邳州、睢宁两县（市）人民政府及防指按省命令执行。

5）当中运河运河镇水位接近 26.50m 或骆马湖水位接近 25.00m 时，要求省防指与淮河水利委员会、沂沭泗水利管理局联系协调，控制南四湖韩庄、伊家河两闸泄量，实施反控制。

6）徐洪河沙集东闸汛期闸上控制水位 19.20~19.50m，当沙集以北、黄河北闸以南徐洪河沿线有涝水或废黄河魏工分洪道泄洪时，即开闸排水。根据规划：在徐洪河分泄部分骆马湖洪水或沙集站抽水北调时，黄河北闸开闸，除此以外，黄河北闸原则上应予控制；当骆马湖水位达 25.00~25.50m 时，刘集地涵天窗泄洪孔开启，调泄骆马湖洪水 200~400m³/s，此时及实施滞洪时房亭河以北涝水不能通过刘集地涵南排。

（3）灌溉水源调度。包括骆马湖灌区及中运河沿线调度、不牢河沿线调度等内容。

1）骆马湖灌区及中运河沿线。邳州市、新沂市要严格控制用水。新沂市沂北灌区用水，需由新沂市防指提出用水计划，经徐州市防指批准后，北坝涵洞方可开闸放水；当中运河与骆马湖"河湖"分隔后，在中运河皂河闸上水位低于骆马湖水位时，请省防指组织皂河站抽水补给皂河闸上中运河；在中运河运河镇水位降至 21.00m 前，交通部门要采取紧急措施，突击抢运积存煤炭等主要物资，在旱情严重，中运河、京杭运河不牢河段沿线难以维持正常航运时，应减载或用小船队运输；当省防指已全力调度皂河站开机向骆马湖补水，中运河运河镇水位仍低于 20.50m 时，沿线农业灌溉用水严格控制。睢宁县民便河船闸关闭不通航，市管刘山南站、邳州邳城站和岔河站停止抽水，必要时对沿运乡镇翻水站采取措施停止抽水。

2）不牢河沿线。刘山北站视上游、下游水情全力翻水，市管小坊、三八户涵洞、邳州车夫山刘楼涵洞、贾汪区二八河口阚口涵洞严格控制用水。当刘山闸上水位低于 25.20m 时，两岸所有引水涵洞全部关闭；解台站视上游、下游水情适当开机，解台闸上水位 29.50m 以上时，沿线铜山的浮体闸、青黄引河闸及贾汪区的瓦庄涵洞要严格控制用水量；当解台闸上水位低于 29.50m 时，以上涵闸关闭不得引水。丁万河大孤山、天齐站停止抽水，解台船闸关闭不通航，以保电厂及沿运工业生产用水。

3）鉴于洪泽湖蓄水状况较好，睢宁县用水及徐洪河沿线用水，尽最大努力引洪泽湖水源解决。灌溉期间，徐洪河水往南流动时，黄河北闸关闸控制。

### 5.3.9 骆马湖洪水调度方案

根据 2012 年新修订的《沂沭泗河洪水调度方案》，骆马湖防洪工程现状及洪水调度内容如下。

**1.骆马湖及新沂河防洪工程现状**

骆马湖汇集沂河及中运河来水，经嶂山闸控制由新沂河入海，经宿迁闸控制入下游的中运河。骆马湖（洋河滩站，下同）死水位 20.50m，汛限水位 22.50m，汛末蓄水位 23.00m，设计洪水位 25.00m、相应容积 15.0 亿 m³，校核洪水位 26.00m、相应容积 19.0 亿 m³。

骆马湖主要防洪工程包括骆马湖一线、宿迁大控制、嶂山闸及黄墩湖滞洪区等。

骆马湖一线（又称皂河控制线）由骆马湖南堤、皂河枢纽、洋河滩闸等组成。骆马湖南堤堤顶宽 5.5~8.0m，堤顶高程 25.70m 左右，防浪墙顶高程 27.00m。

骆马湖宿迁大控制由骆马湖二线堤防、宿迁枢纽（宿迁闸、宿迁船闸、六塘河闸）及井儿头大堤组成。二线堤防堤顶高程 28.00m 左右，堤顶宽 8.0m；井儿头大堤堤顶高程 28.00m 左右，堤顶宽 10.0m；宿迁闸是分泄骆马湖洪水入中运河的控制工程，设计流量 600m³/s。

嶂山闸是分泄骆马湖洪水经新沂河入海的控制工程，设计流量 8000m³/s，校核流量 10000m³/s。

黄墩湖滞洪区位于骆马湖西侧，中运河以西、房亭河以南、废黄河以北，滞洪面积 385km²，滞洪水位 26.00m 时，水深 5~7m，有效容积 14.7 亿 m³。滞洪区内有 22.2 万人，33.3 万亩耕地。2009 年国务院批复的《全国蓄滞洪区建设与管理规划》对淮河流域蓄滞洪区进行了调整，黄墩湖滞洪区规划方案为调减滞洪区面积，徐洪河以西部分不再作为滞洪区。规划滞洪范围为中运河以西、徐洪河以东、房亭河以南、废黄河以北，面积约 230km²，滞洪水位 26.00m 时，水深 5~7m，有效容积 11.1 亿 m³。滞洪区内有人口 14 万人，耕地 17.1 万亩。黄墩湖滞洪采取分洪闸进洪和堤防爆破进洪两种方式，黄墩湖分洪闸设计流量 2000m³/s，曹甸、胜利两处分洪爆破口门宽度各 300m，均预埋混凝土管爆破井。

新沂河承接嶂山闸下泄洪水、老沭河和淮沭河来水，以及区间汇流入海。新沂河已按 50 年一遇防洪标准治理，嶂山闸至口头、口头至海口段设计流量分别为 7500m³/s 和 7800m³/s，设计堤顶宽 8.0m，超高 2.50m。

2. 洪水调度

骆马湖洪水调度如下。

(1) 当骆马湖水位达到 22.50m 并继续上涨时，嶂山闸泄洪，或相机利用皂河闸、宿迁闸泄洪；如预报骆马湖水位不超过 23.50m，照顾黄墩湖地区排涝。

(2) 预报骆马湖水位超过 23.50m，骆马湖提前预泄。预报骆马湖水位不超过 24.50m，嶂山闸泄洪控制新沂河沭阳站洪峰流量不超过 5000m³/s，同时相机利用皂河闸、宿迁闸泄洪。

(3) 预报骆马湖水位超过 24.50m，嶂山闸泄洪控制新沂河沭阳站洪峰流量不超过 6000m³/s；同时相机利用皂河闸、宿迁闸泄洪。

(4) 当骆马湖水位超过 24.50m 并预报继续上涨时，退守宿迁大控制；嶂山闸泄洪控制新沂河沭阳站洪峰流量不超过 7800m³/s；视下游水情，控制宿迁闸泄洪不超过 1000m³/s；徐洪河相机分洪。

(5) 如预报骆马湖水位超过 26.00m，当骆马湖水位达到 25.50m 时，启用黄墩湖滞洪区滞洪，确保宿迁大控制安全。

## 5.4 洪泽湖、骆马湖连通工程情况

### 5.4.1 二河

二河是洪泽湖的一条引河，是淮沭新河的上端，用于连通洪泽湖与淮沭河，位于淮安市境内，也是清浦区与淮阴区的天然分界线。二河从洪泽湖二河闸至淮阴闸长 30km，是分泄淮河洪水入新沂河和向连云港送水的综合利用河道。现状河底高程 6.00~9.00m，主槽底宽为 570~1300m，河道现状输水能力为 500m³/s。二河前身并不宽，是明清时期修

筑高家堰大堤取土形成的，本来从南而来只到高家堰的头堡；新中国成立后，拓宽挖深并向北延伸至杨庄五河口，与杨庄水利枢纽和分淮入沂工程形成组合。从二河闸放出来的水经二河来到五河口，再经过淮阴闸（俗称三十孔大闸）进入淮沭河北上，再经新沂河东下入海。二河的北延使原先洪泽湖从张福河进黄河入海的唯一通道被截成了两段；张福河与二河的交汇处设置了张福河船闸，成为洪泽湖与五河口的船只出入通道；旧黄河彻底成为废黄河，废黄河与二河沟通而在杨庄重建了节制闸，以调节下游的生活用水和灌溉用水。

二河的主要功能为：相机分淮河洪水经淮沭河、新沂河入海，当洪泽湖蒋坝水位 15.38m，新沂河允许分洪时，可泄淮河洪水 3000m³/s；承担向淮河入海水道泄洪任务，近期泄淮河洪水 2270m³/s，远期泄淮河洪水 7000m³/s；在洪泽湖蒋坝水位 11.80m 时，可向淮安、宿迁、连云港三市输送工农业用水 900m³/s；当洪泽湖缺水、骆马湖有余水时，可经二河向洪泽湖补水；二河也是南水北调东线工程的输水线路之一，并向废黄河、盐河沿岸输送工农业生产用水。

### 5.4.2 中运河

中运河上游原属徐淮坳陷带和鲁西南断块，中部有著名的郯庐断裂带在宿迁穿过。下游在大地构造上以海州至泗阳断裂带为界，北属华北地台苏鲁隆起，南属扬子准地台苏北坳陷。中运河是在明、清两代开挖的迦河和中河的基础上扩挖和改建而成的，属泗水、运河水系。南四湖汇集泗水、汶河以西、黄河与废黄河之间的洪水，由韩庄闸出韩庄运河，进入江苏境内，称中运河。以后再汇郯苍地区及西部邳睢铜地区来水，南入骆马湖。中运河出骆马湖东南流至原淮阴县杨庄，与二河相会。中运河自苏鲁边界的黄楼村至原淮阴县杨庄，河道全长 179.1km，两岸堤防长 295.98km（其中左堤长 150.48km，右堤长 145.5km），区间汇水面积 6800km²。自邳州市黄楼村进入江苏境内，折向东南经迦口、滩上、运河镇，至新沂二湾入骆马湖，为中运河上段，长度 55km（省界至民便河河口），承泄南四湖和郯苍地区来水。中运河出骆马湖皂河闸，沿骆马湖南堤过宿迁闸，平行于废黄河向东南流，经过宿迁、泗阳，至淮阴县杨庄会二河、废黄河，为中运河下段，长度 124.1km（民便河河口至二河口），是骆马湖桃汛和分洪出路之一。因骆马湖上至邳州段中运河治理后，河底高程为 17.50~18.50m，低于骆马湖湖底高程 18.00~21.00m，湖水可能会回水到中运河，所以中运河是骆马湖的回水段。

新中国成立后，1952 年 9 月进行大修，并开挖引河，1953 年 6 月竣工通航。20 世纪 60 年代以后又对其进行了全面治理和配套建设。现达到设计防洪标准 50 年一遇，到骆马湖设计泄流量 6700m³/s。今中运河全线分 4 个梯级控制，分别由皂河、宿迁、刘老涧、泗阳 4 个水利枢纽控制中运河排水、调水、通航。中运河沿线 700hm² 以上灌区有 16 个，其中 1.3 万 hm² 以上灌区 7 个，总有效灌溉面积达 20.52 万 hm²。

骆马湖以南中运河南起淮阴闸，北至皂河站，既是京杭运河的一部分，也是黄墩湖地区和泗阳至皂河两岸农田的排涝干河，在必要时如有条件，还可帮助排泄骆马湖部分洪水，是一条具有输水、航运、排涝、行洪等多功能的综合利用河道。淮阴闸至泗阳站河道全长 32.8km，河底高程为 6.50m，主槽底宽为 60m，河道现状输水能力为 230m³/s；泗阳站至刘老涧站段河道全长 32.4km，河底高程为 7.00~10.00m，主槽底宽 70m，河道现状输水能力 230m³/s；刘老涧站至皂河站段河道全长 48.4km，河底高程 10.00～14.00m，主槽底宽 70m，河道现状输水能力为 230～175m³/s。

中运河从大王庙至二河还是京杭运河苏北段的一段，是江水北调的输水干河，具有防洪、排涝、灌溉、航运、输水、发电等综合功能，它不仅是京杭运河的重要河段之一，而且是南四湖唯一的泄洪河道，承泄沂沭泗洪水，同时也是南水北调东线工程的必经之路。

### 5.4.3　徐洪河

徐洪河位于洪泽湖北岸，地跨废黄河故道，是一条人工河道。南起洪泽湖北岸的顾勒河口，向北至邳州房亭河，在邳州市刘集镇与房亭河交汇，全长 187km，流经邳州、睢宁、铜山、泗洪、泗阳等县市，是一条具有防洪、排涝、供水、航运等功能的综合利用河道。徐洪河连通两大水系（沂沭泗水系和淮河水系），贯通三湖（洪泽湖、骆马湖、微山湖），向北调水，向南排水，是南水北调东线一期工程输水线路之一。徐洪河现状河道高程为 7.80～15.00m，主槽底宽为 10～90m，现状河道输水能力约 150m³/s。

徐洪河始建于 1976 年。1989 年，经国家计委、国家开发办同意，将徐洪河续建工程列为黄、淮、海开发重点项目，水利部将其列入南水北调东线工程项目，确定徐洪河按防洪 20 年一遇、排涝 5 年一遇、Ⅴ级航道设计标准，开挖至刘集后，折向西沿房亭河入解台闸上京杭运河不牢河段，与京杭运河输水线汇合。1990—1993 年，平地开挖徐洪河房亭河以南 2.36km、沙集枢纽—黄河北闸 23.1km、废黄河切滩 4.21km，兴建沙集枢纽、废黄河北闸、房亭河刘集地涵、单集闸站、大庙闸站。

徐洪河沿线建有 4 个梯级抽水站，抽引洪泽湖水北送，其抽水能力为沙集站 50m³/s、刘集站 30m³/s、单集站 20m³/s、大庙站 20m³/s。废黄河北闸是徐洪河上的控制工程，可分泄骆马湖洪水，或将沙集站所抽洪泽湖水向北送。

# 第6章

# 淮沂水系丰枯遭遇分析

## 6.1 淮沂水系丰枯特性

淮河洪水大致可分为以下三类。

(1) 由连续一个月左右的大面积暴雨形成的全流域性洪水,量大而集中,对中下游威胁最大,如淮河 1954 年洪水和沂沭泗河 1957 年洪水。经水文分析计算,1954 年淮河干流正阳关 30d 洪量 330 亿 $m^3$,接近多年平均值的 4 倍,鲁台子最大实测洪峰流量 $12700m^3/s$。1957 年,沂河临沂最大实测洪峰流量 $15400m^3/s$,南四湖还原后 15d 和 30d 洪量达到 106 亿 $m^3$ 和 114 亿 $m^3$,超过多年平均值的 3 倍。

(2) 由连续两个月以上的长历时降水形成的洪水,整个汛期洪水总量很大但不集中,对淮河干流的影响不如前者严重,如 1921 年、1991 年洪水。1921 年,洪泽湖中渡 30d 洪量 336 亿 $m^3$,仅为 1954 年 30d 洪量的 65.5%,但 120d 洪量为 826 亿 $m^3$,是 1954 年 120d 洪量的 125%。

(3) 由一两次大暴雨形成的局部地区洪水,洪水在暴雨中心地区很突出,但全流域洪水总量不算很大,如 1968 年淮河上游洪水,1975 年洪汝河、沙颖河洪水及 1974 年沂沭河洪水。1968 年,淮干王家坝实测流量为 $17600m^3/s$,1974 年,沂河临沂实测流量为 $10600m^3/s$。

淮河水系洪水主要来自淮干上游、淮南山区及伏牛山区。淮干上游山丘区,干支流河道比降大,洪水汇集快,洪峰尖瘦;洪水进入淮河中游后,干流河道比降变缓,沿河又有众多的湖泊、洼地,经调蓄后洪水过程明显变缓;洪水进入淮河下游洪泽湖中渡以下,往往由于洪泽湖下泄量大,加上部分区间来水而出现持续高水位状态,里下河地区则常因当地暴雨而造成洪涝。淮河大面积的洪水往往是由于梅雨期长、大范围连续暴雨所造成。平原地区的暴雨对淮河干流影响不大,但会造成涝灾。发源于大别山区的史灌河、淠河是淮河右岸的主要支流,洪水过程尖瘦,对淮河干流洪峰影响很大。

沂沭泗水系洪水来自于沂沭河、南四湖(包括泗河)和邳苍地区(即运河水系)三部分。沂河、沭河及泗河均发源于沂蒙山区,上中游均为山丘区,河道比降大,暴雨出现机会多,是沂沭泗洪水的主要源地。南四湖出口至骆马湖之间邳苍地区的北部为山区,洪水涨落快,是沂沭泗水系洪水的重要来源。

沂沭泗与淮河水系洪水相比，沂沭泗水系洪水出现的时间稍迟，洪水量小、历时短，但来势迅猛。

## 6.2　淮沂水系丰枯遭遇分析

### 6.2.1　淮沂水系年径流量分析

根据《淮河流域及山东半岛水资源综合规划》成果，淮河水系、沂沭泗水系 1956—2000 年径流量见表 6.2-1。

表 6.2-1　　　　淮河水系、沂沭泗水系 1956—2000 年径流量

| 年份 | 淮河水系 | | 沂沭泗水系 | | 年份 | 淮河水系 | | 沂沭泗水系 | |
|---|---|---|---|---|---|---|---|---|---|
| | 年径流量 /亿 m³ | 频率 /% | 年径流量 /亿 m³ | 频率 /% | | 年径流量 /亿 m³ | 频率 /% | 年径流量 /亿 m³ | 频率 /% |
| 1956 | 963 | 2.2 | 197 | 23.9 | 1979 | 448 | 43.5 | 137 | 43.5 |
| 1957 | 446 | 45.7 | 230 | 13.0 | 1980 | 624 | 19.6 | 122 | 52.2 |
| 1958 | 413 | 58.7 | 172 | 30.4 | 1981 | 261 | 76.1 | 53 | 93.5 |
| 1959 | 302 | 71.7 | 97 | 69.6 | 1982 | 597 | 26.1 | 115 | 58.7 |
| 1960 | 426 | 50.0 | 221 | 17.4 | 1983 | 587 | 30.4 | 92 | 73.9 |
| 1961 | 229 | 80.4 | 129 | 45.7 | 1984 | 671 | 15.2 | 145 | 39.1 |
| 1962 | 527 | 37.0 | 220 | 19.6 | 1985 | 475 | 39.1 | 147 | 37.0 |
| 1963 | 817 | 6.5 | 316 | 2.2 | 1986 | 332 | 67.4 | 109 | 65.2 |
| 1964 | 681 | 13.0 | 249 | 8.7 | 1987 | 598 | 23.9 | 102 | 67.4 |
| 1965 | 645 | 17.4 | 219 | 21.7 | 1988 | 221 | 87.0 | 43 | 97.8 |
| 1966 | 113 | 95.7 | 48 | 95.7 | 1989 | 469 | 41.3 | 70 | 87.0 |
| 1967 | 266 | 73.9 | 92 | 71.7 | 1990 | 419 | 56.5 | 236 | 10.9 |
| 1968 | 410 | 60.9 | 58 | 91.3 | 1991 | 902 | 4.3 | 153 | 34.8 |
| 1969 | 568 | 32.6 | 115 | 60.9 | 1992 | 229 | 82.6 | 91 | 76.1 |
| 1970 | 425 | 52.2 | 190 | 26.1 | 1993 | 379 | 65.2 | 158 | 32.6 |
| 1971 | 444 | 47.8 | 268 | 6.5 | 1994 | 165 | 93.5 | 110 | 63.0 |
| 1972 | 543 | 34.8 | 122 | 54.3 | 1995 | 226 | 84.8 | 129 | 47.8 |
| 1973 | 321 | 69.6 | 120 | 56.5 | 1996 | 594 | 28.3 | 127 | 50.0 |
| 1974 | 422 | 54.3 | 273 | 4.3 | 1997 | 251 | 78.3 | 83 | 78.3 |
| 1975 | 808 | 8.7 | 143 | 41.3 | 1998 | 705 | 10.9 | 222 | 15.2 |
| 1976 | 219 | 89.1 | 82 | 82.6 | 1999 | 212 | 91.3 | 64 | 89.1 |
| 1977 | 399 | 63.0 | 82 | 80.4 | 2000 | 617 | 21.7 | 179 | 28.3 |
| 1978 | 104 | 97.8 | 74 | 84.8 | | | | | |

由表 6.2-1 可知，1961 年，淮河年径流量较小，为 229 亿 m³，对应频率为 80.4%，属于枯水年，而同年沂沭泗水系年径流量相对较大，为 129 亿 m³，对应频率为 45.7%，

属于丰水年。1995 年，淮河年径流量为 226 亿 $m^3$，对应频率为 84.8%，属于枯水年，而同年沂沭泗水系年径流量为 129 亿 $m^3$，对应频率为 47.8%。淮河水系、沂沭泗水系存在丰枯不同的情况，存在水量互济条件。从水量方面考虑，可以实施引沂济淮，缓解淮河水系水资源供需矛盾。

1989 年，淮河水系年径流量为 469 亿 $m^3$，对应频率为 41.3%，属于丰水年，而同年沂沭泗水系年径流量为 70 亿 $m^3$，对应频率为 87.0%，属于枯水年。从水量角度考虑，可以实施引淮济沂，缓解沂沭泗水系水资源供需矛盾。

淮河水系、沂沭泗水系典型年径流量逐月径流过程见表 6.2 - 2。

表 6.2 - 2　　　　　　　　淮河水系、沂沭泗水系典型年径流量逐月径流过程　　　　　　单位：亿 $m^3$

| 年份 \ 月份 \ 水系 | 1 | 2 | 3 | 4 | 5 | 6 | 7 | 8 | 9 | 10 | 11 | 12 | 全年 |
|---|---|---|---|---|---|---|---|---|---|---|---|---|---|
| 1961 淮河水系 | 3.6 | 5.2 | 13.2 | 13.4 | 13.4 | 17.2 | 33.9 | 35.6 | 55.7 | 17.0 | 14.8 | 6.1 | 229.0 |
| 1961 沂沭泗水系 | 1.6 | 6.4 | 2.1 | 3.3 | 5.1 | 9.0 | 44.4 | 24.1 | 26.1 | 2.3 | 3.1 | 1.5 | 129.0 |
| 1995 淮河水系 | 4.8 | 4.7 | 6.1 | 14.9 | 13.5 | 27.9 | 62.4 | 65.8 | 7.7 | 10.9 | 4.7 | 2.7 | 226.0 |
| 1995 沂沭泗水系 | 2.1 | 5.5 | 3.4 | 1.5 | 1.7 | 2.6 | 35.1 | 59.0 | 11.5 | 4.2 | 1.1 | 1.3 | 129.0 |
| 1989 淮河水系 | 21.4 | 23.2 | 24.1 | 26.4 | 20.0 | 87.6 | 98.0 | 93.8 | 29.1 | 7.2 | 31.5 | 6.7 | 469.0 |
| 1989 沂沭泗水系 | 8.4 | 3.0 | 2.1 | 1.8 | 0.7 | 29.9 | 17.6 | 3.7 | 1.5 | 0.4 | 0.7 | 0.1 | 70.0 |

## 6.2.2　淮沂水系丰枯遭遇分析

1. 分析思路

淮沂水系丰枯遭遇分析的目的是分析论证淮沂水资源互调在水量方面的可能性。当淮河水系（或沂沭泗水系）出现丰水，而同期沂沭泗水系（或淮河水系）为枯水，则可通过调水的方式，将丰水区的部分水量调往枯水区，减少丰水区的弃水，缓解水资源供需矛盾，实现水资源的合理配置和利用。

淮河水系洪泽湖和沂沭泗水系骆马湖分别是两大水系的大型蓄水湖泊，设计条件下的库容分别为 111.2 亿 $m^3$ 和 15.03 亿 $m^3$，兴利库容分别为 23.11 亿 $m^3$ 和 6.9 亿 $m^3$。两湖具有滞蓄洪水、调节水量的功能，对区域的防汛抗旱、水资源利用、生态用水等起到重要作用。洪泽湖向骆马湖调水可使用南水北调东线泵站工程，骆马湖向洪泽湖调水可以通过徐洪河等河道以自流形式实现水量交换，因此，淮河水系与沂沭泗水系具备水资源调配的条件。本书选择洪泽湖与骆马湖作为淮沂水系丰枯遭遇分析的对象。

2. 淮沂丰枯遭遇的条件

当一个湖泊出现较大入湖洪水而出现弃水，而另一个湖泊蓄水量偏少，则视为淮沂水系丰枯遭遇，具体有以下条件。

（1）丰水条件：湖泊出现较大入库流量过程，湖泊水位在汛限水位以上（洪泽湖蒋坝水位超过 12.50m，骆马湖洋河滩闸上水位超过 22.50m），湖泊的主要泄洪设施（洪泽湖三河闸、骆马湖嶂山闸）出现较大下泄流量过程。

（2）枯水条件：湖泊未出现明显入库洪水，水位在汛限水位以下且没有较大泄水量。为保证下游地区的生态用水而出现的少量泄水除外（一般洪泽湖 300$m^3$/s、骆马湖

150m³/s 左右）。

（3）淮沂水系丰枯遭遇的时间一般为 5—10 月。

（4）发生淮沂水系丰枯遭遇的场次洪水时间一般为 30d 左右。

在具有完整水文监测的 1953—2008 年共 56 年长系列水文资料中，按照淮沂水系丰枯遭遇的条件，"淮丰沂枯"选取的场次洪水有 17 次，见表 6.2－3；"沂丰淮枯"选取的场次洪水仅有 3 次，见表 6.2－4。

表 6.2－3　　　　　　　　　　　　　"淮丰沂枯"场次洪水

| 序号 | 年份 | 洪水时间（月.日—月.日） | 历时/d | 洪泽湖相应洪水 | | | | | | 骆马湖相应洪水 | | | | |
|---|---|---|---|---|---|---|---|---|---|---|---|---|---|---|
| | | | | 总下泄水量/亿m³ | 高良涧闸/亿m³ | 电站/亿m³ | 三河闸/亿m³ | 二河闸/亿m³ | 洪泽湖水位/m | 总下泄水量/亿m³ | 嶂山闸/亿m³ | 杨河滩闸/亿m³ | 皂河闸/亿m³ | 骆马湖水位/m |
| 1 | 1955 | 8.16—9.10 | 20 | 74.23 | 14.91 | | 59.31 | | 11.81~12.46 | 2.39 | 1.03 | 1.36 | 0 | 16.50~18.50 |
| 2 | 1963 | 5.27—6.18 | 23 | 97.61 | 9.94 | | 88.60 | -0.94 | 11.86~12.78 | 5.96 | 0 | 0 | 5.96 | 20.30~21.42 |
| 3 | 1964 | 4.10—5.12 | 33 | 132.50 | 14.74 | | 114.98 | 2.78 | 11.68~12.41 | 6.91 | 0 | 0 | 6.91 | 20.32~21.00 |
| 4 | 1968 | 7.16—8.12 | 27 | 137.35 | 9.76 | | 117.69 | 9.91 | 12.64~13.16 | 0.31 | 0 | 0 | 0.31 | 21.30~21.70 |
| 5 | 1969 | 4.26—5.24 | 29 | 68.20 | 14.22 | | 45.33 | 8.65 | 12.33~12.83 | 1.95 | 0 | 0 | 1.95 | 21.84~22.11 |
| 6 | 1969 | 7.15—8.11 | 28 | 108.80 | 11.71 | | 88.91 | 8.18 | 12.19~12.74 | 3.94 | 3.42 | 0 | 0.52 | 20.74~22.12 |
| 7 | 1975 | 7.1—7.20 | 20 | 63.42 | 6.85 | 1.59 | 45.86 | 9.12 | 11.83~12.44 | 0.53 | | 0 | 0.53 | 21.28~21.93 |
| 8 | 1977 | 5.6—5.28 | 23 | 31.57 | 6.07 | 1.93 | 13.00 | 10.57 | 12.72~13.02 | 0.34 | 0 | 0 | 0.34 | 21.44~21.84 |
| 9 | 1983 | 7.3—7.19 | 17 | 44.77 | 5.48 | 0.51 | 31.95 | 6.84 | 11.80~12.55 | 0 | 0 | 0 | 0 | 20.51~20.84 |
| 10 | 1983 | 9.11—9.29 | 19 | 30.79 | 4.72 | 2.05 | 15.72 | 8.31 | 12.39~12.91 | 0 | 0 | 0 | 0 | 21.78~22.03 |
| 11 | 1984 | 6.14—6.29 | 16 | 30.31 | 9.45 | 0.11 | 10.47 | 10.10 | 11.43~12.50 | 0 | 0 | 0 | 0 | 21.00~21.74 |
| 12 | 1987 | 7.8—8.2 | 26 | 86.52 | 4.36 | 2.23 | 70.40 | 9.53 | 11.93~12.62 | 1.03 | 0.97 | 0 | 0.06 | 21.10~21.55 |
| 13 | 1988 | 9.15—9.25 | 11 | 24.52 | 3.25 | 1.53 | 14.10 | 5.64 | 12.87~13.21 | 0 | 0 | 0 | 0 | 22.26~22.32 |
| 14 | 1989 | 8.23—9.6 | 15 | 39.54 | 4.60 | 1.88 | 24.83 | 8.22 | 12.93~13.34 | 0 | 0 | 0 | 0 | 21.41~21.58 |
| 15 | 1997 | 7.19—8.5 | 18 | 42.40 | 4.96 | 2.13 | 26.14 | 9.17 | 12.24~13.14 | 0 | 0 | 0 | 0 | 21.22~22.07 |
| 16 | 2002 | 6.28—7.13 | 16 | 35.55 | 3.82 | 2.10 | 20.90 | 8.74 | 12.36~12.91 | 0 | 0 | 0 | 0 | 21.51~21.76 |
| 17 | 2002 | 7.23—8.19 | 28 | 71.66 | 4.08 | 3.69 | 51.51 | 12.37 | 12.52~13.39 | 0 | 0 | 0 | 0 | 21.27~22.10 |

表 6.2-4 "沂丰淮枯"场次洪水

| 序号 | 年份 | 洪水时间（月.日—月.日） | 历时/d | 骆马湖相应洪水 | | | | | 洪泽湖相应洪水 | | | | | |
|---|---|---|---|---|---|---|---|---|---|---|---|---|---|---|
| | | | | 总下泄水量/亿 m³ | 嶂山闸/亿 m³ | 杨河滩闸/亿 m³ | 皂河闸/亿 m³ | 骆马湖水位/m | 总下泄水量/亿 m³ | 高良涧闸/亿 m³ | 电站/亿 m³ | 三河闸/亿 m³ | 二河闸/亿 m³ | 洪泽湖水位/m |
| 1 | 1976 | 8.19—9.11 | 24 | 13.31 | 10.43 | 0 | 2.88 | 21.97～22.25 | 13.97 | 7.47 | 2.18 | 0 | 4.32 | 12.00～12.61 |
| 2 | 1994 | 9.2—10.4 | 33 | 5.32 | 0 | 0.32 | 5.00 | 22.68～23.27 | -2.67 | 0 | 0 | 0 | -2.67 | 10.73～11.98 |
| 3 | 2001 | 7.31—8.10 | 11 | 9.97 | 3.99 | 0.35 | 5.36 | 22.65～23.27 | -4.50 | 0 | 0 | 0 | -4.50 | 10.17～11.56 |

**3. "淮丰沂枯"洪水**

从 1953—2008 年共 56 年长系列水文资料分析，基本符合"淮丰沂枯"类型的洪水，1953—2008 年共 56 年中，出现了 17 次，其中 1969 年和 2002 年分别出现 2 次。从年代分析，20 世纪 50—60 年代出现 6 次，占洪水总次数的 35%；70—80 年代出现 8 次，占 47%，90 年代至今出现 3 次，占 18%。50—60 年代与 60—70 年代基本相当，90 年代以来相对偏少。见图 6.2-1。

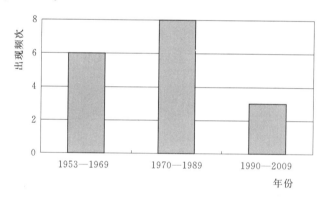

图 6.2-1 "淮丰沂枯"遭遇频次随年代分布图

**4. "沂丰淮枯"洪水**

从 1953—2008 年共 56 年长系列水文资料分析，能够反映出"沂丰淮枯"特征的洪水场次很少。表 6.2-4 所列出的洪水场次仅 3 次，可调节的水量也很小。

出现这种情况的原因，主要与淮河流域暴雨洪水特性有关。淮河暴雨洪水主要是由西南暖湿气流与北方南下冷空气交汇而成，雨区一般也是由南向北扩展。淮河水系面积较大，出现洪水的几率要比北部沂沭泗水系多，这一特点在历史洪水中反映得尤为明显。根据历史资料统计，洪泽湖多年平均下泄水量为 361.9 亿 m³，其中 5—7 月的下泄水量为 124.1 亿 m³。同期，骆马湖多年平均下泄水量为 48.7 亿 m³，其中 5—7 月的下泄水量为 21.1 亿 m³，洪泽湖的下泄水量是骆马湖的 5～7 倍。淮河水系洪泽湖与沂沭泗水系骆马湖出现"同丰、同枯"，或"淮丰沂枯"的情况较为多见，出现"沂丰淮枯"的情况较少见。

5. 洪泽湖、骆马湖、南四湖径流丰枯遭遇分析

张金才曾对洪泽湖、骆马湖、南四湖径流丰枯遭遇作过深入探讨，主要内容如下。

(1) 骆马湖、南四湖年径流、汛期径流丰枯水年遭遇。分年径流、汛期径流两种情况进行分析。

年径流：1916—1985 年，洪泽湖与骆马湖有同步不连续 52 年系列，出现丰水、枯水年各 19 年；洪泽湖与南四湖有同步不连续 55 年系列，出现丰枯水年各 20 年。

汛期（7—10 月）径流：1916—1985 年，洪泽湖与骆马湖有同步不连续 49 年系列，出现丰水、枯水年各 18 年；洪泽湖与南四湖有同步不连续 51 年系列，其中丰水年洪泽湖为 19 年，南四湖为 20 年；枯水年洪泽湖为 19 年，南四湖为 18 年，见表 6.2-5。

表 6.2-5　　1916—1985 年洪泽湖、骆马湖、南四湖年径流、汛期径流、
灌溉期径流、最枯期径流丰枯遭遇几率

| 项目 | 湖泊 | 年数 | 丰 水 年 | | | | | 枯 水 年 | | | | |
|---|---|---|---|---|---|---|---|---|---|---|---|---|
| | | | 洪泽湖次数 | 骆马湖次数 | 南四湖次数 | 遭遇次数 | 几率/% | 洪泽湖次数 | 骆马湖次数 | 南四湖次数 | 遭遇次数 | 几率/% |
| 年径流 | 洪泽湖—骆马湖 | 52 | 19 | 19 | | 9 | 17.3 | 19 | 19 | | 11 | 21.2 |
| | 洪泽湖—南四湖 | 55 | 20 | | 20 | 11 | 20.0 | 20 | | 20 | 11 | 20.0 |
| 汛期径流 | 洪泽湖—骆马湖 | 49 | 18 | 18 | | 7 | 14.3 | 18 | 18 | | 11 | 22.4 |
| | 洪泽湖—南四湖 | 51 | 19 | | 20 | 6 | 11.8 | 19 | | 18 | 10 | 19.6 |
| 灌溉期径流 | 洪泽湖—骆马湖 | 49 | 18 | 18 | | 8 | 16.3 | 18 | 18 | | 10 | 20.4 |
| | 洪泽湖—南四湖 | 51 | 19 | | 19 | 9 | 17.6 | 19 | | 19 | 11 | 21.6 |
| 最枯期径流 | 洪泽湖—骆马湖 | 51 | 19 | 19 | | 13 | 25.5 | 19 | 19 | | 10 | 19.6 |
| | 洪泽湖—南四湖 | 55 | 20 | | 20 | 7 | 12.7 | 20 | | 20 | 11 | 20.0 |

由表 6.2-5 可见，年径流、汛期径流洪泽湖、骆马湖丰水年遭遇几率为 17.3%、14.3%，平均为 15.8%，枯水年遭遇几率为 21.2%、22.4%，平均为 21.8%；洪泽湖、南四湖丰水年遭遇几率为 20.0%、11.8%，平均为 15.9%，枯水年遭遇几率为 20.0%、19.6%，平均为 19.8%。

(2) 洪泽湖、骆马湖、南四湖灌溉期径流、最枯期径流丰枯水年遭遇。分灌溉期径流、最枯期径流两种情况进行分析。

灌溉期（5—9 月）径流：从 1916—1985 年，洪泽湖与骆马湖有同步不连续 49 年系列，出现丰水、枯水年各为 18 年；洪泽湖与南四湖有同步不连续 51 年系列，出现丰水、枯水年各为 19 年。

最枯期（12月至次年2月）径流：从1916—1985年，洪泽湖与骆马湖有同步不连续51年系列，出现丰水、枯水年各为19年；洪泽湖与南四湖有同步不连续55年系列，出现丰水、枯水年各为20年，见表6.2－5。

由表6.2－5可见，灌溉期径流、最枯期径流洪泽湖、骆马湖丰水年遭遇几率分别为16.3%、25.5%，平均为20.9%，枯水年遭遇几率分别为20.4%、19.6%，平均为20.0%；洪泽湖、南四湖丰水年遭遇几率分别为17.6%、12.7%，平均为15.2%，枯水年遭遇几率分别为21.6%、20.0%，平均为20.8%。

（3）洪泽湖与骆马湖、南四湖连续丰枯水年组遭遇。

1）洪泽湖、骆马湖连续丰枯水年组遭遇。分年径流、灌溉期径流两种情况进行分析。

年径流：洪泽湖、骆马湖出现丰水、枯水年均各有19年，其中出现2年以上连续丰水年的时间，洪泽湖、骆马湖均为11年，丰水年组年份占径流系列均为21%；出现2年以上连续枯水年的时间，洪泽湖为9年，骆马湖为11年，枯水年组年份占径流系列年数分别为17%和21%。在52年中，洪泽湖出现一次连续2年丰水年组与骆马湖连续4年丰水年组及洪泽湖出现一次连续3年丰水年组与骆马湖连续3年丰水年组相遭遇；洪泽湖出现一次连续2年枯水年组与骆马湖连续2年枯水年组及洪泽湖一次连续5年枯水年组分别与骆马湖连续2年、连续3年枯水年组相遭遇。见表6.2－6。

表6.2－6　　　洪泽湖、骆马湖年径流、灌溉期径流连续丰枯水年组情况

| 项目 | 连续年数 | 丰 水 年 组 | | | | 枯 水 年 组 | | | |
| | | 洪泽湖 | | 骆马湖 | | 洪泽湖 | | 骆马湖 | |
| | | 次数 | 年数 | 次数 | 年数 | 次数 | 年数 | 次数 | 年数 |
|---|---|---|---|---|---|---|---|---|---|
| 年径流 | 2年 | 1 | 2 | 2 | 4 | 2 | 4 | 4 | 8 |
| | 3年 | 3 | 9 | 1 | 3 | 0 | 0 | 1 | 3 |
| | 4年 | 0 | 0 | 1 | 4 | 0 | 0 | 0 | 0 |
| | 5年 | 0 | 0 | 0 | 0 | 1 | 5 | 0 | 0 |
| | 6年 | 0 | 0 | 0 | 0 | 0 | 0 | 0 | 0 |
| | 合计 | 4 | 11 | 4 | 11 | 3 | 9 | 5 | 11 |
| | 总年数 | | 19 | | 19 | | 19 | | 19 |
| | 几率/% | | 21 | | 11 | | 17 | | 21 |
| 灌溉期径流 | 2年 | 3 | 6 | 2 | 4 | 1 | 2 | 6 | 12 |
| | 3年 | 1 | 3 | 0 | 0 | 0 | 0 | 0 | 0 |
| | 4年 | 1 | 4 | 1 | 4 | 0 | 0 | 0 | 0 |
| | 5年 | 0 | 0 | 0 | 0 | 1 | 5 | 0 | 0 |
| | 6年 | 0 | 0 | 1 | 6 | 0 | 0 | 0 | 0 |
| | 合计 | 5 | 13 | 4 | 14 | 2 | 7 | 6 | 12 |
| | 总年数 | | 18 | | 18 | | 18 | | 18 |
| | 几率/% | | 27 | | 29 | | 14 | | 24 |

灌溉期径流：洪泽湖、骆马湖出现丰枯水年均各有 18 年，其中出现 2 年以上连续丰水年，洪泽湖为 13 年，骆马湖为 14 年，丰水年组年份占径流系列年数分别为 27% 和 29%；出现 2 年以上连续枯水年的时间，洪泽湖为 7 年，骆马湖为 12 年，枯水年组年份占径流系列年数分别为 14% 和 24%。在 49 年中，洪泽湖各出现一次连续 2 年丰水年组分别与骆马湖连续 2 年、4 年丰水年组相遭遇，洪泽湖还出现一次连续 4 年丰水年组与骆马湖连续 6 年丰水年组相遭遇；洪泽湖出现一次连续 5 年枯水年组分别与骆马湖 2 次连续 2 年枯水年组相遭遇。见表 6.2-6。

2）洪泽湖、南四湖连续丰枯水年组遭遇。分年径流、灌溉期径流两种情况进行分析。

年径流：洪泽湖、南四湖出现丰水、枯水年均有 20 年，其中出现 2 年以上连续丰水年，洪泽湖为 11 年，南四湖为 15 年，丰水年组年份占径流系列年数分别为 20% 和 27%；出现 2 年以上连续枯水年，洪泽湖为 10 年，南四湖为 11 年，枯水年组年份占径流系列年数分别为 18% 和 20%。在 55 年中，洪泽湖出现一次连续 2 年丰水年组与南四湖连续 4 年丰水年组相遭遇及洪泽湖二次连续 3 年丰水年组分别与南四湖连续 2 年、3 年丰水年组相遭遇；洪泽湖出现各一次 2 年、3 年连续枯水年组分别与南四湖连续 3 年、4 年枯水年组相遭遇。见表 6.2-7。

表 6.2-7　　　洪泽湖、南四湖年径流、灌溉期径流连续丰枯水年组情况

| 项目 | 连续年数 | 丰 水 年 组 | | | | 枯 水 年 组 | | | |
| | | 洪泽湖 | | 南四湖 | | 洪泽湖 | | 南四湖 | |
| | | 次数 | 年数 | 次数 | 年数 | 次数 | 年数 | 次数 | 年数 |
| --- | --- | --- | --- | --- | --- | --- | --- | --- | --- |
| 年径流 | 2 年 | 1 | 2 | 1 | 2 | 2 | 4 | 2 | 4 |
| | 3 年 | 3 | 9 | 1 | 3 | 2 | 6 | 1 | 3 |
| | 4 年 | 0 | 0 | 1 | 4 | 0 | 0 | 1 | 4 |
| | 5 年 | 0 | 0 | 0 | 0 | 0 | 0 | 0 | 0 |
| | 6 年 | 0 | 0 | 1 | 6 | 0 | 0 | 0 | 0 |
| | 合计 | 4 | 11 | 4 | 15 | 4 | 10 | 4 | 11 |
| | 总年数 | | 20 | | 20 | | 20 | | 20 |
| | 几率/% | | 20 | | 27 | | 18 | | 20 |
| 灌溉期径流 | 2 年 | 4 | 8 | 2 | 4 | 2 | 4 | 5 | 10 |
| | 3 年 | 2 | 6 | 1 | 3 | 1 | 3 | 1 | 3 |
| | 4 年 | 0 | 0 | 0 | 0 | 0 | 0 | 0 | 0 |
| | 5 年 | 0 | 0 | 0 | 0 | 0 | 0 | 0 | 0 |
| | 6 年 | 0 | 0 | 1 | 6 | 0 | 0 | 0 | 0 |
| | 合计 | 6 | 14 | 4 | 13 | 3 | 7 | 6 | 13 |
| | 总年数 | | 19 | | 19 | | 19 | | 19 |
| | 几率/% | | 27 | | 25 | | 14 | | 25 |

灌溉期径流：洪泽湖、南四湖出现丰枯水年均各有 19 年，其中出现 2 年以上连续丰水年，洪泽湖为 14 年，南四湖为 13 年，丰水年组年份占径流系列年数分别为 27% 和

25％；出现 2 年以上连续枯水年，洪泽湖为 7 年，南四湖为 13 年，枯水年组年份占径流系列年数分别为 14％和 25％。在 51 年中，洪泽湖出现二次连续 2 年丰水年组分别与南四湖连续 6 年、2 年丰水年组相遭遇及洪泽湖出现一次连续 3 年与南四湖连续 3 年丰水年组相遭遇；洪泽湖出现各一次连续 2 年、3 年枯水年组分别与南四湖连续 3 年、2 年枯水年组相遭遇。见表 6.2-7。

（4）丰枯遭遇主要结论。分年径流、灌溉期径流两种情况进行分析。

1）从年径流分析，洪泽湖、骆马湖丰枯水年遭遇几率分别为 17.3％和 21.2％，洪泽湖、南四湖丰枯水年遭遇几率均为 20％；用汛期径流分析，洪泽湖、骆马湖丰枯水年遭遇几率分别为 14.3％和 22.4％，洪泽湖、南四湖丰枯水年遭遇几率分别为 11.8％和 19.6％。基本上是丰水年遭遇几率少于枯水年。

2）从灌溉期径流分析，洪泽湖、骆马湖丰枯水年遭遇几率分别为 16.3％和 20.4％，洪泽湖、南四湖丰枯水年遭遇几率分别为 17.6％和 21.6％；用最枯期径流分析，洪泽湖、骆马湖丰枯水年遭遇几率分别为 25.5％和 19.6％，洪泽湖、南四湖丰枯水年遭遇几率分别为 12.7％和 20％。除最枯期径流洪泽湖、骆马湖丰水年遭遇多余枯水年外，均是丰水年遭遇几率少于枯水年。

3）从年径流和灌溉期径流分析，洪泽湖与骆马湖、南四湖连续丰枯水年组是常出现的。洪泽湖、骆马湖丰枯水年组年份占径流系列年数分别为 21％～29％和 14％～24％，洪泽湖、南四湖丰枯水年组年份占径流系列年数分别为 20％～27％和 14％～25％，均是丰水年组年份占径流系列比例大于枯水年组年份占径流系列比例。

4）从丰枯水年遭遇分析看，骆马湖或南四湖出现丰枯水年时，碰上淮河或洪泽湖出现丰枯水年是存在的，但同时出现几率较少，不同时出现几率较大，且枯水年遭遇比丰水年遭遇几率多。

# 第7章

# 洪泽湖、骆马湖水量调度模型研究

通过分析历史水文资料可知，淮河水系、沂沭泗水系来水并不同步，淮河水系丰、沂沭泗水系枯或淮河水系枯、沂沭泗水系丰的情况时有发生。从历史水文资料来看，淮河水系、沂沭泗水系具备水资源互济的基本条件。本书在洪泽湖与骆马湖水资源合理配置的基础上，结合两湖长系列来水、需水资料分析，研制洪泽湖、骆马湖联合水量调度模型。

## 7.1 两湖水资源优化配置分析

### 7.1.1 水资源优化配置原则

基于洪泽湖、骆马湖的水资源状况、水资源开发利用工程条件及其用户特征，分析两湖各自及系统整体的水资源合理配置的理论与方法，为两湖水资源联合配置模型提供指导和依据。将洪泽湖与骆马湖看作一个既有相对独立性又有密切相关性的系统，并依此确定两湖水资源配置的基本原则。

（1）地域优先原则。骆马湖水资源优先供给骆马湖供水区用户，骆马湖供水区用户优先考虑由骆马湖水资源供给；洪泽湖水资源优先供给洪泽湖供水区用户，洪泽湖供水区用户优先考虑由洪泽湖水资源供给。在进行水资源调度时，优先保证水源调出区用户用水需要，不破坏其基本用水需求。

（2）用户分级原则。根据用户的重要性，对其赋予不同配水权重。在水资源短缺的情况下，不同用户需水的满足程度不同，优先满足重要用户用水需求。

（3）系统协调原则。在两湖水资源相对丰枯状况不同的情况下，通过系统分析与协调，按照一定的准则，把水资源较丰地区的水配置调补给水资源较枯地区。

### 7.1.2 水资源优化配置技术路线

将洪泽湖与骆马湖的水资源配置视为一个系统问题，该系统由洪泽湖与骆马湖两个子系统构成。根据两湖水资源优化配置原则，采用系统分析的方法解决两湖水资源合理配置问题。基本思路为采用系统层次优化协调的方法展开研究，将该系统分为以下三个层次。

第一层为系统概况介绍层，该层主要介绍洪泽湖与骆马湖的自然地理、水文气象、社会经济、水利工程概况以及联合调度的基本思想；第二层为两湖子系统优化层，包括洪泽湖水资源优化配置系统和骆马湖水资源优化配置系统，可分别进行两湖各自的水资源系统优化配置；第三层为系统协调层，即在第二层优化结果的基础上，根据两湖子系统各自的优化结果，分析判断是否需要协调，即水资源互济，如果需要，则将协调意见反馈下去，给出水量步长，再进行两系统各自的优化，然后再上报结果，循环反馈、优化，直至达到满意结果，即系统整体的最终优化结果；如果不需要水资源互济，则两系统各自的优化结果即系统整体的最终结果。

洪泽湖与骆马湖水资源联合配置系统整体框架如图 7.1－1 所示。

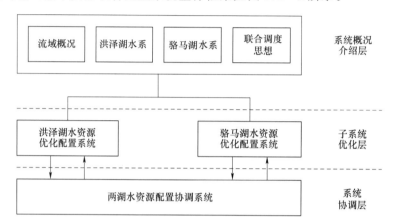

图 7.1－1　洪泽湖与骆马湖水资源联合配置系统整体框架

子系统优化层与协调层得出的结果包括以下两点。

（1）两湖子系统优化层得出该子系统在给定可供水量情况下的优化结果，即该系统面临时段各地区、各部门实际配给的水量，以及该子系统的目标实现状况，包括该时段各地区、各部门理想需水量与实际供水量的差值、余（缺）水量及综合满意度。这些指标一方面输出显示，另一方面反馈给系统协调层，作为协调的依据。

（2）系统协调层根据反馈上来的指标（两个子系统各自的理想总需水量与实际总供水量的差值、综合满意度等），判断是否需要进行水资源互济，如果不需要，则终止优化，输出最终结果；如果需要进行水资源互济，则给出一定的水资源量调剂量（水量步长），即从水资源相对充裕的湖泊调剂出，补给水资源相对短缺的湖泊，再运行两个子系统进行优化，得出结果再反馈给系统协调层，再判断、反馈、优化，如此循环往复，直到满意为止，输出最终结果。

### 7.1.3　水资源优化配置系统分析步骤

两湖水资源合理配置系统分析包括以下步骤。

（1）系统范围的界定。该系统是由洪泽湖及周边地区与骆马湖及周边地区构成的水资源配置系统，地域范围包括两湖及其提供水资源、水服务的所有用户对象构成的范围。

（2）系统任务分析。该系统任务是以洪泽湖与骆马湖为水源，依靠相关的输配水工程系统，为系统范围内各用户提供水资源或者水服务。

（3）系统要素（元素）的识别与系统概化。该系统主要由两个子系统组成，即洪泽湖子系统与骆马湖子系统，具体为：①水源，包括洪泽湖与骆马湖；②用户，包括系统范围内各地区的农业、工业、生活、航运等用户对象；③输配水工程系统，包括该系统内联通水源与水源、水源与用户的各个河段、渠道、闸门、泵站等。

洪泽湖与骆马湖联合配置系统概化图如图7.1-2所示。

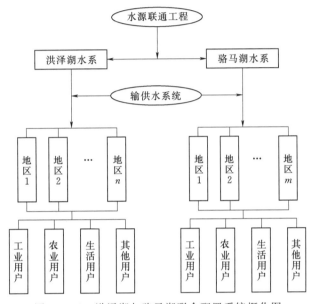

图 7.1-2　洪泽湖与骆马湖联合配置系统概化图

（4）系统目标确定。该系统的总体目标是系统整体的满意度最高，各个部门、用户都有各自的具体目标，需具体分析确定，再综合集成为子系统的目标，通过系统协调，达到整体满意度最高的系统目标。

（5）系统约束确定。约束即为实现系统目标所受的各种限制条件。

（6）系统模型建立。在系统概化、目标分析、约束分析的基础上，形成系统三层优化协调配置模型。

（7）系统模型的求解。系统模型建立起来以后，需要寻找合适的算法，进而进行模型求解、程序编制，生成用户界面管理系统。

（8）系统方案的生成。运用软件系统进行优化协调，得到系统最终的水资源合理配置方案。

## 7.2　两湖水量调度模型

### 7.2.1　模型构建基本思路

大系统分解协调原理主要是将两湖系统水资源联合调度问题分成两个层次研究：单湖子系统水资源优化配置层（以下简称单湖层）和两湖联合协调层（以下简称协调层）。单湖层为下层决策层，协调层为上层决策层。利用线性规划（Linear Programming，LP）进行单湖层中单个湖系、单个时段的水资源优化配置。协调层建立了一套协调准则和方法（单时段协调准则和多时段动态反馈修订调水准则），将两湖子系统联系起来，实现整个系统的协调优化。单湖层提供数据的录入、计算和输出，而协调层对单湖层得出的结果进行判定、反馈、修正。单湖层和协调层之间不断地信息交换，相互配合、循环反复，从而实现两湖水资源系统的优化配置。

基于两湖水资源合理配置的原则、思路与分析步骤，可建立两湖水资源合理配置模型。模型包括两部分，即洪泽湖（骆马湖）子系统水资源优化配置模型与系统协调模型。子系统水资源优化配置模型是基于两湖现状水资源与需水情况，通过各自的优化配置，得到本系统的水资源优化配置结果；系统协调模型是将两湖子系统联合起来，视为一个整体，按照一定的准则，通过两湖间的水资源协调，以丰补枯，达到整体水资源配置效果最好。

## 7.2.2 单湖水资源优化配置模型

### 1. 子系统水资源配置思路

一般情况下，两湖的可供水量大于等于该时段该系统各用户的最小需水量之和，小于等于各用户的理想需水量之和，在这种情况下，通过本节建立的模型优化配置水资源。若出现特别情况，则有如下考虑。

（1）如果该时段某湖实际总可供水量为零，不能满足生态需水，设定对所有用户供水量为零，系统满意度为零，月末水位为死水位。

（2）如果某时段某湖的实际总可供水量小于该时段该湖泊各用户最小需水量之和，大于最优级（生活用水）用户最小需水量，即

$$\frac{B_{i生活}}{1-\beta_{i生活}} \leqslant V_i + \Delta V_i \leqslant \sum_{j=1}^{m} \sum_{k=1}^{l_j} \frac{B_{ijk}}{1-\beta_{ijk}} \qquad (7.2-1)$$

式中　　　$i$——时段序号，假定一个配置年度划分为 $n$ 个时段，则 $i=1,2,\cdots,n$；

　　　　　$j$——地区序号，假定该系统包含 $m$ 个地区，则 $j=1,2,\cdots,m$；

　　　　　$k$——用水户序号，假定第 $j$ 地区包含 $l_j$ 个用水户，则 $k=1,2,\cdots,l_j$；

　$V_i$、$\Delta V_i$——该时段某湖可供水量与另一湖补给的水量，万 m³；

$B_{i生活}$、$\beta_{i生活}$——该时段该湖生活用水的最小净需水总量与其综合输供水损失系数（率）。

$$B_{i生活} = \sum_{j=1}^{m} \frac{B_{ij生活}}{1-\beta_{ij生活}} \qquad (7.2-2)$$

则按该时段该湖生活用水的最低要求，优先满足生活用水；剩余的水按该时段该湖各地区、各用户的最低净用水要求比例分配给各用户，则时段末湖泊剩余水量为零。即

$$W_{ij生活} = B_{ij生活} \qquad (7.2-3)$$

$$W_{ijk'} = \left(V_i + \Delta V_i - \frac{B_{i生活}}{1-\beta_{i生活}}\right)\frac{B_{ijk'}}{B_i - B_{i生活}} \qquad (7.2-4)$$

$$\sum_{j=1}^{m} \sum_{k=1}^{l_j} \frac{W_{ijk}}{1-\beta_{ijk}} = V_i + \Delta V_i \qquad (7.2-5)$$

$$WV_i = V_i + \Delta V_i - W_i = 0 \tag{7.2-6}$$

式中　$B_{ijk'}$、$W_{ijk'}$——不包括生活用水的其他用户的最小净需水量与实际供水量，万 m³；

$\qquad W_i$——该时段水源毛供水总量，万 m³；

$\qquad WV_i$——该时段末该湖剩余可供水量，万 m³。

（3）如果某时段某湖的实际总可供水量小于该时段该湖最优级（生活用水）用户最小需水量，即

$$V_i + \Delta V_i < \frac{B_{i\text{生活}}}{1 - \beta_{i\text{生活}}} \tag{7.2-7}$$

则水量按各地区最优级（生活用水）用水户的最低净需水量比例全部供给最优级（生活用水）用户，其余用户供水量为零，时段末该湖剩余水量为零。即

$$W_{ij\text{生活}} = \frac{B_{ij\text{生活}}}{B_{i\text{生活}}}(V_i + \Delta V_i)(1 - \beta_{ij\text{生活}}) \tag{7.2-8}$$

$$W_{ijk'} = 0 \tag{7.2-9}$$

$$\sum_{j=1}^{m} \frac{W_{ij\text{生活}}}{1 - \beta_{ij\text{生活}}} = V_i + \Delta V_i \tag{7.2-10}$$

$$WV_i = V_i + \Delta V_i - W_i = 0 \tag{7.2-11}$$

（4）如果某时段某湖的实际总可供水量大于该时段该湖所有用户理想需水量之和，即

$$V_i + \Delta V_i > \sum_{j=1}^{m} \sum_{k=1}^{l_j} \frac{G_{ijk}}{1 - \beta_{ijk}} \tag{7.2-12}$$

则各用户都 100% 满足，剩余可供水量等于可供水量减去各用户理想毛供水量之和，大于零。即

$$W_{ijk} = G_{ijk} \tag{7.2-13}$$

$$WV_i = V_i + \Delta V_i - W_i \tag{7.2-14}$$

式中　$G_{ijk}$、$W_{ijk}$——该系统（洪泽湖子系统或骆马湖子系统）第 $i$ 时段、$j$ 地区、$k$ 用水户的理想净需水量、实际净供给量，万 m³。

以上各关系式都是以水量作为因子，在实际调度中，一般是以水位为控制因子，所以，在程序编制时，输入现状水位及各种特征水位，依据水位-库容关系曲线，换算成水量，计算输出结果再换算成水位。

单湖水资源优化配置模型运算流程图如图 7.2-1 所示。

2. 子系统水资源优化配置模型

通过分析，可建立如下子系统水资源优化模型。

（1）目标函数。子系统的目标设定为该时段子系统满意度最高，即各用户实际净供水量与理想需水量之比的加权和最大，表示为

$$\max S_i \tag{7.2-15}$$

$$S_i = \sum_{j=1}^{m} \sum_{k=1}^{l_j} \frac{W_{ijk}}{G_{ijk}} \alpha_{ijk} \tag{7.2-16}$$

令 $\gamma_{ijk} = \dfrac{W_{ijk}}{G_{ijk}}$，则式（7.2-16）可表示为

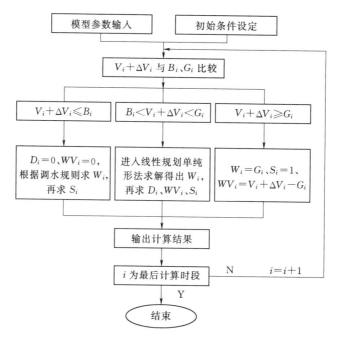

图 7.2-1 单湖水资源优化配置模型运算流程图

$$S_i = \sum_{j=1}^{m} \sum_{k=1}^{l_j} \gamma_{ijk} \alpha_{ijk} \qquad (7.2-17)$$

式中    $G_{ijk}$、$W_{ijk}$——该系统（洪泽湖子系统或骆马湖子系统）第 $i$ 时段、$j$ 地区、$k$ 用水户的理想净需水量、实际净供给量，万 $m^3$；

         $\gamma_{ijk}$——该系统（洪泽湖子系统或骆马湖子系统）第 $i$ 时段、$j$ 地区、$k$ 用水户的供水满足度；

         $\alpha_{ijk}$——该系统（洪泽湖子系统或骆马湖子系统）第 $i$ 时段、$j$ 地区、$k$ 用水户在总目标中的权重系数。

$$\alpha_i = \sum_{j=1}^{m} \sum_{k=1}^{l_j} \alpha_{ijk} = 1.0$$

式中    $i$——时段序号，假定一个配置年度划分为 $n$ 个时段，则 $i=1,2,\cdots,n$；

     $j$——地区序号，假定该系统包含 $m$ 个地区，则 $j=1,2,\cdots,m$；

     $k$——用水户序号，假定第 $j$ 地区包含 $l_j$ 个用水户，则 $k=1,2,\cdots,l_j$。

（2）约束条件。考虑以下几方面约束：

1）水源水量平衡约束：

$$W_i \leqslant V_i + \Delta V_i \qquad (7.2-18)$$

式中    $V_i$——该系统第 $i$ 时段毛可供水量，万 $m^3$；

     $\Delta V_i$——补供给该湖的毛水量，或该湖补给另一湖的毛水量，万 $m^3$。如果该湖补给另一湖，则 $\Delta V_i$ 为负，如果另一湖补给该湖，则 $\Delta V_i$ 为正。每时段初始优化时，$\Delta V=0$，随后由系统协调层分配调拨；

$W_i$——该时段水源毛供水总量，万 $m^3$。

$W_i$ 等于各用水户的毛供水量之和，即

$$W_i = \sum_{j=1}^{m} \sum_{k=1}^{l_j} \frac{W_{ijk}}{1-\beta_{ijk}} \tag{7.2-19}$$

式中　$\beta_{ijk}$——该湖输供水时，第 $i$ 时段、$j$ 地区、$k$ 用水户的总水量损失系数。

$V_i$ 为第 $i$ 时段该湖毛可供水量（可利用水量），是指第 $i$ 时段该湖水资源总量减去该湖河湖生态需水量，可为生活、工农业生产利用的水量上限。该时段该湖总来水量，加上时段初该湖蓄存水量，减去各种损失量，减去河湖基本生态需水量，即为该时段该湖可利用水量。可利用水量一部分为本湖利用，一部分调剂到另外一湖泊，另一部分存储起来（可能的话），为后续时段利用，多余水量按既有河湖关系下泄。

总来水量包括上游河道（包括周边各汇入支流）进入该湖的水量，该时段降水产流汇入该湖的水量（降水直接降落到河湖水面的水量，周边产汇流进入水量），总来水量需要通过预测得到。损失量包括河湖水面蒸发，河湖水体渗漏，损失量可通过估算得到。

两湖蓄水能力分析，基本生态需水量水位以上，某洪水控制水位（例如防洪限制水位）以下的蓄水空间为该湖水系的蓄水能力（需通过调查分析，并依据该湖的防洪调度规则等来确定）。可利用水量减去该湖实际用水量和外调水量，超过蓄水能力的部分，以洪水形式下泄，入江或入海。

2）用水户上下限约束：

$$B_{ijk} \leqslant W_{ijk} \leqslant G_{ijk} \tag{7.2-20}$$

式中　$B_{ijk}$——该湖第 $i$ 时段、$j$ 地区、$k$ 用水户的净需水量下限，万 $m^3$。

3）工程供水能力约束：

$$W_{ip} \leqslant Q_{ip} \tag{7.2-21}$$

其中

$$W_{ip} = \sum_{j=1}^{m_p} \sum_{k=1}^{l_p} \frac{W_{ijk}}{1-\beta'_{ijk}}$$

式中　$W_{ip}$——该湖第 $i$ 时段，需由（通过）水利工程 $p$ 供水的从该水源到用水户端的毛总水量，万 $m^3$；

　　　　$Q_{ip}$——第 $i$ 时段，水利工程 $p$ 的供水能力，万 $m^3$。例如，第 $p$ 个（段、处）闸或河道（渠道）的过水能力，或者泵站的抽水能力；

　　　　$\beta'_{ijk}$——该湖第 $i$ 时段，需由（通过）水利工程 $p$ 供水的第 $j$ 地区、$k$ 用水户从该水源到用水户端的水量损失系数；

　　　　$m_p$、$l_p$——所有需要由（通过）水利工程 $p$ 供水的地区总数与各地区的用水户总数，$1 \leqslant m_p \leqslant m$，$1 \leqslant l_p \leqslant l_j$，当 $m_p = 1$，$l_p = 1$ 时，表示针对最末端的用户；当 $m_p = m$，$l_p = l_j$ 时，表示最上端（总）水源。式（7.2-21）表示第 $i$ 时段所有需要通过该（个、段、处）水利工程设施供水的用水户在该处的毛供水量之和不超过其供水能力。如果供水能力单位为流量单位，则乘以时间换算成水量单位。

4）时段水量平衡约束：

$$WV_i = V_i + \Delta V_i - W_i \tag{7.2-22}$$

式中 $WV_i$——该时段可供水量与实际总供水量之差，为时段末该湖剩余可供水量，万 $m^3$。

如果 $WV_i>0$，$WV_i$ 中一部分蓄存到该湖，可供后续时段利用，多余部分以洪水形式排走。

令 $WC_i$（输入）表示该湖的蓄水能力（正常蓄水位/汛限水位与死水位之间的库容），$WS_i$（输出）表示该时段蓄存水量，$WP_i$（输出）表示该时段排走（入江、入海）的水量。

a. 如果 $WV_i>WC_i$，则湖泊蓄水量为

$$WS_i=WC_i \tag{7.2-23}$$

排水量为

$$WP_i=WV_i-WC_i \tag{7.2-24}$$

b. 如果 $0<WV_i\leqslant WC_i$，则湖泊蓄水量为

$$WS_i=WV_i$$

排水量为

$$WP_i=0$$

c. 如果 $WV_i=0$，则湖泊蓄水量为

$$WS_i=0 \tag{7.2-25}$$

排水量为

$$WP_i=0 \tag{7.2-26}$$

5）关系约束：

$$\alpha_i = \sum_{j=1}^{m} \sum_{k=1}^{l_j} \alpha_{ijk} = 1.0 \tag{7.2-27}$$

式（7.2-27）表示该时段系统各用水户权重系数之和为 1.0。

$$D_{ijk}=G_{ijk}-W_{ijk} \tag{7.2-28}$$

式中 $D_{ijk}$——第 $i$ 时段、$j$ 地区、$k$ 用水户的目标净差值，万 $m^3$。

则该时段系统目标毛总差值为

$$D_i = \sum_{j=1}^{m} \sum_{k=1}^{l_j} \frac{D_{ijk}}{1-\beta_{ijk}} \tag{7.2-29}$$

$$W_i = \sum_{j=1}^{m} \sum_{k=1}^{l_j} \frac{W_{ijk}}{1-\beta_{ijk}} \tag{7.2-30}$$

式中 $W_i$——该时段系统水源毛供水总量等于各用水户得到的毛水量之和，万 $m^3$。

$$W_{ip} = \sum_{j=1}^{m_p} \sum_{k=1}^{l_p} \frac{W_{ijk}}{1-\beta'_{ijk}} \tag{7.2-31}$$

式中 $W_{ip}$——该湖第 $i$ 时段，需由（通过）水利工程 $p$ 供水的从该水源到用水户端的毛总供水量等于各用水户得到的毛水量之和，万 $m^3$。

$$B_i = \sum_{j=1}^{m} \sum_{k=1}^{l_j} \frac{B_{ijk}}{1-\beta_{ijk}} \tag{7.2-32}$$

式中 $B_i$——该时段系统毛需水总量下限等于各用户毛需水量下限之和，万 $m^3$。

$$G_i = \sum_{j=1}^{m} \sum_{k=1}^{l_j} \frac{G_{ijk}}{1 - \beta_{ijk}} \qquad (7.2-33)$$

式中　$G_i$——该时段系统理想毛需水总量等于各用户理想毛需水量之和，万 $m^3$。

6）非负约束：

$$V_i \geqslant 0 \qquad (7.2-34)$$

$$B_{ijk} \geqslant 0 \qquad (7.2-35)$$

$$Q_{ip} \geqslant 0 \qquad (7.2-36)$$

$$F_i \geqslant 0 \qquad (7.2-37)$$

$$WV_i \geqslant 0 \qquad (7.2-38)$$

### 7.2.3　两湖水资源协调配置模型

洪泽湖-骆马湖水资源联合调度的关键是互调水量的确定和调度合理性分析。协调层建立了一套协调准则和方法（单时段协调准则和多时段动态反馈修订调水准则），将两湖子系统联系起来，指导两湖子系统的水量互调。

**1. 单时段协调准则和方法**

（1）协调的思路与判别标准。两湖水资源联合调度包括以下基本指导思想。

1）地域优先原则。地域优先原则即本湖系的水资源优先供给本湖系地区的用户，本湖系地区的用户优先考虑由本湖系供给。

2）系统协调原则。系统协调原则即在两子系统水资源相对丰枯状况不同的情况下，通过系统分析与协调，按照联调准则，把水资源较丰湖系的水调补给水资源较枯的湖系。

用 $a_i$、$b_i$、$c_i$、$d_i$ 表示配置判别参数，为设定值，大小都位于 $0\sim1$ 之间。$a_i$ 表示两个子系统满意度允许差值，两湖水资源联调目标是 $\Delta S_i \leqslant a_i$，实现水资源的合理利用；$b_i$ 表示调水步长系数，调水步长等于 $b_i D_i \Delta S_i$，其中 $D_i$ 表示缺水系统供水毛总差值。$c_i$ 表示丰水系统满意度参数，根据地区优先原则，丰水系统满意度达到 $c_i$ 后才对缺水系统调水。$d_i$ 表示受水限制系数，相对枯水系统受水上限为 $d_i WS_i$（非汛期时 $WS_i$ 指兴利库容，汛期时 $WS_i$ 指防洪限制水位与死水位之前的库容）。

协调模型其实是建立一种协调的准则与方法，考虑将两湖作为相对统一的系统考虑，其根本目标是通过两湖水资源联合配置，实现系统整体协调。联合配置中，不一定要求两湖子系统的用水满足程度达到一样，而是在优先满足调水湖泊用户的情况下，适当兼顾受水湖泊的用水需求。基于此考虑，通过设置灵活可变的联合配置判别标准，作为联合配置的决策控制阀，以追求在满足判别标准的情况下，使系统整体最优。通过分析，可设置协调与否的判别标准，具体包括以下几个。

1）调水湖泊的满意度超过一定限度 $c_i$（$0 \leqslant c_i \leqslant 1.0$）。例如，如果 $c_i$ 取为 $0.8$，则表示在保证调水湖用户的综合满意度超过 $0.8$ 时，才考虑对受水湖调水；而当 $c_i$ 取为 $1.0$ 时，则表示当调水湖用户的需水要求完全满足后才对受水湖调水。

2）两湖子系统满意度差值不超过某一指标，即 $\Delta S_i = |S_{i1} - S_{i2}| \leqslant a_i$（$0 \leqslant a_i \leqslant 1.0$），例如当取为 $0.2$ 时，则表示当两湖子系统的综合满意度差值超过 $0.2$ 时，就需要协调（水资源互济），以使两湖的满意度差值不超过 $0.2$，当两湖的满意度差值在 $0.2$ 以内时，则

停止互调。

（2）协调的任务。协调层的任务主要是根据两湖子系统各自优化后反馈的信息进行水量调剂，核心问题包括以下三个。

1）判别是否需要协调，即什么情况下进行协调水量调剂（或称为联合调度，或水量调剂）。什么情况下不需要协调，或停止调剂水量。设置上述的两条判别标准，例如，若取为 $a_i=0.2$，$c_i=0.8$，则表示当两个子系统的目标满意度差值超过 20% 时，并且调水湖泊的满意度超过 0.8 时，进行协调；否则，不调水，或者调水终止。

2）协调计算时，每次循环的水量步长 $\Delta\Delta V_i$ 设定为多少？$\Delta\Delta V_i$ 取的小，精度高，但循环计算的次数多，花费的时间长，可考虑基于目标满意度低的那个子系统的水量目标差值 $D_i$ 和两系统满意度差值 $\Delta S_i$ 来定，可考虑采用 $\Delta\Delta V_i=b_iD_i\Delta S_i$（$0\leqslant b_i\leqslant1.0$），例如，可取 $b_i$ 为 0.1。则水量调剂的循环关系式为

$$\Delta V_{ih}=\Delta V_{ih-1}+\Delta\Delta V_i \qquad (7.2-39)$$

其中，下标 $h$ 为循环次数，表示第 $h$ 次循环，$h\geqslant1$，$\Delta V_{i0}=0$。循环结束时的 $\Delta V_{ih}$ 即为该时段的 $\Delta V_i$。

3）水量调剂的制约条件是什么？水量调剂也有一定的上限限制，为两湖水系的联通能力，即

$$\Delta V_{ih}\leqslant F_i \qquad (7.2-40)$$

其中，$F_i$ 表示第 $i$ 时段调出湖对调入湖的供水能力，如果供水能力单位为流量单位，则乘以时间换算成水量单位。

（3）协调的准则与过程。协调的总体原则与过程为：在正常情况下，根据上述的判别标准和水量步长进行循环协调，直至满意为止。当一个子系统满意度达到 100%，且还有余水时，先用余水去补给另一个缺水子系统，这时，缺水系统的 $S_i$ 上限是 100%（可不受 $\Delta S_i<a_i$ 的限制），如果余水用完能达到 $\Delta S_i<a_i$，则终止；否则，再通过循环优化，调剂多水湖泊一部分水给缺水湖泊，直至达到 $\Delta S_i<a_i$。具体包括以下协调过程。

当 $\max\{S_{i1},S_{i2}\}\geqslant c_i$，进入以下循环判断，否则，终止，不调水。

当 $0<\Delta S_i<a_i$，且 $\max\{WV_{i1},WV_{i2}\}=0$，则不调剂。

当 $\Delta S_i=0$，即 $S_{i1}=S_{i2}$ 时，则终止，不用调剂。

当 $0<\Delta S_i<a_i$，且 $\max\{WV_{i1},WV_{i2}\}>0$，则调剂，即用 $\max\{WV_{i1},WV_{i2}\}$ 去补给缺水子系统，这时，缺水系统的 $S_i$ 上限是 100%（可不受 $\Delta S_i<a_i$ 的限制），直至余水用完或者缺水系统的 $S_i$ 达到 100%，则终止。

当 $\Delta S_i>a_i$，且 $\max\{WV_{i1},WV_{i2}\}>0$，先用 $\max\{WV_{i1},WV_{i2}\}$ 去补给缺水子系统，这时，缺水系统的 $S_i$ 上限是 100%（可不受 $\Delta S_i<a_i$ 的限制），如果余水用完且 $\Delta S_i\leqslant a_i$，则终止；否则，若余水用完且 $\Delta S_i>a_i$，则按正常调剂规则调剂，直至 $\Delta S_i\leqslant a_i$（同下面的情况）。

当 $\Delta S_i>a_i$，且 $\max\{WV_{i1},WV_{i2}\}=0$，且 $\max\{S_{i1},S_{i2}\}\geqslant c_i$，则按正常调剂规则调剂，直至 $\Delta S_i\leqslant a_i$，且 $\max\{S_{i1},S_{i2}\}\geqslant c_i$。

（4）协调运算过程。

1）协调层变量定义。

上述子系统定义的变量前加"$H$"表示洪泽湖子系统中的变量，变量前加"$L$"表示骆马湖子系统中的变量。

$a$——两湖子系统满意度允许差值（默认值 0.05，作为已知量输入）。

$b$——联合配置计算精度，一般小于 0.1（默认值 0.05，作为已知量输入）。

$c$——联合配置调水子系统，满意度限制（默认值 1.0，作为已知量输入）。

$\Delta S_i$——子系统 $i$ 时段满意度差值。

$\Delta\Delta V_i$——循环计算中调水步长。

$\Delta S_i = |HS_i - LS_i|$。

$\Delta V_i = b_i \Delta S_i \max\{HD_i, LD_i\}$。

$\max\{HS_i, LS_i\} \geqslant c$（联调条件）。

2）运算流程。

第 1 步：给 $\Delta V_i$ 赋值，初始 $\Delta V_i = 0$。

第 2 步：运行子系统，得出 $HS_i$、$HD_i$、$HWV_i$、$LS_i$、$LD_i$、$LWV_i$。

第 3 步：判定 $\max\{HS_i, LS_i\} \geqslant c$，满足联配条件运行下一步；不满足，进行 $i+1$ 时段运算。

第 4 步：求得 $\Delta S_i = |HS_i - LS_i|$，并判定其他变量（假设骆马湖配置系统缺水，则 $LS_i < 1$、$LD_i > 0$、$LWV_i = 0$，判定 $HS_i$、$HD_i$、$HWV_i$ 大小）。

第 5 步：根据联调原则制定 $\Delta V_i$，运行第 2、第 3、第 4 步骤，直至满足 $\Delta S_i \leqslant a$。

$LD_i > 0$ 时 $HWP_i = 0$。

进入 $i+1$ 时段，联调运算。

2. 多时段动态反馈修订调水准则和方法

前一时段末湖系的蓄滞水量关系到未来时段本湖系用户的用水利益，而本章 7.2.2 部分所建立的单湖水资源优化配置系统和前述的协调准则与方法，都是针对单时段，当进行多个时段的两湖水资源互调时，需要对调水（指洪泽湖和骆马湖之间的水量调度，下同）可行性进行评估，其评估遵循"调水多时段有益"原则，即当前时段的调水提升当前时段和未来时段的两个子系统满意度之和。以下为动态反馈修订调水过程。

（1）计算总时段为 $n$，进行联合调度运算，1 时段为计算起始点，在 $x$ 时段，发生两湖水量互调，接着运算，假设直到 $x+y$ 时段又发生水量调度。假设 $y$ 不等于 1。

（2）统计联合调度运算时 $x$ 时段到 $x+y-1$ 时段内，两湖子系统满意度累计值 $LS_1$、$LS_2$。

（3）分别进行两个湖系统的单湖水资源优化配置，从 1 时段计算到 $x+y-1$ 时段。

（4）统计单湖配置运算时 $x$ 时段到 $x+y-1$ 时段内，两湖系统满意度累计值 $DS_1$、$DS_2$。

（5）验证修正 $x$ 时段调水的合理性：如果 $LS_1 + LS_2 > DS_1 + DS_2$，说明 $x$ 时段的调水合理，则继续从 $x+y$ 时段运算；如果 $LS_1 + LS_2 \leqslant DS_1 + DS_2$，说明 $x$ 时段的调水不合理，在分析调水成分中弃水量为 $WP_x$（$WP_x \geqslant 0$），则联合配置计算从 $x$ 时段重新开始计算，并且强制 $x$ 时段调水 $WP_x$。

（6）同样的方法验证每个调水时段的调水合理性。

在（1）中，假设了 $y$ 不等于1。如果 $y=1$，运算接着从 $x+y$ 时段运行，根据以上同样的方法验证 $x+y$ 时段调水的合理性。如果 $x+y$ 时段调水合理，则说明 $x$ 时段调水也合理，计算继续；如果 $x+y$ 时段调水不合理，则返回验证 $x$ 时段调水合理性，计算时强制 $x+y$ 时段不调水。

### 7.2.4 模型求解

1. 单纯形法求解线性规划模型

（1）线性规划标准型。线性规划（Linear Programming，LP）是运筹学中数据规划的一个重要分支，用于分析线性规划约束条件下线性目标函数的最优化问题。对线性规划的研究始于20世纪初，20世纪40年代以后，特别是1947年美国学者 G. B. Dantzig 提出了求解线性规划的单纯形法以后，线性规划的应用范围不断扩大。至今线性规划的新解法层出不穷，但是单纯形法仍然是具有指导意义、被广泛应用的最基本方法。通常，求解线性规划模型时，常用基本单纯形法、大 M 法、两阶段法等，但都面临两个基本问题：如何获取最简单（单位阵）的初始基；如何更快地改善目标函数值。单纯形法、大 M 法、两阶段法的基本思想是通过从可行域中的某个基可行解出发，依次转换到另一个基本可行解而使得某目标函数值不断得到改善，直到求得满足判定条件的目标函数最优解。

线性规划标准型的矩阵形式如下：

考虑具有 $n$ 个决策变量、$m$ 个约束方程（一般 $n>m$）的线性规划标准型：

$$\max Z=CX \quad (AX=b，X\geqslant 0，b\geqslant 0) \tag{7.2-41}$$

式中   $Z$——目标函数；

    $A$——$m\times n$ 的系数矩阵；

    $C$——价值向量，$C=(c_1,c_2,\cdots,c_n)$；

    $X$——决策变量，$X=(x_1,x_2,\cdots,x_n)^{\mathrm{T}}$；

    $b$——资源向量，$b=(b_1,b_2,\cdots,b_n)$。

（2）单纯形法求解过程。首先，将线性规划模型转换为标准型。其次，确定初始基可行解。对于模型中所有约束条件均为"$\leqslant$"的情况，转为为标准型过程中加入松弛变量作为基变量，对应系数矩阵为单位矩阵，可以得到初始基可行解；对于模型中含有"$\geqslant$"或"$=$"约束的情况，需要用人工变量求得初始基可行解，常用的有大 M 法和两阶段法。最后，求得初始基可行解后进入迭代过程。在每一次迭代过程中，根据最优性条件（检验数法）和可行性条件（比值最小准则）进行基变量置换，经过有限次迭代找到最优解。

（3）单纯形法一般原理。包括基可行解最优性判断和基变换准则。

1）基可行解最优性判断。对于线性规划标准式（7.2-41），假设 $B$ 为 LP 模型一个基矩阵，将系数矩阵 $A$ 分为基矩阵 $B$ 和非基矩阵 $N$，$A=(B,N)$，其中 $B=(P_1,P_2,\cdots,P_m)$，$N=(P_{m+1},P_{m+2},\cdots,P_n)$。

约束条件可以表示为

$$AX=(B,N)(X_B,X_N)^{\mathrm{T}}=BX_B+NX_N=b \tag{7.2-42}$$

由于 $B$ 是一个可行基，$B^{-1}$ 存在，可得到

$$X_B = B^{-1}b - B^{-1}NX_N \tag{7.2-43}$$

令非基变量 $X_N = 0$，可得到一个基解

$$X = (B^{-1}b, 0)^{\mathrm{T}} \tag{7.2-44}$$

如果 $X \geqslant 0$，则 $X$ 为基可行解，由于基矩阵 $B$ 是由系数矩阵 $A$ 的 $m$ 个列向量组成，在满足线性无关的条件下，$B$ 最多有 $K = C_n^m$ 个基解。

价值系数 $C$ 也可以分为与基变量 $X_B$、非基变量 $X_N$ 分别对应的 $C_B$、$C_N$ 两部分。

目标函数可以表示为

$$Z = CX = (C_B, C_N)(X_B, X_N)^{\mathrm{T}} = C_B X_B + C_N X_N \tag{7.2-45}$$

将式（7.2-43）代入上式，可得到

$$Z = C_B(B^{-1}b - B^{-1}NX_N) + C_N X_B = C_B B^{-1}b + (C_N - C_B B^{-1}N)X_N = Z_0 + \sigma_N X_N \tag{7.2-46}$$

令 $X_N = 0$，可以得到目标函数值 $Z_0 = C_B B^{-1}b$。$\sigma_N = C_N - C_B B^{-1}N$ 定义为单纯形系数（检验数），是 LP 解最优性判断的主要依据。若 $X^*$ 为对应于基 $B$ 的基可行解，如果 $\sigma_N \leqslant 0$，则 $X^*$ 为最大化问题的最优解（如果 $\sigma_N \geqslant 0$，则 $X^*$ 为最小化问题的最优解）。

2）基变换准则。根据式（7.2-46），$Z = Z_0 + \sigma_N X_N$，当其中某些非基变量的检验数 $\sigma_j > 0$ 时，若增加相应的 $x_j$ 还可能使目标函数 $Z$ 继续增加，这时需要把正检验数相应的非基变量 $x_j$ 换到基变量中去，构成新基。若有多个 $\sigma_j > 0$ 时，确定正检验数中的最大值：

$$\sigma_k = \max\{\sigma_j | \sigma_j > 0\} \tag{7.2-47}$$

以 $\sigma_k$ 相应的 $x_k$ 作为换入变量。该条件称为最优性条件（检验数最大准则）。

根据最优性条件确定 $x_k$ 作为换入变量后，$X_N$ 中其余非基变量仍为 0。

根据式（7.2-43）可以得到

$$X_B = B^{-1}b - B^{-1}P_k x_k \tag{7.2-48}$$

其中，$P_k$ 为 $N$ 中 $x_k$ 所对应的系数列向量。根据非负约束，$X_B$ 的任何一个分量应该满足：

$$(X_B)_i = (B^{-1}b)_i - (B^{-1}P_k)_i x_k \geqslant 0 \tag{7.2-49}$$

由于 $(B^{-1}b)_i \geqslant 0$，$x_k \geqslant 0$，当 $(B^{-1}P_k)_i \leqslant 0$ 时，式（7.2-49）恒成立；当 $(B^{-1}P_k)_i > 0$ 时，可得到

$$x_k \leqslant \frac{(B^{-1}b)_i}{(B^{-1}P_k)_i} \tag{7.2-50}$$

根据：

$$\theta_l = \min\left\{\frac{(B^{-1}b)_i}{(B^{-1}P_k)_i} \Big| (B^{-1}P_k)_i > 0\right\} \tag{7.2-51}$$

确定最小比值 $\theta_l$，以其对应的变量 $x_l$ 作为换出变量，才能保证 $x_k$ 换入后得到的基解仍为可行解。这一条件称为 LP 问题的可行性条件（比值最小准则）。

（4）对偶单纯形法。对于线性规划原问题 LP 及其对偶问题 LD，具有如下基本性质：对称性、弱对偶性、可行解是最优解的条件、互补松弛性、对偶定理、无界对应性、LP 检验数与 LD 基解具有对应关系。在求解 LP 模型的单纯形法中要求 $b \geqslant 0$，其目的是为了

保证迭代过程中得到的基解为可行性；在迭代过程中存在正的检验数，不满足 LP 最优性条件（或 LD 的可行性条件）。

在有些情况下，从满足 LD 可行性（LP 最优性）但不满足 LP 可行性（LD 最优性）的基解开始迭代，计算可能更简单。对偶单纯形法就是从满足最优性条件 $\sigma_j \leqslant 0$（LD 可行性条件）的非可行解开始，在保持最优性的基础上通过迭代找出基可行解。

对偶单纯形法包括以下计算步骤。

1）列出初始单纯形法。若 $b \geqslant 0$，检验数 $\sigma_j \leqslant 0$，则达优；否则若 $\sigma_j \leqslant 0$，$b$ 列存在负分量，按对偶单纯形法迭代。

2）确定换出变量 $x_l$。取右端项负值中最小值对应的变量。

3）确定换出变量 $x_k$。取检验数行与换出变量 $x_l$ 中负系数的最小比值对应的变量。

2. 改进单纯形法求解水资源优化配置线性规划模型

（1）水资源优化配置线性规划模型（W-LP 模型）。

前节所述，单湖水资源配置层中建立了单时段（$j$ 时段）水资源优化调度线性规划数学模型如下：

$$\max S = \sum_{n=1}^{m} \left( \varepsilon_i \frac{Q_i}{MQ_i} \right) \tag{7.2-52}$$

其中
$$Q_i \leqslant MQ_i \quad (i=1,2,\cdots,m)$$
$$Q_i \geqslant BQ_i \quad (i=1,2,\cdots,m)$$

$$\sum_{i=1}^{m} Q_i = Q_j + \Delta V_j$$
$$Q_i \geqslant 0 \quad (i=1,2,\cdots,m)$$

式中　$m$——用户个数；

　　$S$——$j$ 时段系统满意度；

　　$\varepsilon_i$——在 $j$ 时段 $i$ 用户的权重系数；

　　$Q_i$——$j$ 时段 $i$ 用户得到的实际水资源供给量，万 $m^3$；

　$MQ_i$——$j$ 时段 $i$ 用户的理想需水量，万 $m^3$；

　　$Q_j$——$j$ 时段对各个用户的供水量，万 $m^3$；

　　$\Delta V_j$——在 $j$ 时段两湖之间调配的水量，万 $m^3$。$\Delta V_j$ 可正可负（正值表示受水，负值表示去水）。

式（7.2-52）模型中具备一个默认条件：
$$BQ_i \leqslant MQ_i \quad (i=1,2,\cdots,m) \tag{7.2-53}$$

用 $x_i$（$i=1,2,\cdots,m$）代表 $Q_i$，再加入（$2m+2$）个松弛变量（$x_{m+1}, x_{m+2}, \cdots, x_{3m+2}$），可以将式（7.2-52）转为如下形态：

$$\max S = \sum_{i=1}^{m} \left( \varepsilon_i \frac{x_i}{MQ_i} \right) \tag{7.2-54}$$

其中
$$x_1 + x_{m+1} = MQ_1$$
$$\vdots$$
$$x_m + x_{2m} = MQ_m$$
$$-x_1 + x_{2m+1} = -BQ_1$$

$$\vdots$$

$$-x_m + x_{3m} = -BQ_1$$

$$\sum_{i=1}^{m} x_i + x_{3m+1} = Q_j + \Delta V_j$$

$$-\sum_{n=1}^{m} x_i + x_{3m+2} = -(Q_j + \Delta V_j)$$

$$x_i \geqslant 0 \quad (i=1,2,\cdots,3m+2)$$

对应于式（7.2-41）线性规划的标准型，系数矩阵 $A$ 为（$2m+2$）行、（$3m+2$）列，资源向量：$b = (MQ_1, \cdots, MQ_m, -BQ_1, \cdots, -BQ_m, Q_j + \Delta V_j, -Q_j - \Delta V_j)^{\mathrm{T}}$。

将式（7.2-54）模型称为水资源优化配置线性规划模型（W-LP），此模型和线性规划标准型相比具有如下特点。

1）资源向量不满足 $b \geqslant 0$。

2）把 $x_{m+1}$，$x_{m+2}$，$\cdots$，$x_{3m+2}$ 共（$2m+2$）个决策变量作为基向量，其在系数矩阵为单位矩阵，在目标函数中，其价值系数全为 0。

3）直接可以得到一组初始基解 $X^0$。$X^0$ 属于基解，但不属于可行解，$X^0$ 为（$3m+2$）维数组，有 $m+1$ 个数，不满足 $x_i \geqslant 0$。规定线性规划某个基解数组中不满足给定条件 $x_i \geqslant 0$ 的个数为越界维度 $ER$，则初始可行解的越界维度为 $ER^0 = m+1$。显然，线性规划可行解的越界维度为 0。

（2）改进单纯形求解水资源优化配置线性规划模型（W-LP 模型）。

单纯形法的基本思路是以初始基可行解为起点，根据最优性判断条件和基变换准则寻找最优基可行解的过程；而针对式（7.2-54）建立的 W-LP 模型，改进单纯形法的思路是以初始基解（非可行解）为起点，根据最优性判断条件、基变换准则和越界变量变换准则寻找最优基可行解的过程，其运算流程如图 7.2-2 所示。

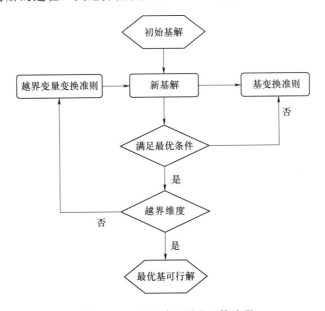

图 7.2-2　改进单纯形法运算流程

改进单纯形法迭代运算中有两个判定条件（满足最优性条件、越界维度等于零），相应的判定结果对应相应的换基变量运算。经过大量 W-LP 模型的数据模拟试验验证，先进行最优性条件判定后进行越界维度判定的运算迭代次数一般小于先进行越界维度判定后进行最优性条件判定的运算迭代次数。

（3）改进单纯形法与单纯形法、对偶单纯形法比较。改进单纯形法与单纯形法、对偶单纯形法有以下区别。

1）对初始解的要求。单纯形法要求初始解是基可行解；对偶单纯形法要求初始解是满足 LD 可行性的基解；改进单纯形法要求初始解是随意的一个基解。

2）迭代运算次数。改进单纯形法的迭代运算次数大于或等于单纯形法或对偶单纯形法的迭代运算次数。

3）适用范围。单纯形法对于 $\max Z \mid Z=CX$，$AX \leqslant b$，$X \geqslant 0$ 的 LP 问题，加入松弛变量作为基变量，直接得到初始基可行解后进入迭代运算，寻找最优解。对于约束条件中存在"$\leqslant$""$\geqslant$""$=$"混合条件的线性规划问题，需要加入相应的松弛变量、人工变量，进行行列式计算，得出初始基可行解。此过程编程实现较复杂。对偶单纯形法和单纯形法在适用范围上类似，在此不赘述。改进单纯形法对任何 LP 问题都可以直接进入迭代运算。对于"$\leqslant$"约束条件，直接加入松弛变量作为基变量；对于"$\geqslant$"约束条件，加入松弛变量后等式前后乘以$-1$后，转为基变量；对于"$=$"约束条件，可以转换为"$\leqslant$"和"$\geqslant$"两个约束条件，分别加入松弛变量得到基变量。基变量在价值矩阵 $C$ 中的系数全为 0。至此，可以得到初始基解，进入迭代运算，寻找最优解，编程实现简单。

# 7.3　两湖规划来水与需水量预测

## 7.3.1　规划来水

### 1. 注入两湖的河流概况

（1）洪泽湖。注入洪泽湖的主要河流有淮河干流、池河、怀洪新河、新汴河、奎濉河、徐洪河，以水资源三级区套地级市为基本计算单元，按照水量平衡原理，经水资源供需分析、调节计算后确定上述河流规划水平年注入洪泽湖水量。

（2）骆马湖。注入骆马湖的河流相对较少，主要有中运河、沂河，以水资源三级区套地级市为基本计算单元，按照水量平衡原理，经水资源供需分析、调节计算后确定上述河流规划水平年注入骆马湖水量。

### 2. 规划来水计算方法

规划来水为注入洪泽湖、骆马湖的河流在规划水平年的入湖水量，本次以最新一次水资源调查评价确定的 1956—2000 年系列淮河中渡以上、沂河、中运河骆马湖以上各水资源三级区套地市单元天然径流量成果为基础，采用"淮河流域及山东半岛水资源系统配置模型"，利用规划工程、需水等一致条件，调算规划 2020、2030 两水平年两湖各主要控制站点来水量。规划来水计算方法具体如下。

根据可供水量调算的基本原则，采用系统分析的方法，在综合考虑区域水资源各要素之间的关系与全面协调各区域用户之间的关系的基础上，研究切实可行的水资源配置技术方案。

（1）根据流域、区域的实际情况，制定水资源配置的原则，主要包括供水对象的优先级、各水源的供水优先次序、既有的水量分配协议、区域的水资源承载能力等方面。

（2）建立基础资料数据库，数据库内容包括淮河上中游地区各计算单元水资源量系列、浅层地下水可开采量、跨流域调水工程的调水量、经合理预测的流域社会经济发展指标和生活、生产及生态与环境的需水量、流域现有工程及规划工程（蓄水、引水、提水工程）供水能力以及水源、工程与用户需求间的拓扑关系等。

（3）根据调查，确定各河流水系上下游、左右岸、工程与用户、工程与水源、计算单元与计算单元等之间的关系，在此基础上绘制反映流域水源-工程-用户-排水关系的水资源系统网络图。

（4）根据水资源系统网络图，建立的流域水资源配置系统模型，将淮河上中游地区和沂沭泗地区不同发展模式下需水预测成果与不同工程措施条件组合，以月为基本调节计算时段，以主要河流重要控制站点为控制节点，在水源与用户之间建立单水源单用户、单水源多用户、多水源单用户供需关系，进行淮河中渡以上、沂河、中运河骆马湖以上区域不同方案水资源供需分析1956—2000年长系列调节计算。

（5）根据《淮河流域及山东半岛水资源综合规划》《淮河流域防洪规划》《淮河流域水利发展"十二五"规划》等有关流域规划，以流域水资源承载能力、主要控制节点下泄水量、区域缺水状况为约束，提出淮河干流、沂河等河流规划水平年下泄至洪泽湖、骆马湖的水量。

3. 规划来水量成果

基于《淮河流域及山东半岛水资源综合规划》，按照上述规划来水调节计算方法，确定洪泽湖、骆马湖规划水平年入湖水量。洪泽湖规划2020、2030两水平年入湖水量见表7.3-1、表7.3-2，骆马湖规划2020、2030两水平年入湖水量见表7.3-3、表7.3-4。

表7.3-1　　　　　　　　　　洪泽湖规划2020水平年入湖水量　　　　　　　　　单位：亿 m³

| 月份<br>年份 | 1 | 2 | 3 | 4 | 5 | 6 | 7 | 8 | 9 | 10 | 11 | 12 | 年值 |
|---|---|---|---|---|---|---|---|---|---|---|---|---|---|
| 1956 | 1.0 | 0.2 | 11.1 | 35.1 | 29.1 | 183.6 | 97.3 | 153.4 | 21.6 | 3.4 | 1.9 | 1.3 | 538.8 |
| 1957 | 11.3 | 9.0 | 4.5 | 12.3 | 22.1 | 23.6 | 115.8 | 17.8 | 3.2 | 1.5 | 4.2 | 3.9 | 229.3 |
| 1958 | 3.9 | 2.8 | 3.7 | 15.5 | 12.0 | 2.9 | 49.2 | 53.4 | 9.9 | 10.9 | 7.3 | 2.8 | 174.2 |
| 1959 | 3.7 | 12.4 | 13.1 | 15.7 | 29.0 | 14.9 | 8.9 | 4.8 | 3.7 | 1.1 | 6.8 | 5.5 | 119.6 |
| 1960 | 4.1 | 2.6 | 19.7 | 7.8 | 13.9 | 58.4 | 52.2 | 6.9 | 25.3 | 3.5 | 11.1 | 3.2 | 208.5 |
| 1961 | 2.4 | 1.8 | 5.5 | 3.3 | 5.0 | 3.9 | 8.5 | 9.1 | 15.0 | 4.2 | 8.5 | 4.1 | 71.3 |
| 1962 | 2.9 | 2.9 | 1.4 | 4.0 | 3.6 | 8.1 | 51.8 | 69.6 | 33.2 | 9.3 | 21.6 | 9.9 | 218.3 |
| 1963 | 3.2 | 3.1 | 12.4 | 30.9 | 92.6 | 15.5 | 120.9 | 216.9 | 39.4 | 8.3 | 3.2 | 2.7 | 549.0 |
| 1964 | 7.2 | 18.5 | 17.0 | 124.5 | 80.2 | 10.3 | 40.6 | 37.2 | 42.3 | 48.9 | 10.5 | 3.8 | 441.0 |
| 1965 | 4.4 | 9.0 | 5.7 | 12.3 | 6.2 | 7.9 | 157.9 | 72.0 | 7.5 | 6.6 | 8.7 | 2.5 | 300.7 |
| 1966 | 2.2 | 3.0 | 10.9 | 5.9 | 5.9 | 2.7 | 7.3 | 1.4 | 1.1 | 0.4 | 1.3 | 0.8 | 42.8 |

| 月份 年份 | 1 | 2 | 3 | 4 | 5 | 6 | 7 | 8 | 9 | 10 | 11 | 12 | 年值 |
|---|---|---|---|---|---|---|---|---|---|---|---|---|---|
| 1967 | 0.8 | 3.4 | 4.0 | 8.3 | 4.2 | 3.2 | 31.2 | 11.6 | 16.8 | 7.2 | 17.5 | 9.9 | 118.2 |
| 1968 | 3.2 | 2.0 | 0.9 | 2.6 | 5.3 | 11.9 | 110.9 | 12.8 | 20.0 | 22.4 | 3.6 | 7.3 | 202.8 |
| 1969 | 10.5 | 19.9 | 8.6 | 36.8 | 26.9 | 3.6 | 106.6 | 22.0 | 52.5 | 12.4 | 2.9 | 1.9 | 304.8 |
| 1970 | 1.5 | 4.3 | 4.8 | 12.7 | 16.3 | 14.5 | 49.1 | 16.6 | 40.9 | 13.9 | 4.1 | 2.5 | 181.2 |
| 1971 | 3.8 | 5.5 | 5.3 | 6.8 | 17.5 | 92.4 | 25.3 | 23.9 | 16.7 | 20.2 | 10.8 | 2.9 | 231.1 |
| 1972 | 4.7 | 8.6 | 35.2 | 9.2 | 9.5 | 50.5 | 96.4 | 23.8 | 14.7 | 7.7 | 16.1 | 3.0 | 279.5 |
| 1973 | 3.6 | 8.0 | 8.5 | 37.2 | 33.2 | 13.6 | 48.1 | 6.2 | 18.5 | 4.3 | 1.8 | 1.3 | 184.4 |
| 1974 | 2.1 | 7.1 | 6.6 | 17.2 | 36.8 | 6.7 | 23.4 | 45.3 | 7.8 | 13.6 | 4.1 | 4.0 | 174.8 |
| 1975 | 2.7 | 4.9 | 2.0 | 23.5 | 7.7 | 60.9 | 63.6 | 159.0 | 35.8 | 46.4 | 10.8 | 10.9 | 428.3 |
| 1976 | 3.1 | 16.6 | 5.6 | 6.7 | 10.6 | 7.7 | 23.1 | 15.7 | 11.5 | 1.7 | 1.7 | 1.0 | 105.1 |
| 1977 | 1.1 | 1.3 | 5.5 | 23.4 | 29.0 | 3.5 | 72.1 | 24.5 | 13.5 | 8.8 | 9.0 | 3.6 | 195.3 |
| 1978 | 3.0 | 6.0 | 2.7 | 0.7 | 2.5 | 11.8 | 9.8 | 6.4 | 3.0 | 0.8 | 3.7 | 0.8 | 51.3 |
| 1979 | 4.0 | 3.8 | 4.0 | 12.2 | 13.2 | 18.0 | 83.2 | 21.5 | 76.9 | 3.4 | 2.0 | 4.1 | 246.2 |
| 1980 | 3.7 | 1.5 | 12.5 | 6.3 | 32.7 | 69.3 | 96.1 | 67.6 | 14.9 | 17.6 | 3.5 | 1.9 | 327.6 |
| 1981 | 2.5 | 5.5 | 2.1 | 5.9 | 6.2 | 10.7 | 10.0 | 15.6 | 5.8 | 17.1 | 8.2 | 3.0 | 92.6 |
| 1982 | 2.5 | 5.2 | 4.3 | 4.3 | 11.9 | 7.4 | 153.5 | 154.4 | 20.3 | 6.0 | 11.6 | 4.8 | 386.1 |
| 1983 | 3.5 | 3.2 | 3.2 | 4.5 | 13.6 | 43.3 | 117.7 | 28.5 | 39.7 | 86.2 | 10.4 | 4.6 | 358.5 |
| 1984 | 4.3 | 3.3 | 1.2 | 5.3 | 14.5 | 55.1 | 100.3 | 52.4 | 113.5 | 32.6 | 34.0 | 16.4 | 433.0 |
| 1985 | 7.2 | 5.8 | 10.4 | 10.9 | 57.3 | 15.8 | 38.0 | 18.7 | 30.6 | 51.2 | 11.1 | 3.8 | 260.8 |
| 1986 | 3.5 | 2.4 | 2.1 | 4.3 | 7.1 | 11.4 | 47.7 | 9.4 | 15.2 | 2.7 | 2.0 | 2.6 | 110.4 |
| 1987 | 5.4 | 8.4 | 17.1 | 7.2 | 32.3 | 29.4 | 85.3 | 90.2 | 21.5 | 16.5 | 9.7 | 2.6 | 325.4 |
| 1988 | 1.4 | 2.0 | 7.2 | 4.0 | 12.8 | 4.3 | 18.3 | 19.9 | 20.1 | 2.1 | 1.5 | 1.8 | 95.5 |
| 1989 | 7.7 | 11.9 | 11.5 | 6.9 | 10.5 | 52.6 | 73.3 | 74.1 | 14.4 | 2.8 | 12.9 | 3.5 | 282.2 |
| 1990 | 5.9 | 27.7 | 20.8 | 11.5 | 13.3 | 26.2 | 40.9 | 28.5 | 6.5 | 0.6 | 6.9 | 2.0 | 190.7 |
| 1991 | 2.9 | 9.4 | 45.9 | 9.7 | 47.1 | 132.8 | 174.1 | 52.4 | 26.3 | 1.9 | 3.2 | 4.0 | 509.7 |
| 1992 | 2.6 | 2.1 | 13.5 | 2.3 | 10.6 | 5.5 | 9.7 | 15.1 | 11.5 | 7.3 | 0.8 | 0.7 | 81.7 |
| 1993 | 7.1 | 8.6 | 12.3 | 6.0 | 18.6 | 18.2 | 23.7 | 32.0 | 9.0 | 1.0 | 8.0 | 4.3 | 148.9 |
| 1994 | 2.0 | 2.9 | 3.2 | 6.2 | 5.3 | 8.0 | 12.0 | 10.3 | 6.3 | 2.4 | 3.3 | 4.7 | 66.5 |
| 1995 | 2.6 | 1.9 | 0.7 | 3.1 | 6.4 | 13.3 | 33.2 | 31.6 | 3.3 | 5.5 | 1.9 | 1.3 | 105.0 |
| 1996 | 3.1 | 3.0 | 7.0 | 2.0 | 5.2 | 52.7 | 119.5 | 24.9 | 21.6 | 16.6 | 53.2 | 5.3 | 314.1 |
| 1997 | 3.6 | 3.6 | 17.0 | 5.9 | 8.7 | 10.0 | 35.7 | 3.9 | 2.9 | 0.7 | 5.2 | 3.0 | 100.2 |
| 1998 | 11.6 | 6.9 | 25.7 | 40.7 | 76.6 | 41.5 | 89.8 | 123.9 | 8.4 | 2.0 | 1.3 | 1.8 | 430.2 |
| 1999 | 1.7 | 0.7 | 1.9 | 4.3 | 9.7 | 11.7 | 14.0 | 6.0 | 5.1 | 6.5 | 1.5 | 1.2 | 64.3 |
| 2000 | 4.7 | 3.5 | 1.0 | 2.3 | 5.5 | 84.2 | 103.0 | 29.9 | 44.2 | 45.9 | 23.3 | 8.1 | 355.7 |
| 均值 | 4.0 | 6.1 | 9.3 | 13.7 | 20.4 | 29.6 | 63.3 | 42.7 | 21.6 | 13.0 | 8.6 | 3.9 | 236.3 |

表 7.3－2　　　　　　洪泽湖规划 2030 水平年入湖水量　　　　单位：亿 m³

| 月份\年份 | 1 | 2 | 3 | 4 | 5 | 6 | 7 | 8 | 9 | 10 | 11 | 12 | 年值 |
|---|---|---|---|---|---|---|---|---|---|---|---|---|---|
| 1956 | 0.9 | 0.2 | 8.9 | 38.1 | 30.5 | 198.7 | 102.5 | 158.1 | 23.0 | 3.5 | 1.6 | 1.2 | 567.3 |
| 1957 | 9.3 | 8.9 | 4.6 | 10.7 | 21.1 | 24.1 | 117.6 | 19.4 | 2.2 | 1.4 | 3.9 | 2.4 | 225.7 |
| 1958 | 3.0 | 2.1 | 3.4 | 14.9 | 12.8 | 1.5 | 45.1 | 56.9 | 9.9 | 10.0 | 7.4 | 2.7 | 169.9 |
| 1959 | 2.7 | 13.3 | 13.1 | 17.0 | 30.5 | 14.6 | 8.6 | 2.5 | 3.1 | 0.9 | 6.2 | 5.2 | 117.7 |
| 1960 | 3.3 | 1.4 | 16.4 | 6.9 | 12.4 | 61.4 | 55.7 | 6.8 | 25.0 | 3.1 | 10.4 | 3.1 | 205.9 |
| 1961 | 1.9 | 1.4 | 4.6 | 2.3 | 2.6 | 2.9 | 6.5 | 7.7 | 14.0 | 3.2 | 9.4 | 4.0 | 60.5 |
| 1962 | 2.1 | 2.1 | 1.1 | 2.8 | 2.4 | 5.9 | 55.4 | 72.7 | 33.8 | 9.0 | 20.0 | 9.3 | 216.6 |
| 1963 | 2.6 | 2.6 | 10.2 | 28.1 | 91.3 | 17.3 | 125.6 | 222.8 | 41.3 | 9.7 | 3.1 | 2.6 | 557.2 |
| 1964 | 5.6 | 18.7 | 18.0 | 129.3 | 83.6 | 10.3 | 36.6 | 37.3 | 42.7 | 46.6 | 10.4 | 3.2 | 442.3 |
| 1965 | 3.6 | 8.1 | 5.0 | 10.2 | 6.4 | 5.7 | 154.8 | 75.2 | 7.9 | 7.0 | 9.4 | 1.9 | 295.1 |
| 1966 | 1.5 | 1.8 | 10.7 | 5.1 | 4.8 | 1.9 | 5.3 | 1.0 | 1.0 | 0.5 | 1.0 | 0.7 | 35.1 |
| 1967 | 0.5 | 2.5 | 2.6 | 7.8 | 2.9 | 3.2 | 30.1 | 14.1 | 14.4 | 7.2 | 19.4 | 11.1 | 115.7 |
| 1968 | 2.5 | 1.8 | 0.8 | 1.2 | 3.0 | 9.7 | 122.8 | 12.1 | 19.2 | 22.8 | 3.3 | 5.1 | 204.4 |
| 1969 | 7.4 | 21.4 | 8.6 | 36.2 | 27.7 | 3.5 | 107.8 | 16.9 | 53.3 | 14.4 | 2.7 | 1.7 | 301.5 |
| 1970 | 0.9 | 3.0 | 4.1 | 10.1 | 12.1 | 16.3 | 50.9 | 16.7 | 43.6 | 14.8 | 4.3 | 2.4 | 179.2 |
| 1971 | 3.2 | 3.9 | 5.2 | 3.9 | 14.3 | 98.7 | 23.3 | 22.9 | 15.2 | 23.0 | 10.6 | 2.6 | 226.7 |
| 1972 | 3.8 | 7.9 | 35.8 | 10.2 | 7.4 | 53.0 | 95.6 | 20.1 | 16.5 | 5.4 | 16.9 | 3.1 | 275.5 |
| 1973 | 3.4 | 7.7 | 8.4 | 29.6 | 36.0 | 13.6 | 48.2 | 5.2 | 18.3 | 5.0 | 1.7 | 1.4 | 178.6 |
| 1974 | 1.2 | 5.8 | 6.5 | 17.3 | 37.7 | 7.0 | 23.2 | 43.6 | 6.8 | 11.4 | 3.3 | 3.3 | 167.0 |
| 1975 | 2.2 | 4.7 | 1.9 | 18.2 | 6.3 | 62.4 | 67.0 | 164.3 | 38.1 | 47.2 | 11.2 | 11.4 | 434.8 |
| 1976 | 2.8 | 17.2 | 5.9 | 5.1 | 6.5 | 7.1 | 22.8 | 15.2 | 12.0 | 1.5 | 1.3 | 0.9 | 98.2 |
| 1977 | 0.5 | 1.0 | 3.6 | 21.9 | 32.1 | 3.0 | 71.3 | 26.8 | 14.3 | 8.7 | 9.3 | 3.5 | 196.1 |
| 1978 | 2.4 | 5.7 | 2.2 | 0.4 | 0.9 | 8.5 | 7.8 | 5.5 | 2.3 | 0.8 | 2.8 | 0.6 | 40.0 |
| 1979 | 3.0 | 3.3 | 3.7 | 9.3 | 9.4 | 15.2 | 80.5 | 20.6 | 82.0 | 3.5 | 2.0 | 3.5 | 235.9 |
| 1980 | 3.3 | 1.0 | 10.3 | 5.6 | 29.8 | 73.2 | 100.1 | 74.4 | 15.1 | 17.4 | 3.4 | 1.9 | 335.5 |
| 1981 | 2.0 | 5.3 | 1.5 | 5.9 | 6.4 | 10.5 | 6.9 | 12.8 | 5.4 | 16.9 | 9.0 | 3.2 | 85.6 |
| 1982 | 1.8 | 5.1 | 3.6 | 4.5 | 9.1 | 5.8 | 159.7 | 160.8 | 20.5 | 5.9 | 10.3 | 5.1 | 392.3 |
| ·1983 | 3.0 | 2.8 | 2.2 | 3.0 | 10.9 | 37.9 | 123.3 | 24.5 | 36.8 | 89.6 | 10.9 | 4.6 | 349.6 |
| 1984 | 3.6 | 2.8 | 1.0 | 5.0 | 12.8 | 52.1 | 102.5 | 54.7 | 116.3 | 35.5 | 35.9 | 16.9 | 439.2 |
| 1985 | 7.3 | 5.6 | 9.5 | 9.5 | 57.5 | 16.3 | 37.6 | 17.6 | 30.5 | 46.6 | 11.1 | 4.0 | 252.9 |
| 1986 | 3.1 | 1.9 | 1.2 | 2.6 | 6.5 | 8.6 | 48.1 | 8.9 | 15.6 | 2.7 | 1.8 | 2.4 | 103.4 |
| 1987 | 5.2 | 9.1 | 19.6 | 6.9 | 32.0 | 29.3 | 86.1 | 91.9 | 23.4 | 12.4 | 10.2 | 2.7 | 328.9 |
| 1988 | 1.1 | 1.7 | 7.2 | 4.0 | 11.7 | 4.4 | 14.6 | 14.1 | 20.3 | 1.7 | 1.4 | 1.7 | 83.7 |
| 1989 | 6.7 | 11.4 | 11.9 | 6.9 | 11.7 | 54.2 | 68.2 | 74.1 | 14.7 | 3.0 | 13.2 | 3.6 | 279.7 |
| 1990 | 5.5 | 27.5 | 20.8 | 11.1 | 12.6 | 23.6 | 41.2 | 29.1 | 3.6 | 0.5 | 6.0 | 1.9 | 183.4 |
| 1991 | 2.4 | 8.1 | 47.7 | 10.4 | 44.7 | 134.9 | 180.6 | 53.1 | 26.5 | 2.3 | 3.0 | 3.6 | 517.4 |

| 月份\年份 | 1 | 2 | 3 | 4 | 5 | 6 | 7 | 8 | 9 | 10 | 11 | 12 | 年值 |
|---|---|---|---|---|---|---|---|---|---|---|---|---|---|
| 1992 | 1.9 | 2.0 | 13.8 | 1.6 | 10.2 | 4.4 | 7.8 | 13.9 | 11.3 | 7.3 | 0.8 | 0.6 | 75.7 |
| 1993 | 6.3 | 8.5 | 12.3 | 4.9 | 18.7 | 18.6 | 22.4 | 30.1 | 9.1 | 1.1 | 8.3 | 5.0 | 145.2 |
| 1994 | 1.7 | 2.2 | 2.7 | 5.6 | 5.9 | 8.6 | 9.0 | 7.8 | 4.8 | 1.6 | 2.9 | 4.7 | 57.6 |
| 1995 | 2.0 | 1.4 | 0.6 | 1.8 | 4.0 | 9.9 | 31.8 | 28.6 | 2.0 | 4.5 | 1.9 | 1.2 | 89.6 |
| 1996 | 2.5 | 2.3 | 5.2 | 1.1 | 3.8 | 43.9 | 133.0 | 20.7 | 22.4 | 15.4 | 57.5 | 5.2 | 313.2 |
| 1997 | 3.4 | 3.5 | 17.3 | 6.9 | 6.8 | 7.7 | 35.4 | 3.5 | 2.6 | 0.8 | 4.4 | 2.7 | 95.0 |
| 1998 | 11.8 | 6.7 | 25.2 | 43.6 | 77.9 | 41.1 | 87.4 | 129.3 | 7.9 | 1.7 | 1.4 | 1.8 | 435.8 |
| 1999 | 1.4 | 0.3 | 0.7 | 2.6 | 7.6 | 8.7 | 11.9 | 5.6 | 4.5 | 6.5 | 1.1 | 0.9 | 51.8 |
| 2000 | 3.6 | 3.0 | 0.9 | 1.5 | 3.3 | 80.9 | 101.4 | 30.8 | 47.0 | 50.6 | 25.3 | 8.8 | 357.1 |
| 均值 | 3.3 | 5.7 | 8.9 | 12.9 | 19.5 | 29.3 | 63.9 | 42.9 | 21.8 | 13.0 | 8.7 | 3.8 | 233.8 |

表 7.3-3　　　　　　　骆马湖规划 2020 水平年入湖水量　　　　　单位：亿 m³

| 月份\年份 | 1 | 2 | 3 | 4 | 5 | 6 | 7 | 8 | 9 | 10 | 11 | 12 | 年值 |
|---|---|---|---|---|---|---|---|---|---|---|---|---|---|
| 11956 | 0.3 | 0.6 | 0.6 | 0.7 | 0.5 | 3.6 | 10.6 | 7.9 | 11.9 | 2.5 | 0.8 | 0.9 | 41.0 |
| 1957 | 0.7 | 1.0 | 1.6 | 0.7 | 0.4 | 1.7 | 57.3 | 44.3 | 4.6 | 1.1 | 0.6 | 0.6 | 114.6 |
| 1958 | 0.6 | 1.1 | 0.9 | 1.0 | 0.5 | 1.2 | 11.4 | 29.2 | 14.2 | 1.8 | 1.7 | 2.3 | 65.9 |
| 1959 | 1.6 | 1.3 | 1.0 | 0.9 | 0.6 | 2.3 | 3.1 | 2.1 | 2.5 | 0.8 | 0.6 | 0.6 | 17.3 |
| 1960 | 0.7 | 0.8 | 0.9 | 0.9 | 0.7 | 4.0 | 22.6 | 33.2 | 12.6 | 3.2 | 1.3 | 0.9 | 81.6 |
| 1961 | 0.7 | 0.7 | 0.6 | 0.7 | 0.5 | 0.9 | 9.3 | 9.4 | 10.0 | 1.5 | 1.2 | 0.8 | 36.3 |
| 1962 | 0.6 | 0.6 | 0.4 | 0.8 | 0.5 | 1.7 | 14.7 | 21.6 | 18.8 | 5.1 | 5.1 | 3.7 | 73.7 |
| 1963 | 1.6 | 2.0 | 1.5 | 1.2 | 1.7 | 4.8 | 47.7 | 33.7 | 27.7 | 2.2 | 0.9 | 0.9 | 125.9 |
| 1964 | 0.8 | 0.9 | 0.7 | 3.1 | 3.5 | 5.2 | 17.7 | 27.3 | 34.0 | 21.6 | 4.9 | 1.9 | 121.6 |
| 1965 | 1.4 | 1.2 | 1.1 | 0.8 | 0.6 | 0.9 | 15.9 | 33.1 | 9.4 | 1.2 | 0.7 | 0.7 | 66.9 |
| 1966 | 0.5 | 0.6 | 1.1 | 0.7 | 0.5 | 0.7 | 9.0 | 3.3 | 1.1 | 0.7 | 0.3 | 0.4 | 18.8 |
| 1967 | 0.4 | 0.7 | 0.5 | 0.7 | 0.4 | 0.7 | 4.7 | 6.7 | 9.8 | 3.6 | 1.2 | 0.9 | 30.1 |
| 1968 | 0.8 | 0.7 | 0.4 | 0.7 | 0.4 | 0.6 | 3.4 | 2.0 | 0.8 | 1.6 | 0.6 | 0.7 | 12.6 |
| 1969 | 0.5 | 0.7 | 0.9 | 0.7 | 0.8 | 1.1 | 2.7 | 4.9 | 7.5 | 5.1 | 1.6 | 0.9 | 27.3 |
| 1970 | 0.9 | 1.4 | 0.5 | 0.8 | 0.4 | 2.3 | 21.7 | 17.2 | 13.6 | 2.3 | 1.0 | 1.1 | 63.2 |
| 1971 | 1.4 | 2.1 | 1.1 | 1.0 | 0.4 | 6.3 | 26.7 | 47.2 | 26.2 | 2.0 | 1.0 | 1.6 | 116.9 |
| 1972 | 1.5 | 1.3 | 0.8 | 0.6 | 0.7 | 0.6 | 4.4 | 7.6 | 7.6 | 3.4 | 1.5 | 1.1 | 31.2 |
| 1973 | 1.1 | 0.9 | 0.9 | 1.1 | 1.4 | 2.6 | 15.1 | 12.1 | 6.4 | 1.8 | 0.9 | 0.8 | 45.1 |
| 1974 | 0.5 | 0.9 | 1.0 | 1.0 | 0.8 | 0.7 | 11.7 | 48.8 | 14.7 | 2.3 | 1.0 | 1.2 | 84.6 |
| 1975 | 1.0 | 1.1 | 0.8 | 1.7 | 1.1 | 1.1 | 10.5 | 13.1 | 8.2 | 4.0 | 1.9 | 1.6 | 46.1 |
| 1976 | 1.1 | 1.1 | 0.8 | 1.0 | 0.8 | 0.8 | 5.8 | 7.0 | 3.4 | 1.6 | 0.6 | 0.6 | 24.6 |
| 1977 | 0.5 | 0.7 | 0.7 | 0.8 | 0.4 | 0.6 | 8.0 | 5.1 | 1.6 | 1.9 | 1.5 | 1.0 | 22.7 |

续表

| 月份<br>年份 | 1 | 2 | 3 | 4 | 5 | 6 | 7 | 8 | 9 | 10 | 11 | 12 | 年值 |
|---|---|---|---|---|---|---|---|---|---|---|---|---|---|
| 1978 | 0.6 | 0.8 | 0.8 | 0.7 | 0.4 | 1.0 | 6.7 | 10.1 | 2.8 | 1.5 | 0.9 | 0.7 | 27.1 |
| 1979 | 0.5 | 0.8 | 0.7 | 0.8 | 0.7 | 1.8 | 9.5 | 8.8 | 6.8 | 1.9 | 0.9 | 0.9 | 34.2 |
| 1980 | 0.7 | 0.6 | 0.5 | 1.0 | 0.8 | 7.2 | 10.6 | 6.1 | 4.4 | 2.7 | 1.3 | 1.0 | 36.7 |
| 1981 | 0.8 | 0.7 | 0.5 | 0.8 | 0.6 | 1.2 | 6.5 | 1.6 | 0.8 | 1.4 | 0.7 | 0.6 | 16.2 |
| 1982 | 0.4 | 0.5 | 0.6 | 0.7 | 0.6 | 0.5 | 8.2 | 8.2 | 2.1 | 1.8 | 1.2 | 1.2 | 26.1 |
| 1983 | 0.5 | 0.8 | 0.5 | 0.7 | 0.6 | 0.6 | 3.2 | 0.6 | 1.5 | 1.5 | 0.9 | 0.8 | 12.1 |
| 1984 | 0.3 | 0.7 | 0.5 | 0.9 | 0.7 | 0.8 | 11.2 | 6.9 | 7.1 | 2.5 | 1.6 | 1.1 | 34.5 |
| 1985 | 0.7 | 0.7 | 0.5 | 1.1 | 1.3 | 2.4 | 8.5 | 9.5 | 13.5 | 7.0 | 2.8 | 1.7 | 49.6 |
| 1986 | 1.0 | 1.0 | 0.6 | 0.8 | 0.7 | 1.3 | 5.1 | 5.9 | 2.7 | 1.0 | 0.7 | 0.8 | 21.7 |
| 1987 | 0.6 | 0.9 | 0.4 | 0.9 | 0.7 | 0.7 | 3.0 | 3.6 | 4.1 | 4.0 | 2.2 | 1.3 | 22.3 |
| 1988 | 0.6 | 0.6 | 0.5 | 0.7 | 0.8 | 0.6 | 5.9 | 2.3 | 0.9 | 0.9 | 0.5 | 0.7 | 15.1 |
| 1989 | 0.9 | 0.8 | 0.8 | 0.8 | 0.4 | 2.6 | 1.9 | 1.0 | 0.7 | 0.6 | 0.5 | 0.5 | 11.5 |
| 1990 | 0.4 | 0.6 | 0.7 | 0.8 | 0.4 | 4.7 | 11.6 | 27.4 | 11.5 | 1.0 | 0.8 | 0.8 | 60.7 |
| 1991 | 0.7 | 0.7 | 0.6 | 0.7 | 1.0 | 7.1 | 26.5 | 13.0 | 3.5 | 1.3 | 0.7 | 0.6 | 56.5 |
| 1992 | 0.8 | 0.6 | 1.2 | 0.7 | 1.0 | 0.7 | 3.3 | 4.8 | 4.2 | 3.0 | 0.6 | 0.6 | 21.2 |
| 1993 | 0.4 | 0.5 | 0.5 | 0.8 | 0.5 | 0.9 | 9.5 | 21.0 | 8.9 | 1.4 | 4.8 | 2.4 | 51.7 |
| 1994 | 0.9 | 1.0 | 0.5 | 0.9 | 0.5 | 1.5 | 5.0 | 16.6 | 11.9 | 3.8 | 2.0 | 1.4 | 46.1 |
| 1995 | 1.1 | 1.0 | 0.5 | 1.1 | 0.6 | 1.2 | 4.0 | 19.6 | 16.2 | 2.5 | 1.1 | 1.1 | 50.0 |
| 1996 | 0.9 | 0.8 | 1.3 | 0.8 | 0.7 | 2.4 | 5.8 | 8.1 | 2.8 | 1.5 | 1.3 | 0.9 | 27.5 |
| 1997 | 0.7 | 0.5 | 0.9 | 0.8 | 0.6 | 0.8 | 1.4 | 12.0 | 2.7 | 1.1 | 1.0 | 0.7 | 23.3 |
| 1998 | 0.5 | 0.8 | 1.7 | 2.5 | 3.3 | 2.3 | 11.8 | 35.2 | 19.6 | 2.2 | 1.3 | 1.4 | 82.6 |
| 1999 | 0.9 | 0.6 | 0.7 | 0.7 | 0.6 | 0.7 | 2.1 | 2.4 | 4.1 | 1.9 | 1.2 | 1.1 | 17.1 |
| 2000 | 1.0 | 1.0 | 0.6 | 0.7 | 0.6 | 1.2 | 6.3 | 6.1 | 5.3 | 3.2 | 2.9 | 2.0 | 30.9 |
| 均值 | 0.8 | 0.9 | 0.8 | 0.9 | 0.8 | 2.0 | 11.2 | 14.4 | 8.6 | 2.7 | 1.4 | 1.1 | 45.4 |

表 7.3 - 4　　　　　　　　　**骆马湖规划 2030 水平年入湖水量**　　　　　单位：亿 m³

| 月份<br>年份 | 1 | 2 | 3 | 4 | 5 | 6 | 7 | 8 | 9 | 10 | 11 | 12 | 年值 |
|---|---|---|---|---|---|---|---|---|---|---|---|---|---|
| 1956 | 0.3 | 0.6 | 0.4 | 0.7 | 0.5 | 3.0 | 10.2 | 7.4 | 11.2 | 2.3 | 0.6 | 0.7 | 38.0 |
| 1957 | 0.6 | 0.8 | 1.5 | 0.4 | 0.3 | 1.3 | 59.4 | 44.9 | 4.2 | 1.0 | 0.5 | 0.5 | 115.5 |
| 1958 | 0.5 | 0.9 | 0.8 | 1.0 | 0.4 | 0.9 | 9.5 | 29.6 | 13.9 | 1.9 | 1.5 | 1.1 | 62.1 |
| 1959 | 0.6 | 0.5 | 0.6 | 0.8 | 0.5 | 3.2 | 3.1 | 2.5 | 2.6 | 0.8 | 0.7 | 0.7 | 16.5 |
| 1960 | 0.7 | 0.7 | 0.8 | 0.8 | 0.7 | 3.9 | 23.0 | 32.8 | 12.2 | 3.0 | 1.1 | 0.7 | 80.4 |
| 1961 | 0.5 | 0.7 | 0.3 | 0.6 | 0.4 | 1.1 | 9.1 | 7.0 | 9.4 | 1.4 | 1.2 | 0.8 | 32.5 |
| 1962 | 0.5 | 0.5 | 0.3 | 0.8 | 0.5 | 1.6 | 16.4 | 21.7 | 18.1 | 5.1 | 5.0 | 3.7 | 74.2 |
| 1963 | 1.3 | 1.4 | 1.3 | 1.0 | 1.4 | 3.0 | 48.3 | 33.7 | 27.7 | 2.0 | 0.7 | 0.7 | 122.5 |
| 1964 | 0.6 | 0.7 | 0.4 | 2.7 | 2.1 | 4.8 | 17.7 | 27.3 | 34.4 | 21.8 | 4.4 | 1.3 | 118.3 |

| 月份<br>年份 | 1 | 2 | 3 | 4 | 5 | 6 | 7 | 8 | 9 | 10 | 11 | 12 | 年值 |
|---|---|---|---|---|---|---|---|---|---|---|---|---|---|
| 1965 | 0.9 | 0.8 | 1.1 | 0.7 | 0.5 | 1.4 | 15.5 | 34.4 | 8.9 | 1.1 | 0.5 | 0.5 | 66.3 |
| 1966 | 0.4 | 0.5 | 1.0 | 0.6 | 0.4 | 0.9 | 9.6 | 2.2 | 1.1 | 0.8 | 0.4 | 0.4 | 18.2 |
| 1967 | 0.4 | 0.7 | 0.5 | 0.9 | 0.4 | 1.0 | 5.8 | 6.3 | 9.0 | 3.3 | 0.7 | 0.6 | 29.5 |
| 1968 | 0.5 | 0.5 | 0.3 | 0.7 | 0.4 | 0.8 | 3.2 | 1.6 | 0.8 | 1.5 | 0.5 | 0.7 | 11.6 |
| 1969 | 0.4 | 0.6 | 0.8 | 0.6 | 0.9 | 0.6 | 2.7 | 4.1 | 6.5 | 4.7 | 0.8 | 0.5 | 23.4 |
| 1970 | 0.5 | 0.9 | 0.4 | 0.8 | 0.4 | 2.6 | 23.2 | 16.5 | 12.7 | 2.2 | 0.8 | 0.8 | 61.9 |
| 1971 | 0.8 | 1.2 | 0.7 | 1.0 | 0.4 | 5.6 | 27.7 | 47.9 | 26.0 | 1.9 | 0.6 | 0.8 | 114.6 |
| 1972 | 0.7 | 0.8 | 0.5 | 0.6 | 0.6 | 1.1 | 4.2 | 7.0 | 8.2 | 2.6 | 1.0 | 0.8 | 28.2 |
| 1973 | 0.8 | 0.7 | 0.8 | 1.1 | 1.0 | 3.0 | 15.3 | 11.5 | 6.2 | 1.9 | 0.7 | 0.6 | 43.8 |
| 1974 | 0.4 | 0.8 | 1.0 | 1.0 | 0.6 | 0.6 | 12.2 | 49.8 | 14.2 | 2.2 | 0.8 | 1.0 | 84.6 |
| 1975 | 0.8 | 0.8 | 0.7 | 1.0 | 1.0 | 1.3 | 10.5 | 12.2 | 7.6 | 3.9 | 1.6 | 0.8 | 42.3 |
| 1976 | 0.5 | 0.8 | 0.6 | 0.9 | 0.7 | 1.0 | 5.4 | 6.6 | 3.4 | 1.3 | 0.5 | 0.6 | 22.2 |
| 1977 | 0.5 | 0.6 | 0.5 | 0.7 | 0.4 | 0.6 | 8.1 | 4.3 | 1.6 | 2.0 | 1.5 | 1.0 | 21.9 |
| 1978 | 0.5 | 0.8 | 0.8 | 0.6 | 0.5 | 1.3 | 7.9 | 9.2 | 2.7 | 1.5 | 0.7 | 0.6 | 26.9 |
| 1979 | 0.4 | 0.7 | 0.7 | 0.9 | 0.6 | 2.8 | 9.5 | 7.4 | 5.9 | 1.8 | 0.8 | 0.8 | 32.2 |
| 1980 | 0.7 | 0.4 | 0.4 | 0.8 | 0.6 | 7.4 | 10.9 | 4.9 | 3.4 | 2.6 | 1.1 | 0.8 | 34.1 |
| 1981 | 0.7 | 0.5 | 0.3 | 0.7 | 0.5 | 1.5 | 6.3 | 1.3 | 0.6 | 1.5 | 0.5 | 0.5 | 14.9 |
| 1982 | 0.4 | 0.5 | 0.6 | 0.5 | 0.4 | 0.8 | 8.0 | 8.0 | 1.7 | 2.2 | 1.1 | 1.1 | 25.4 |
| 1983 | 0.5 | 0.7 | 0.5 | 0.5 | 0.5 | 0.9 | 3.1 | 0.6 | 1.6 | 1.4 | 0.7 | 0.6 | 11.6 |
| 1984 | 0.3 | 0.7 | 0.5 | 0.8 | 0.5 | 1.1 | 11.9 | 5.7 | 6.4 | 2.3 | 1.5 | 1.0 | 32.8 |
| 1985 | 0.6 | 0.5 | 0.4 | 1.0 | 1.2 | 2.4 | 8.8 | 8.7 | 14.7 | 6.4 | 2.3 | 1.5 | 48.5 |
| 1986 | 0.8 | 0.9 | 0.4 | 0.7 | 0.6 | 1.5 | 4.9 | 6.1 | 2.6 | 0.8 | 0.6 | 0.7 | 20.5 |
| 1987 | 0.6 | 0.9 | 0.3 | 0.7 | 0.4 | 0.8 | 2.8 | 3.3 | 4.3 | 4.1 | 2.1 | 1.1 | 21.6 |
| 1988 | 0.4 | 0.5 | 0.5 | 0.5 | 0.7 | 0.8 | 5.7 | 1.5 | 0.9 | 1.0 | 0.4 | 0.5 | 13.4 |
| 1989 | 1.0 | 0.7 | 0.7 | 0.9 | 0.4 | 2.7 | 1.6 | 0.7 | 0.8 | 0.7 | 0.4 | 0.4 | 10.7 |
| 1990 | 0.4 | 0.6 | 0.7 | 0.8 | 0.4 | 4.1 | 12.6 | 26.6 | 11.0 | 0.8 | 0.7 | 0.6 | 59.3 |
| 1991 | 0.7 | 0.5 | 0.6 | 0.6 | 0.8 | 6.3 | 28.4 | 12.5 | 3.3 | 1.1 | 0.6 | 0.6 | 56.1 |
| 1992 | 0.8 | 0.6 | 1.2 | 0.5 | 0.9 | 0.6 | 3.1 | 3.4 | 3.6 | 2.8 | 0.5 | 0.4 | 18.3 |
| 1993 | 0.4 | 0.4 | 0.5 | 0.7 | 0.4 | 1.1 | 10.2 | 19.8 | 8.3 | 1.3 | 4.9 | 2.3 | 50.2 |
| 1994 | 0.7 | 0.8 | 0.4 | 0.9 | 0.4 | 1.7 | 5.9 | 16.6 | 10.6 | 3.8 | 1.9 | 1.2 | 45.0 |
| 1995 | 1.1 | 0.8 | 0.4 | 1.0 | 0.5 | 1.5 | 3.6 | 20.0 | 15.1 | 2.5 | 0.9 | 0.9 | 48.3 |
| 1996 | 0.8 | 0.8 | 1.2 | 0.7 | 0.6 | 2.7 | 6.8 | 7.7 | 2.8 | 1.4 | 1.2 | 0.8 | 27.5 |
| 1997 | 0.7 | 0.4 | 0.9 | 0.7 | 0.5 | 1.1 | 1.3 | 12.4 | 3.0 | 1.2 | 1.0 | 0.7 | 24.0 |
| 1998 | 0.5 | 0.8 | 1.6 | 2.3 | 3.0 | 2.5 | 12.5 | 35.1 | 19.3 | 2.0 | 1.0 | 1.1 | 81.8 |
| 1999 | 0.8 | 0.4 | 0.6 | 0.6 | 0.5 | 1.0 | 2.0 | 2.0 | 3.9 | 1.9 | 1.1 | 0.9 | 15.6 |
| 2000 | 0.9 | 1.0 | 0.6 | 0.5 | 0.4 | 1.5 | 5.5 | 5.5 | 5.7 | 3.3 | 3.0 | 2.0 | 30.1 |
| 均值 | 0.6 | 0.7 | 0.7 | 0.8 | 0.7 | 2.0 | 11.4 | 14.0 | 8.3 | 2.6 | 1.2 | 0.9 | 43.9 |

### 7.3.2　需水量预测

按生活需水、工业需水、农业需水、建筑业与第三产业需水、河道外生态环境需水等行业预测洪泽湖、骆马湖周边地区规划需水量。

#### 1. 生活需水量预测

在预测基准年生活需水量时，充分考虑现状用水中存在的不合理用水和现状用水中不能满足的合理用水，同时注意协调省际周边地区用水定额的差异，将其控制在合理范围之内，在计算规划水平年生活需水量时，参考有关规划提出的宏观生活指导指标，主要考虑人民生活水平的提高在用水定额提升上的体现。规划水平年生活需水定额是在基准年需水定额的基础上考虑人民生活水平的进一步提高、区域生活水平的改善、城市供水管网的改造、节水器具的普及等因素后提出的，符合流域发展趋势。

城镇居民生活用水定额，在现状城镇生活用水调查与用水节水水平分析的基础上，参照国内外同类地区或城市居民生活用水变化的趋势和增长过程，结合对生活用水习惯、收入水平、水价水平的分析，根据未来的发展水平和生活水平，拟定不同水平用水定额。规划水平年的农村居民生活用水定额，应在对过去和现在用水定额分析的基础上，考虑未来农村生活水平的提高和供水条件的改善等综合拟定。

#### 2. 工业需水量预测

基准年工业需水分一般工业、高耗水工业和火电工业分别进行预测，工业需水量由工业增加值乘以相应的用水定额后得到。规划水平年流域工业需水预测是在基准年工业增加值、火电装机和用水定额的基础上，考虑弹性系数、产业结构布局及调整情况，结合流域水资源供需形式及工程布局条件，经分析计算后得到。

#### 3. 农业需水量预测

农业需水包括农田灌溉（分水田、水浇地、菜田）、林果地灌溉（含果树、苗圃、经济林等）、鱼塘补水、禽畜养殖等，可归结为农田灌溉需水量和林牧渔畜需水量两部分，其中农田灌溉需水量占农业需水量比重较大。农田灌溉需水量采用农田有效灌溉面积、灌溉水利用系数及 1956—2000 年长系列灌溉定额进行调节计算，然后分析确定各供水区长系列需水量。

在进行基准年农田灌溉需水预测时，以现状 2010 年工况为基本条件，同时修正现状未能满足的合理用水情况。

在进行规划水平年农田灌溉需水量调节计算时，主要考虑了作物种植结构的调整、物种的改良和灌溉制度的改进对农田灌溉净定额的影响及灌区配套改造和渠道衬砌对灌溉水利用系数的影响。

农田灌溉、林果地灌溉及牧草地灌溉需水，根据净灌溉定额和灌溉水利用系数进行估算。净灌溉定额综合考虑作物组成、气候条件、灌溉制度、复种指数等因素确定。拟定灌溉水利用系数时考虑不同类型灌区的差别，同时考虑灌区的节水发展等的影响。灌溉用水具有季节和年内分配不均匀的特点，综合考虑作物组成及不同生长期的需求、灌溉制度，以及降水月分配过程等影响因素，结合典型调查，提出灌溉需水量过程。

禽畜饲养需水量指家畜家禽养殖场的需水量，按大牲畜、小牲畜、家禽三类分别确定其用水定额，并预测相应需水量。

鱼塘需水量应根据鱼塘面积与补水定额估算。补水定额为单位面积的补水量，应根据降水量、水面蒸发量、鱼塘渗漏量和需换水次数确定。

**4. 建筑业与第三产业需水预测**

建筑业包括土木工程建筑业、线路管道和设备安装业、装修装饰业等，第三产业包括商业、餐饮业和服务业，建筑业和第三产业需水采用万元产业增加值与相应用水定额进行计算。

建筑业和第三产业基准年需水以现状调查的行业增加值和用水定额进行分析计算。规划水平年需水是在现状调查的行业增加值和用水定额的基础上，考虑区域经济增长水平对行业增加值进行预测，考虑行业节水规划对用水定额进行预测，然后进行相关分析计算。

**5. 河道外生态环境需水预测**

这里的生态需水为河道外生态环境建设所需水量，是保护、修复或建设某区域的生态环境需要人工补充的绿化、环境卫生需水和为维持一定水面湖泊、沼泽、湿地补水量，按城镇生态环境需水和农村湖泊沼泽湿地生态环境补水分别分析计算。

根据不同水平年生态环境维持与修复目标和对各项生态环境功能保护的具体要求，结合各地的实际情况，采用相应的方法预测河道外生态环境需水量。对城市绿化、防护林草等以植被需水为主体的，采用灌溉定额法；对河湖、湿地等补水，采用耗水率进行计算。

**6. 国民经济各行业需水预测成果**

经预测，洪泽湖周边地区规划 2020 年、2030 年多年平均需水量分别为 63.4 亿 m³ 和 63.9 亿 m³；骆马湖周边地区规划 2020 年、2030 年多年平均需水量分别为 20.9 亿 m³ 和 22.4 亿 m³。规划 2020 年、2030 年洪泽湖与骆马湖周边地区逐月需水量见表 7.3-5～表 7.3-8。

表 7.3-5　　　　　　　　　规划 2020 年洪泽湖周边地区需水量　　　　　　　　单位：亿 m³

| 月份\年份 | 1 | 2 | 3 | 4 | 5 | 6 | 7 | 8 | 9 | 10 | 11 | 12 | 年值 |
|---|---|---|---|---|---|---|---|---|---|---|---|---|---|
| 1956 | 2.1 | 2.5 | 1.6 | 1.5 | 6.9 | 2.7 | 6.8 | 7.3 | 7.5 | 3.9 | 2.8 | 1.7 | 47.3 |
| 1957 | 1.4 | 1.5 | 3.1 | 3.6 | 8.1 | 8.0 | 3.7 | 11.0 | 15.9 | 3.6 | 3.1 | 2.6 | 65.6 |
| 1958 | 2.1 | 1.3 | 3.5 | 3.5 | 8.5 | 13.4 | 10.6 | 6.9 | 9.9 | 2.3 | 1.8 | 1.5 | 65.3 |
| 1959 | 1.7 | 1.3 | 2.5 | 4.2 | 7.3 | 9.8 | 10.5 | 16.3 | 8.4 | 2.6 | 1.8 | 2.1 | 68.5 |
| 1960 | 2.1 | 1.3 | 1.6 | 4.6 | 8.8 | 10.3 | 5.5 | 11.1 | 7.5 | 2.8 | 1.5 | 1.3 | 58.4 |
| 1961 | 2.1 | 2.5 | 3.0 | 4.5 | 8.4 | 12.0 | 10.8 | 9.5 | 7.4 | 2.5 | 1.7 | 1.3 | 65.7 |
| 1962 | 2.3 | 1.7 | 4.4 | 4.1 | 10.2 | 9.5 | 3.3 | 6.6 | 5.8 | 2.4 | 1.4 | 2.1 | 53.8 |
| 1963 | 2.3 | 2.3 | 1.8 | 2.6 | 6.7 | 13.1 | 2.6 | 5.2 | 11.1 | 3.5 | 2.1 | 1.3 | 54.6 |
| 1964 | 1.3 | 1.3 | 2.2 | 1.5 | 7.0 | 12.1 | 13.2 | 7.4 | 8.0 | 3.5 | 3.1 | 2.1 | 62.7 |
| 1965 | 1.5 | 1.3 | 4.4 | 4.2 | 9.5 | 14.5 | 1.8 | 7.3 | 14.7 | 2.4 | 1.9 | 2.3 | 65.8 |
| 1966 | 1.6 | 2.0 | 1.6 | 2.9 | 9.5 | 13.4 | 13.2 | 19.0 | 15.4 | 3.4 | 2.1 | 2.0 | 86.1 |

| 月份<br>年份 | 1 | 2 | 3 | 4 | 5 | 6 | 7 | 8 | 9 | 10 | 11 | 12 | 年值 |
|---|---|---|---|---|---|---|---|---|---|---|---|---|---|
| 1967 | 1.6 | 2.1 | 1.7 | 3.3 | 9.8 | 15.1 | 9.8 | 16.5 | 12.8 | 3.5 | 1.4 | 2.1 | 79.7 |
| 1968 | 2.1 | 2.3 | 4.1 | 4.8 | 9.2 | 15.0 | 7.1 | 12.1 | 11.2 | 2.9 | 2.1 | 1.3 | 74.2 |
| 1969 | 1.5 | 1.3 | 3.0 | 2.5 | 7.5 | 13.5 | 5.0 | 12.2 | 8.2 | 2.8 | 3.2 | 2.1 | 62.8 |
| 1970 | 2.5 | 1.5 | 3.0 | 4.0 | 9.4 | 9.3 | 4.7 | 11.7 | 2.7 | 3.3 | 3.1 | 2.3 | 57.5 |
| 1971 | 1.7 | 1.3 | 3.0 | 4.6 | 9.2 | 2.5 | 10.6 | 9.2 | 8.7 | 2.8 | 3.0 | 2.3 | 58.9 |
| 1972 | 2.3 | 1.3 | 1.6 | 4.6 | 8.1 | 10.4 | 6.6 | 8.1 | 11.1 | 3.6 | 1.4 | 2.3 | 61.4 |
| 1973 | 1.3 | 1.3 | 3.1 | 2.7 | 8.0 | 10.1 | 5.2 | 15.3 | 9.3 | 2.6 | 2.1 | 2.1 | 63.1 |
| 1974 | 2.5 | 1.3 | 3.0 | 1.5 | 6.8 | 12.4 | 4.9 | 8.4 | 12.7 | 3.8 | 3.1 | 2.5 | 62.9 |
| 1975 | 1.3 | 2.1 | 3.6 | 2.5 | 9.6 | 10.9 | 4.0 | 9.2 | 8.0 | 3.1 | 2.8 | 1.3 | 58.4 |
| 1976 | 2.5 | 1.3 | 3.2 | 3.9 | 7.8 | 9.7 | 10.8 | 10.3 | 11.6 | 2.5 | 2.1 | 2.1 | 67.8 |
| 1977 | 2.3 | 2.5 | 2.8 | 1.9 | 6.9 | 14.2 | 6.0 | 10.4 | 8.5 | 3.8 | 2.2 | 2.3 | 63.8 |
| 1978 | 2.3 | 1.3 | 3.7 | 4.7 | 10.6 | 13.9 | 11.2 | 12.7 | 10.5 | 2.4 | 2.9 | 1.3 | 77.5 |
| 1979 | 1.5 | 2.3 | 1.8 | 2.5 | 9.3 | 8.6 | 3.8 | 12.3 | 6.3 | 2.8 | 2.1 | 2.3 | 55.6 |
| 1980 | 1.3 | 2.5 | 2.9 | 4.6 | 7.4 | 7.4 | 5.3 | 9.0 | 11.5 | 3.5 | 3.1 | 1.3 | 59.8 |
| 1981 | 1.3 | 1.5 | 3.9 | 4.6 | 10.0 | 9.9 | 8.2 | 11.7 | 11.8 | 2.8 | 3.0 | 2.3 | 71.0 |
| 1982 | 2.3 | 2.1 | 3.4 | 4.1 | 8.8 | 12.5 | 6.2 | 7.8 | 11.7 | 3.7 | 1.4 | 1.3 | 65.3 |
| 1983 | 2.1 | 1.7 | 3.2 | 5.5 | 9.9 | 9.3 | 7.9 | 12.1 | 10.4 | 3.1 | 2.1 | 1.5 | 68.8 |
| 1984 | 2.1 | 2.5 | 4.3 | 4.9 | 9.1 | 9.1 | 6.1 | 11.5 | 5.4 | 1.6 | 1.7 | 2.5 | 60.8 |
| 1985 | 2.1 | 1.3 | 2.8 | 4.0 | 7.4 | 12.9 | 5.0 | 11.6 | 8.3 | 3.0 | 2.1 | 1.3 | 61.8 |
| 1986 | 1.4 | 2.5 | 3.9 | 5.1 | 10.0 | 10.9 | 3.0 | 9.8 | 10.5 | 2.5 | 2.1 | 1.5 | 63.2 |
| 1987 | 1.3 | 1.3 | 1.7 | 4.1 | 8.3 | 10.6 | 4.7 | 5.8 | 13.1 | 2.0 | 2.4 | 1.3 | 56.6 |
| 1988 | 2.5 | 1.7 | 2.5 | 5.7 | 6.8 | 11.2 | 10.3 | 11.9 | 10.5 | 2.6 | 2.1 | 1.3 | 69.1 |
| 1989 | 1.3 | 1.3 | 3.2 | 2.7 | 11.0 | 8.5 | 7.3 | 9.9 | 10.8 | 2.8 | 1.9 | 2.3 | 63.0 |
| 1990 | 2.1 | 1.3 | 1.7 | 2.7 | 8.2 | 7.6 | 7.9 | 7.3 | 8.1 | 3.9 | 1.7 | 1.3 | 53.8 |
| 1991 | 1.3 | 1.3 | 1.6 | 3.5 | 7.4 | 4.6 | 5.6 | 12.3 | 7.9 | 3.9 | 2.1 | 1.3 | 52.8 |
| 1992 | 1.3 | 2.1 | 1.7 | 4.5 | 8.0 | 13.5 | 10.2 | 9.8 | 6.9 | 3.6 | 3.2 | 1.5 | 66.3 |
| 1993 | 1.3 | 1.3 | 2.9 | 5.6 | 7.4 | 10.8 | 6.5 | 4.8 | 10.9 | 3.4 | 2.6 | 1.5 | 59.0 |
| 1994 | 2.0 | 1.3 | 3.3 | 3.3 | 9.1 | 11.9 | 13.4 | 13.4 | 12.7 | 2.4 | 2.1 | 1.3 | 76.2 |
| 1995 | 1.4 | 2.3 | 3.4 | 3.7 | 7.4 | 11.2 | 6.6 | 7.0 | 12.1 | 2.5 | 2.1 | 1.5 | 61.2 |
| 1996 | 2.4 | 1.3 | 2.6 | 4.3 | 9.6 | 6.1 | 6.8 | 12.6 | 8.2 | 3.1 | 2.6 | 2.3 | 61.9 |
| 1997 | 2.1 | 1.5 | 1.9 | 2.7 | 9.2 | 12.5 | 6.1 | 11.2 | 13.9 | 2.4 | 1.4 | 1.3 | 66.2 |
| 1998 | 1.3 | 1.3 | 1.6 | 1.5 | 6.4 | 8.5 | 5.3 | 5.1 | 13.5 | 3.9 | 2.1 | 1.3 | 51.8 |
| 1999 | 2.4 | 2.2 | 2.8 | 2.8 | 7.6 | 10.4 | 11.5 | 9.6 | 8.2 | 2.1 | 3.1 | 2.2 | 64.9 |
| 2000 | 1.5 | 2.3 | 2.2 | 3.0 | 10.0 | 8.7 | 9.5 | 8.5 | 11.6 | 2.1 | 1.4 | 2.3 | 63.1 |
| 均值 | 1.8 | 1.7 | 2.8 | 3.6 | 8.5 | 10.5 | 7.2 | 10.2 | 10.0 | 3.0 | 2.2 | 1.8 | 63.4 |

表 7.3-6 　　　　　　　　规划 2030 年洪泽湖周边地区需水量 　　　　　　　单位：亿 m³

| 月份<br>年份 | 1 | 2 | 3 | 4 | 5 | 6 | 7 | 8 | 9 | 10 | 11 | 12 | 年值 |
|---|---|---|---|---|---|---|---|---|---|---|---|---|---|
| 1956 | 2.2 | 2.6 | 1.8 | 1.7 | 6.9 | 2.9 | 6.8 | 7.3 | 7.5 | 4.0 | 3.0 | 1.8 | 48.5 |
| 1957 | 1.6 | 1.6 | 3.2 | 3.6 | 8.1 | 8.0 | 3.8 | 10.9 | 15.6 | 3.7 | 3.2 | 2.7 | 66.0 |
| 1958 | 2.2 | 1.5 | 3.6 | 3.6 | 8.5 | 13.2 | 10.4 | 6.9 | 9.8 | 2.4 | 1.9 | 1.6 | 65.6 |
| 1959 | 1.8 | 1.5 | 2.6 | 4.2 | 7.3 | 9.7 | 10.3 | 16.1 | 8.4 | 2.7 | 1.9 | 2.3 | 68.8 |
| 1960 | 2.2 | 1.5 | 1.8 | 4.7 | 8.7 | 10.2 | 5.5 | 10.9 | 7.5 | 2.9 | 1.6 | 1.5 | 59.0 |
| 1961 | 2.2 | 2.6 | 3.1 | 4.6 | 8.3 | 11.9 | 10.6 | 9.4 | 7.4 | 2.6 | 1.9 | 1.5 | 66.1 |
| 1962 | 2.4 | 1.9 | 4.4 | 4.2 | 10.1 | 9.4 | 3.3 | 6.6 | 5.8 | 2.5 | 1.6 | 2.3 | 54.5 |
| 1963 | 2.4 | 2.5 | 2.0 | 2.7 | 6.7 | 12.9 | 2.7 | 5.2 | 11.0 | 3.6 | 2.2 | 1.5 | 55.4 |
| 1964 | 1.5 | 1.5 | 2.4 | 1.7 | 7.0 | 11.9 | 13.0 | 7.4 | 7.9 | 3.5 | 3.2 | 2.3 | 63.3 |
| 1965 | 1.6 | 1.5 | 4.4 | 4.3 | 9.4 | 14.3 | 2.0 | 7.3 | 14.5 | 2.5 | 2.0 | 2.5 | 66.3 |
| 1966 | 1.8 | 2.2 | 1.7 | 3.0 | 9.5 | 13.2 | 13.0 | 18.6 | 15.2 | 3.5 | 2.2 | 2.2 | 86.1 |
| 1967 | 1.8 | 2.2 | 1.8 | 3.4 | 9.7 | 14.8 | 9.7 | 16.2 | 12.6 | 3.6 | 1.6 | 2.2 | 79.6 |
| 1968 | 2.2 | 2.4 | 4.1 | 4.9 | 9.1 | 14.7 | 7.1 | 11.9 | 11.1 | 3.0 | 2.2 | 1.5 | 74.2 |
| 1969 | 1.6 | 1.5 | 3.1 | 2.6 | 7.5 | 13.3 | 5.1 | 12.0 | 8.2 | 2.9 | 3.3 | 2.3 | 63.4 |
| 1970 | 2.6 | 1.7 | 3.1 | 4.1 | 9.3 | 9.2 | 4.8 | 11.6 | 2.8 | 3.4 | 3.2 | 2.4 | 58.2 |
| 1971 | 1.8 | 1.5 | 3.1 | 4.7 | 9.1 | 2.6 | 10.5 | 9.1 | 8.6 | 2.9 | 3.2 | 2.4 | 59.5 |
| 1972 | 2.4 | 1.5 | 1.8 | 4.6 | 8.0 | 10.3 | 6.6 | 8.1 | 10.9 | 3.7 | 1.6 | 2.5 | 62.0 |
| 1973 | 1.5 | 1.5 | 3.2 | 2.8 | 7.9 | 10.0 | 5.2 | 15.1 | 9.2 | 2.7 | 2.2 | 2.3 | 63.6 |
| 1974 | 2.6 | 1.5 | 3.1 | 1.7 | 6.8 | 12.2 | 4.9 | 8.3 | 12.6 | 3.9 | 3.2 | 2.6 | 63.4 |
| 1975 | 1.5 | 2.3 | 3.6 | 2.7 | 9.5 | 10.7 | 4.1 | 9.1 | 7.9 | 3.2 | 2.9 | 1.5 | 59.0 |
| 1976 | 2.6 | 1.5 | 3.3 | 3.9 | 7.7 | 9.6 | 10.6 | 10.2 | 11.5 | 2.6 | 2.2 | 2.3 | 68.0 |
| 1977 | 2.4 | 2.6 | 2.9 | 2.0 | 6.9 | 14.0 | 6.0 | 10.3 | 8.5 | 3.8 | 2.3 | 2.4 | 64.1 |
| 1978 | 2.4 | 1.5 | 3.8 | 4.8 | 10.5 | 13.7 | 11.1 | 12.5 | 10.4 | 2.5 | 3.0 | 1.5 | 77.7 |
| 1979 | 1.6 | 2.5 | 1.9 | 2.7 | 9.3 | 8.5 | 3.9 | 12.1 | 6.3 | 2.9 | 2.2 | 2.4 | 56.3 |
| 1980 | 1.5 | 2.6 | 3.0 | 4.6 | 7.4 | 7.4 | 5.4 | 8.9 | 11.3 | 3.5 | 3.2 | 1.5 | 60.3 |
| 1981 | 1.5 | 1.7 | 4.0 | 4.7 | 9.9 | 9.8 | 8.2 | 11.6 | 11.6 | 2.9 | 3.1 | 2.4 | 71.4 |
| 1982 | 2.4 | 2.3 | 3.5 | 4.2 | 8.7 | 12.3 | 6.2 | 7.8 | 11.6 | 3.8 | 1.6 | 1.5 | 65.9 |
| 1983 | 2.2 | 1.8 | 3.3 | 5.5 | 9.8 | 9.2 | 7.9 | 12.0 | 10.3 | 3.2 | 2.2 | 1.6 | 69.0 |
| 1984 | 2.2 | 2.6 | 4.4 | 4.9 | 9.0 | 9.0 | 6.1 | 11.4 | 5.4 | 1.8 | 1.8 | 2.6 | 61.2 |
| 1985 | 2.2 | 1.5 | 2.9 | 4.0 | 7.3 | 12.7 | 5.0 | 11.4 | 8.2 | 3.1 | 2.2 | 1.5 | 62.0 |
| 1986 | 1.5 | 2.6 | 4.0 | 5.1 | 9.9 | 10.8 | 3.1 | 9.7 | 10.4 | 2.6 | 2.2 | 1.7 | 63.6 |
| 1987 | 1.5 | 1.5 | 1.8 | 4.1 | 8.2 | 10.4 | 4.7 | 5.9 | 12.9 | 2.1 | 2.5 | 1.5 | 57.1 |
| 1988 | 2.6 | 1.9 | 2.6 | 5.7 | 6.8 | 11.0 | 10.2 | 11.7 | 10.4 | 2.7 | 2.2 | 1.5 | 69.3 |
| 1989 | 1.5 | 1.5 | 3.3 | 2.8 | 10.9 | 8.4 | 7.3 | 9.8 | 10.7 | 2.9 | 2.0 | 2.4 | 63.5 |

续表

| 月份 年份 | 1 | 2 | 3 | 4 | 5 | 6 | 7 | 8 | 9 | 10 | 11 | 12 | 年值 |
|---|---|---|---|---|---|---|---|---|---|---|---|---|---|
| 1990 | 2.2 | 1.5 | 1.8 | 2.8 | 8.2 | 7.6 | 7.9 | 7.2 | 8.0 | 4.0 | 1.9 | 1.5 | 54.6 |
| 1991 | 1.5 | 1.5 | 1.7 | 3.6 | 7.4 | 4.7 | 5.6 | 12.2 | 7.8 | 4.0 | 2.2 | 1.5 | 53.7 |
| 1992 | 1.5 | 2.3 | 1.8 | 4.5 | 7.9 | 13.3 | 10.1 | 9.7 | 6.9 | 3.7 | 3.3 | 1.6 | 66.6 |
| 1993 | 1.5 | 1.5 | 3.0 | 5.6 | 7.4 | 10.6 | 6.6 | 4.8 | 10.8 | 3.5 | 2.7 | 1.6 | 59.6 |
| 1994 | 2.2 | 1.5 | 3.4 | 3.4 | 9.0 | 11.7 | 13.2 | 13.2 | 12.5 | 2.5 | 2.2 | 1.5 | 76.3 |
| 1995 | 1.5 | 2.4 | 3.5 | 3.7 | 7.3 | 11.1 | 6.6 | 7.0 | 11.9 | 2.6 | 2.2 | 1.6 | 61.4 |
| 1996 | 2.5 | 1.5 | 2.7 | 4.4 | 9.6 | 6.1 | 6.8 | 12.4 | 8.1 | 3.2 | 2.7 | 2.5 | 62.5 |
| 1997 | 2.2 | 1.7 | 2.0 | 2.8 | 9.1 | 12.3 | 6.1 | 11.0 | 13.7 | 2.5 | 1.6 | 1.5 | 66.5 |
| 1998 | 1.5 | 1.5 | 1.7 | 1.7 | 6.4 | 8.5 | 5.3 | 5.1 | 13.3 | 4.0 | 2.2 | 1.5 | 52.7 |
| 1999 | 2.5 | 2.4 | 2.9 | 2.9 | 7.6 | 10.2 | 11.4 | 9.5 | 8.1 | 2.2 | 3.2 | 2.4 | 65.3 |
| 2000 | 1.6 | 2.5 | 2.3 | 3.1 | 9.8 | 8.6 | 9.4 | 8.5 | 11.5 | 2.3 | 1.6 | 2.4 | 63.6 |
| 均值 | 2.0 | 1.9 | 2.9 | 3.7 | 8.4 | 10.4 | 7.2 | 10.1 | 9.9 | 3.1 | 2.4 | 2.0 | 63.9 |

表 7.3－7    规划 2020 年骆马湖周边地区需水量    单位：亿 m³

| 月份 年份 | 1 | 2 | 3 | 4 | 5 | 6 | 7 | 8 | 9 | 10 | 11 | 12 | 年值 |
|---|---|---|---|---|---|---|---|---|---|---|---|---|---|
| 1956 | 0.8 | 0.8 | 0.8 | 0.8 | 2.6 | 1.4 | 2.8 | 2.7 | 3.4 | 1.0 | 1.0 | 0.8 | 18.9 |
| 1957 | 0.8 | 0.8 | 0.8 | 0.8 | 2.4 | 2.4 | 1.5 | 3.4 | 5.4 | 0.8 | 0.8 | 0.8 | 20.7 |
| 1958 | 0.8 | 0.8 | 1.0 | 0.8 | 2.6 | 4.1 | 2.6 | 2.2 | 3.8 | 0.8 | 0.8 | 0.8 | 21.1 |
| 1959 | 0.8 | 0.8 | 0.8 | 1.0 | 2.4 | 3.0 | 3.9 | 5.2 | 2.8 | 1.0 | 0.8 | 0.8 | 23.3 |
| 1960 | 0.8 | 0.8 | 0.8 | 1.0 | 2.4 | 3.2 | 2.4 | 3.5 | 2.7 | 1.0 | 1.0 | 0.8 | 20.4 |
| 1961 | 0.8 | 0.8 | 1.0 | 1.0 | 2.4 | 2.5 | 3.5 | 2.6 | 2.5 | 1.0 | 1.0 | 0.8 | 19.9 |
| 1962 | 0.8 | 0.8 | 1.0 | 1.0 | 2.6 | 2.0 | 2.0 | 2.4 | 2.7 | 1.0 | 0.8 | 0.8 | 17.7 |
| 1963 | 0.8 | 0.8 | 1.0 | 0.8 | 2.4 | 4.3 | 1.3 | 1.7 | 3.8 | 1.0 | 1.0 | 0.8 | 19.7 |
| 1964 | 0.8 | 0.8 | 1.0 | 0.8 | 2.4 | 3.3 | 3.6 | 2.3 | 2.1 | 0.8 | 1.0 | 0.8 | 19.7 |
| 1965 | 0.8 | 0.8 | 1.0 | 0.8 | 2.6 | 3.8 | 0.8 | 3.0 | 4.4 | 1.0 | 1.0 | 0.8 | 20.8 |
| 1966 | 0.8 | 0.8 | 0.8 | 1.0 | 2.6 | 4.8 | 3.6 | 5.9 | 5.3 | 1.0 | 1.0 | 0.8 | 28.4 |
| 1967 | 0.8 | 0.8 | 1.0 | 1.0 | 2.6 | 5.1 | 3.7 | 4.6 | 4.1 | 1.0 | 0.8 | 0.8 | 26.3 |
| 1968 | 0.8 | 0.8 | 1.0 | 0.8 | 2.6 | 5.7 | 3.0 | 3.7 | 3.8 | 1.0 | 1.0 | 0.8 | 25.0 |
| 1969 | 0.8 | 0.8 | 1.0 | 0.8 | 2.4 | 4.3 | 2.7 | 4.0 | 2.0 | 1.0 | 1.0 | 0.8 | 21.6 |
| 1970 | 0.8 | 0.8 | 1.0 | 0.8 | 2.6 | 2.3 | 1.9 | 3.9 | 2.1 | 0.8 | 1.0 | 0.8 | 18.8 |
| 1971 | 0.8 | 0.8 | 1.0 | 1.0 | 2.6 | 1.2 | 3.2 | 2.0 | 3.3 | 1.0 | 1.0 | 0.8 | 18.7 |
| 1972 | 0.8 | 0.8 | 0.8 | 1.0 | 2.4 | 2.9 | 1.5 | 3.1 | 3.6 | 0.8 | 0.8 | 0.8 | 19.3 |
| 1973 | 0.8 | 0.8 | 1.0 | 0.8 | 2.6 | 2.6 | 1.1 | 3.8 | 2.6 | 1.0 | 1.0 | 0.8 | 18.9 |
| 1974 | 0.8 | 0.8 | 1.0 | 0.8 | 2.4 | 4.0 | 1.7 | 2.7 | 3.8 | 1.0 | 1.0 | 0.8 | 20.8 |

续表

| 月份<br>年份 | 1 | 2 | 3 | 4 | 5 | 6 | 7 | 8 | 9 | 10 | 11 | 12 | 年值 |
|---|---|---|---|---|---|---|---|---|---|---|---|---|---|
| 1975 | 0.8 | 0.8 | 1.0 | 0.8 | 2.6 | 3.6 | 1.5 | 2.2 | 1.8 | 0.8 | 1.0 | 0.8 | 17.7 |
| 1976 | 0.8 | 0.8 | 1.0 | 0.8 | 2.6 | 2.8 | 2.6 | 2.1 | 3.6 | 1.0 | 1.0 | 0.8 | 19.9 |
| 1977 | 0.8 | 0.8 | 1.0 | 0.8 | 2.6 | 4.0 | 1.4 | 3.9 | 3.2 | 0.8 | 1.0 | 0.8 | 21.1 |
| 1978 | 0.8 | 0.8 | 1.0 | 1.0 | 2.6 | 3.3 | 2.3 | 2.2 | 3.4 | 1.0 | 1.0 | 0.8 | 20.2 |
| 1979 | 0.8 | 0.8 | 1.0 | 0.8 | 2.6 | 2.6 | 1.4 | 4.3 | 2.1 | 1.0 | 1.0 | 0.8 | 19.2 |
| 1980 | 0.8 | 0.8 | 1.0 | 1.0 | 2.4 | 2.5 | 2.6 | 2.9 | 4.2 | 0.8 | 1.0 | 0.8 | 20.8 |
| 1981 | 0.8 | 0.8 | 1.0 | 1.0 | 2.6 | 3.1 | 2.1 | 3.7 | 4.2 | 0.8 | 1.0 | 0.8 | 21.9 |
| 1982 | 0.8 | 0.8 | 1.0 | 1.0 | 2.4 | 3.8 | 2.2 | 2.6 | 4.2 | 1.0 | 0.8 | 0.8 | 21.4 |
| 1983 | 0.8 | 0.8 | 1.0 | 1.0 | 2.6 | 3.5 | 3.0 | 4.1 | 3.2 | 0.8 | 1.0 | 0.8 | 22.6 |
| 1984 | 0.8 | 0.8 | 1.0 | 1.0 | 2.4 | 2.5 | 1.8 | 4.1 | 2.4 | 1.0 | 1.0 | 0.8 | 19.6 |
| 1985 | 0.8 | 0.8 | 1.0 | 1.0 | 2.4 | 4.2 | 1.9 | 3.6 | 2.0 | 0.8 | 1.0 | 0.8 | 20.3 |
| 1986 | 0.8 | 0.8 | 1.0 | 1.0 | 2.6 | 3.7 | 2.0 | 3.0 | 3.5 | 1.0 | 1.0 | 0.8 | 21.2 |
| 1987 | 0.8 | 0.8 | 1.0 | 1.0 | 2.6 | 2.7 | 2.6 | 1.9 | 4.1 | 0.8 | 1.0 | 0.8 | 20.1 |
| 1988 | 0.8 | 0.8 | 1.0 | 1.0 | 2.4 | 4.5 | 3.6 | 3.6 | 3.9 | 1.0 | 1.0 | 0.8 | 24.4 |
| 1989 | 0.8 | 0.8 | 1.0 | 0.8 | 2.6 | 3.0 | 3.1 | 4.1 | 4.0 | 1.0 | 1.0 | 0.8 | 23.0 |
| 1990 | 0.8 | 0.8 | 1.0 | 0.8 | 2.4 | 2.7 | 2.3 | 2.7 | 3.4 | 1.0 | 1.0 | 0.8 | 19.7 |
| 1991 | 0.8 | 0.8 | 0.8 | 1.0 | 2.4 | 1.7 | 2.3 | 3.0 | 3.0 | 1.0 | 1.0 | 0.8 | 18.6 |
| 1992 | 0.8 | 0.8 | 1.0 | 1.0 | 2.4 | 3.5 | 3.2 | 2.7 | 2.3 | 1.0 | 1.0 | 0.8 | 20.5 |
| 1993 | 0.8 | 0.8 | 1.0 | 1.0 | 2.4 | 3.2 | 2.2 | 1.4 | 3.0 | 1.0 | 0.8 | 0.8 | 18.4 |
| 1994 | 0.8 | 0.8 | 1.0 | 0.8 | 2.6 | 2.8 | 2.4 | 2.4 | 3.4 | 0.8 | 1.0 | 0.8 | 19.6 |
| 1995 | 0.8 | 0.8 | 1.0 | 0.8 | 2.4 | 3.0 | 1.8 | 1.3 | 3.4 | 0.8 | 1.0 | 0.8 | 17.9 |
| 1996 | 0.8 | 0.8 | 1.0 | 0.8 | 2.6 | 2.1 | 1.9 | 4.3 | 2.5 | 0.8 | 1.0 | 0.8 | 19.4 |
| 1997 | 0.8 | 0.8 | 0.8 | 1.0 | 2.4 | 4.5 | 2.4 | 4.3 | 4.8 | 1.0 | 0.8 | 0.8 | 24.4 |
| 1998 | 0.8 | 0.8 | 1.0 | 0.8 | 2.4 | 3.0 | 2.0 | 1.8 | 4.8 | 1.0 | 1.0 | 0.8 | 20.0 |
| 1999 | 0.8 | 0.8 | 1.0 | 1.0 | 2.4 | 3.6 | 3.5 | 3.6 | 2.3 | 0.8 | 1.0 | 0.8 | 21.6 |
| 2000 | 0.8 | 0.8 | 1.0 | 1.0 | 2.6 | 2.9 | 3.0 | 2.6 | 3.6 | 0.8 | 0.8 | 0.8 | 20.7 |
| 均值 | 0.8 | 0.8 | 1.0 | 0.9 | 2.5 | 3.2 | 2.4 | 3.1 | 3.3 | 0.9 | 1.0 | 0.8 | 20.8 |

表 7.3 - 8 　　　　　　　　规划 2030 年骆马湖周边地区需水量　　　　　　单位：亿 m³

| 月份<br>年份 | 1 | 2 | 3 | 4 | 5 | 6 | 7 | 8 | 9 | 10 | 11 | 12 | 年值 |
|---|---|---|---|---|---|---|---|---|---|---|---|---|---|
| 1956 | 0.9 | 0.9 | 1.0 | 1.0 | 2.7 | 1.6 | 3.0 | 2.8 | 3.5 | 1.2 | 1.2 | 0.9 | 20.7 |
| 1957 | 0.9 | 0.9 | 1.0 | 1.0 | 2.5 | 2.5 | 1.7 | 3.5 | 5.5 | 1.0 | 1.0 | 0.9 | 22.4 |
| 1958 | 0.9 | 0.9 | 1.2 | 1.0 | 2.7 | 4.2 | 2.7 | 2.3 | 3.9 | 1.0 | 1.0 | 0.9 | 22.7 |
| 1959 | 0.9 | 0.9 | 1.0 | 1.2 | 2.5 | 3.1 | 4.0 | 5.3 | 2.9 | 1.2 | 1.0 | 0.9 | 24.9 |

续表

| 月份<br>年份 | 1 | 2 | 3 | 4 | 5 | 6 | 7 | 8 | 9 | 10 | 11 | 12 | 年值 |
|---|---|---|---|---|---|---|---|---|---|---|---|---|---|
| 1960 | 0.9 | 0.9 | 1.0 | 1.2 | 2.5 | 3.3 | 2.6 | 3.6 | 2.8 | 1.2 | 1.2 | 0.9 | 22.1 |
| 1961 | 0.9 | 0.9 | 1.2 | 1.2 | 2.5 | 2.6 | 3.6 | 2.8 | 2.6 | 1.2 | 1.2 | 0.9 | 21.6 |
| 1962 | 0.9 | 0.9 | 1.2 | 1.2 | 2.7 | 2.1 | 2.1 | 2.5 | 2.8 | 1.0 | 1.0 | 0.9 | 19.3 |
| 1963 | 0.9 | 0.9 | 1.2 | 1.0 | 2.5 | 4.4 | 1.4 | 1.8 | 3.9 | 1.2 | 1.2 | 0.9 | 21.3 |
| 1964 | 0.9 | 0.9 | 1.2 | 1.0 | 2.5 | 3.4 | 3.7 | 2.4 | 2.2 | 1.0 | 1.2 | 0.9 | 21.3 |
| 1965 | 0.9 | 0.9 | 1.2 | 1.0 | 2.7 | 3.9 | 1.0 | 3.1 | 4.4 | 1.2 | 1.2 | 0.9 | 22.4 |
| 1966 | 0.9 | 0.9 | 1.0 | 1.2 | 2.7 | 4.9 | 3.7 | 5.9 | 5.4 | 1.2 | 1.2 | 0.9 | 29.9 |
| 1967 | 0.9 | 0.9 | 1.2 | 1.2 | 2.7 | 5.2 | 3.8 | 4.6 | 4.2 | 1.2 | 1.0 | 0.9 | 27.8 |
| 1968 | 0.9 | 0.9 | 1.2 | 1.0 | 2.7 | 5.8 | 3.2 | 3.8 | 3.9 | 1.2 | 1.2 | 0.9 | 26.7 |
| 1969 | 0.9 | 0.9 | 1.2 | 1.0 | 2.5 | 4.4 | 2.8 | 4.1 | 2.1 | 1.2 | 1.2 | 0.9 | 23.2 |
| 1970 | 0.9 | 0.9 | 1.2 | 1.0 | 2.7 | 2.4 | 2.1 | 4.0 | 2.2 | 1.0 | 1.2 | 0.9 | 20.5 |
| 1971 | 0.9 | 0.9 | 1.2 | 1.2 | 2.7 | 1.3 | 3.3 | 2.1 | 3.4 | 1.2 | 1.2 | 0.9 | 20.3 |
| 1972 | 0.9 | 0.9 | 1.0 | 1.2 | 2.5 | 3.0 | 1.6 | 3.2 | 3.7 | 1.0 | 1.0 | 0.9 | 20.9 |
| 1973 | 0.9 | 0.9 | 1.2 | 1.0 | 2.7 | 2.7 | 1.3 | 3.9 | 2.7 | 1.2 | 1.2 | 0.9 | 20.6 |
| 1974 | 0.9 | 0.9 | 1.2 | 1.0 | 2.5 | 4.0 | 1.9 | 2.8 | 3.9 | 1.2 | 1.2 | 0.9 | 22.4 |
| 1975 | 0.9 | 0.9 | 1.2 | 1.0 | 2.7 | 3.7 | 1.6 | 2.4 | 1.9 | 1.0 | 1.2 | 0.9 | 19.4 |
| 1976 | 0.9 | 0.9 | 1.2 | 1.0 | 2.7 | 2.9 | 2.7 | 2.2 | 3.7 | 1.2 | 1.2 | 0.9 | 21.5 |
| 1977 | 0.9 | 0.9 | 1.2 | 1.0 | 2.7 | 4.1 | 1.5 | 4.0 | 3.3 | 1.0 | 1.2 | 0.9 | 22.7 |
| 1978 | 0.9 | 0.9 | 1.2 | 1.2 | 2.7 | 3.4 | 2.4 | 2.3 | 3.5 | 1.2 | 1.2 | 0.9 | 21.8 |
| 1979 | 0.9 | 0.9 | 1.2 | 1.0 | 2.7 | 2.7 | 1.5 | 4.4 | 2.2 | 1.2 | 1.2 | 0.9 | 20.8 |
| 1980 | 0.9 | 0.9 | 1.2 | 1.2 | 2.5 | 2.6 | 2.7 | 3.0 | 4.3 | 1.0 | 1.2 | 0.9 | 22.4 |
| 1981 | 0.9 | 0.9 | 1.2 | 1.2 | 2.7 | 3.2 | 2.2 | 3.8 | 4.3 | 1.0 | 1.2 | 0.9 | 23.5 |
| 1982 | 0.9 | 0.9 | 1.2 | 1.2 | 2.5 | 3.9 | 2.3 | 2.7 | 4.3 | 1.2 | 1.0 | 0.9 | 23.0 |
| 1983 | 0.9 | 0.9 | 1.2 | 1.2 | 2.7 | 3.6 | 3.1 | 4.2 | 3.3 | 1.0 | 1.2 | 0.9 | 24.2 |
| 1984 | 0.9 | 0.9 | 1.2 | 1.2 | 2.5 | 2.6 | 1.9 | 4.2 | 2.5 | 1.2 | 1.2 | 0.9 | 21.2 |
| 1985 | 0.9 | 0.9 | 1.2 | 1.2 | 2.5 | 4.3 | 2.1 | 3.7 | 2.1 | 1.0 | 1.2 | 0.9 | 22.0 |
| 1986 | 0.9 | 0.9 | 1.2 | 1.2 | 2.7 | 3.8 | 2.1 | 3.1 | 3.6 | 1.2 | 1.2 | 0.9 | 22.8 |
| 1987 | 0.9 | 0.9 | 1.2 | 1.2 | 2.7 | 2.9 | 2.7 | 2.0 | 4.2 | 1.2 | 1.2 | 0.9 | 21.8 |
| 1988 | 0.9 | 0.9 | 1.2 | 1.2 | 2.5 | 4.6 | 3.7 | 3.7 | 4.0 | 1.2 | 1.2 | 0.9 | 26.0 |
| 1989 | 0.9 | 0.9 | 1.2 | 1.0 | 2.7 | 3.1 | 3.2 | 4.2 | 4.0 | 1.2 | 1.2 | 0.9 | 24.5 |
| 1990 | 0.9 | 0.9 | 1.2 | 1.0 | 2.5 | 2.8 | 2.4 | 2.8 | 3.5 | 1.2 | 1.2 | 0.9 | 21.3 |
| 1991 | 0.9 | 0.9 | 1.0 | 1.2 | 2.5 | 1.8 | 2.4 | 3.1 | 3.1 | 1.2 | 1.2 | 0.9 | 20.2 |
| 1992 | 0.9 | 0.9 | 1.2 | 1.2 | 2.5 | 3.6 | 3.3 | 2.8 | 2.5 | 1.2 | 1.2 | 0.9 | 22.2 |
| 1993 | 0.9 | 0.9 | 1.2 | 1.2 | 2.5 | 3.3 | 2.3 | 1.5 | 3.1 | 1.2 | 1.0 | 0.9 | 20.0 |

续表

| 月份<br>年份 | 1 | 2 | 3 | 4 | 5 | 6 | 7 | 8 | 9 | 10 | 11 | 12 | 年值 |
|---|---|---|---|---|---|---|---|---|---|---|---|---|---|
| 1994 | 0.9 | 0.9 | 1.2 | 1.0 | 2.7 | 2.9 | 2.5 | 2.5 | 3.5 | 1.0 | 1.2 | 0.9 | 21.2 |
| 1995 | 0.9 | 0.9 | 1.2 | 1.0 | 2.5 | 3.1 | 1.9 | 1.4 | 3.5 | 1.0 | 1.2 | 0.9 | 19.5 |
| 1996 | 0.9 | 0.9 | 1.2 | 1.0 | 2.7 | 2.3 | 2.0 | 4.4 | 2.6 | 1.0 | 1.2 | 0.9 | 21.1 |
| 1997 | 0.9 | 0.9 | 1.0 | 1.2 | 2.5 | 4.6 | 2.5 | 4.3 | 4.9 | 1.2 | 1.0 | 0.9 | 25.9 |
| 1998 | 0.9 | 0.9 | 1.0 | 1.0 | 2.5 | 3.1 | 2.1 | 1.9 | 4.9 | 1.2 | 1.2 | 0.9 | 21.6 |
| 1999 | 0.9 | 0.9 | 1.2 | 1.2 | 2.5 | 3.7 | 3.6 | 3.7 | 2.5 | 1.2 | 1.2 | 0.9 | 23.3 |
| 2000 | 0.9 | 0.9 | 1.2 | 1.2 | 2.7 | 3.0 | 3.1 | 2.7 | 3.7 | 1.0 | 1.0 | 0.9 | 22.3 |
| 均值 | 0.9 | 0.9 | 1.2 | 1.1 | 2.6 | 3.3 | 2.5 | 3.2 | 3.4 | 1.1 | 1.2 | 0.9 | 22.4 |

## 7.4　模型输出成果分析

### 7.4.1　不同典型年计算分析

　　基于上述模型，开发两湖水资源合理配置系统软件，根据收集的历史水文资料，进行相关水利计算和系统计算设定。单湖配置模型设定 4 个用户：城镇生活、城镇工业、船闸用水、农业灌溉。设定到各用户的输水损失系数为 0.2，湖泊蒸发渗漏损失系数为 0.01。

　　规划 2020 水平年，洪泽湖出湖河道生态需水为 1.84 亿 $m^3$/月，船闸用水为 0.20 亿 $m^3$/月，城镇生活用水为 0.12 亿 $m^3$/月，城镇工业用水为 0.50 亿 $m^3$/月；骆马湖出湖河道生态需水为 0.74 亿 $m^3$/月，船闸用水为 0.26 亿 $m^3$/月，城镇生活用水为 0.20 亿 $m^3$/月，城镇工业用水为 0.05 亿 $m^3$/月。其中城镇工业用水和城镇生活用水是根据 2002 年数据以 2% 增长率计算到规划水平年。两湖农业灌溉用水根据 1956—1999 年长系列灌溉用水资料进行概率计算，取 85% 保证率年份灌溉用水过程作为规划水平年的农业灌溉用水过程；规划水平年来水过程利用历史来水资料。

　　运用该优化配置软件系统，进行洪泽湖与骆马湖规划水平年来水情况下水资源优化配置计算。两湖水资源协调配置模型，可指导当前月水资源调度，而对于规划水平年 2020 年的两湖水资源联合调度，关系到水文预报内容，难度较大，故现阶段采用弃水量调度规则：当 A 湖泊经过本湖泊水资源配置后有弃水量，而 B 湖泊经过本湖泊水资源配置后存在缺水量（各用户需水毛总差值），则用 A 湖泊弃水量去补给 B 湖泊缺水量，直至弃水量用完或者 B 湖泊各用户满意度都达到 100%。表 7.4-1 为典型年两湖水资源联合配置结果。

　　由表 7.4-1 可知，在长系列过程中，两湖确实在有些时段存在着水量余缺互济，通过水资源联合配置后，两湖的满意度总体上都得到了提高。例如，在典型年 1956 年，2—4 月洪泽湖向骆马湖调水量分别为 0.59 亿 $m^3$、2.90 亿 $m^3$、1.08 亿 $m^3$，调水后，在洪泽湖用水满意度不变的情况下，骆马湖的满意度分别从 0.19、0、0.96 提高到 1.0、0.99、1.0。

表 7.4-1　　　　　　　　　　　　典型年两湖水资源联合配置结果

| 月份 | | 1 | 2 | 3 | 4 | 5 | 6 | 7 | 8 | 9 | 10 | 11 | 12 |
|---|---|---|---|---|---|---|---|---|---|---|---|---|---|
| 1956年两湖水量配置结果（满意度） | 互调水量/亿 m³ | | 0.59 | 2.90 | 1.08 | | | | | | | | 0.59 |
| | 洪泽湖（前） | 1.00 | 1.00 | 1.00 | 1.00 | 1.00 | 1.00 | 1.00 | 1.00 | 1.00 | 1.00 | 1.00 | 1.00 |
| | 洪泽湖（后） | 1.00 | 1.00 | 1.00 | 1.00 | 1.00 | 1.00 | 1.00 | 1.00 | 1.00 | 1.00 | 1.00 | 1.00 |
| | 骆马湖（前） | 1.00 | 0.19 | 0 | 0.96 | 1.00 | 1.00 | 1.00 | 1.00 | 1.00 | 1.00 | 1.00 | 0.19 |
| | 骆马湖（后） | 1.00 | 1.00 | 0.99 | | | | | | | | | |
| 1983年两湖水量配置结果（满意度） | 互调水量/亿 m³ | | | | | | 3.18 | 1.16 | 4.81 | 3.79 | 0.29 | 0.90 | 0.57 |
| | 洪泽湖（前） | 1.00 | 1.00 | 1.00 | 1.00 | 1.00 | 1.00 | 1.00 | 1.00 | 1.00 | 1.00 | 1.00 | 1.00 |
| | 洪泽湖（后） | 1.00 | 1.00 | 1.00 | 1.00 | 1.00 | 1.00 | 1.00 | 1.00 | 1.00 | 1.00 | 1.00 | 1.00 |
| | 骆马湖（前） | 1.00 | 0.66 | 0 | 0 | 0 | 0.34 | 0.96 | 0 | 0.91 | 0.91 | 0 | 0 |
| | 骆马湖（后） | 1.00 | 0.66 | 0 | 0 | 0 | 1.00 | 1.00 | 1.00 | 1.00 | 1.00 | 0.98 | 0.64 |
| 1987年两湖水量配置结果（满意度） | 互调水量/亿 m³ | | | | | 2.90 | 3.28 | 1.44 | 2.29 | 1.03 | | | |
| | 洪泽湖（前） | 1.00 | 1.00 | 1.00 | 1.00 | 1.00 | 1.00 | 1.00 | 1.00 | 1.00 | 1.00 | 1.00 | 1.00 |
| | 洪泽湖（后） | 1.00 | 1.00 | 1.00 | 1.00 | 1.00 | 1.00 | 1.00 | 1.00 | 1.00 | 1.00 | 1.00 | 1.00 |
| | 骆马湖（前） | 0 | 0.28 | 0 | 0 | 0 | 0.15 | 0.95 | 0.95 | 0.97 | 1.00 | 1.00 | 1.00 |
| | 骆马湖（后） | 0 | 0.28 | 0 | 0 | 0.98 | 1.00 | 1.00 | 1.00 | 1.00 | 1.00 | 1.00 | 1.00 |
| 1994年两湖水量配置结果（满意度） | 互调水量/亿 m³ | | | | | | | | −7.40 | −5.21 | −0.44 | −0.19 | |
| | 洪泽湖（前） | 1.00 | 1.00 | 1.00 | 0.98 | 0.94 | 0.94 | 0.95 | 0.93 | 0.92 | | 0.90 | 1.00 |
| | 洪泽湖（后） | 1.00 | 1.00 | 1.00 | 0.98 | 0.94 | 0.94 | 0.95 | 0.99 | 0.96 | 0.51 | 0.91 | 1.00 |
| | 骆马湖（前） | 1.00 | 1.00 | 1.00 | 1.00 | 1.00 | 1.00 | 1.00 | 0.92 | 1.00 | 1.00 | 1.00 | 1.00 |
| | 骆马湖（后） | 1.00 | | | | | | | 0.92 | | | | 1.00 |

在典型年 1983 年，6—12 月有调水发生，以上各月洪泽湖向骆马湖调水量分别为 3.18 亿 m³、1.16 亿 m³、4.81 亿 m³、3.79 亿 m³、0.29 亿 m³、0.90 亿 m³、0.57 亿 m³，在洪泽湖用水满意度不变的情况下，骆马湖各月的满意度分别从 0.34、0.96、0、0.91、0.91、0、0 提高到 1.0、1.0、0.99、1.0、1.0、0.98、0.64。

在典型年 1994 年，8—11 月有调水发生，以上各月骆马湖向洪泽湖调水量分别为 7.40 亿 m³、5.21 亿 m³、0.44 亿 m³、0.19 亿 m³，在骆马湖用水满意度不变的情况下，洪泽湖以上各月的满意度分别从 0.93、0.92、0、0.9 提高到 0.99、0.96、0.51、0.91。可见两湖水资源联合配置有助于水资源的有效利用，能一定程度地实现余缺互补，有助于实现两湖供水区经济社会的可持续发展。

## 7.4.2　不同方案计算分析

以洪泽湖与骆马湖水资源联合优化调度数学模型为核心，利用淮沂水系洪泽湖与骆马湖水资源联合优化调度软件系统，根据两湖历史长系列来水资料和各用户 2020 年规划水平年需水预测，分别进行单湖水资源优化配置计算和两湖水资源联合优化调度计算。

1. 计算方案设置

模型以月为计算单元，计算一个水利年度（6 月至第二年 5 月），其中 6—9 月为汛期。汛前水位设定为死水位和正常蓄水位的平均值，洪泽湖、骆马湖系统初始水位分别为 12.15m、21.75m。单湖模型设定 4 个用水户：城镇生活、城镇工业、船闸、农业灌溉。各用水户规划 2020 水平年理想需水量见表 7.4-2。其中，农业灌溉根据 1956—1999 年长系列农业灌溉用水资料，选取 85% 保证率年份灌溉用水过程。城镇生活、城镇工业、船闸、农业灌溉 4 个用户最低需水量所占理想需水量比重系数分别为：0.95、0.9、0.9、0。各用户的输水损失系数为 0.2，湖泊蒸发渗漏损失系数为 0.01。单时段协调参数 $a$、$b$、$c$、$d$ 分别定为 0.5、0.05、1、1。

表 7.4-2　　　　　　　　各用水户规划 2020 水平年理想需水量　　　　　　单位：亿 $m^3$

| 湖　系 | 城镇生活 | 城镇工业 | 船闸 | 农业灌溉 |
|---|---|---|---|---|
| 洪泽湖系统 | 0.124 | 0.500 | 0.198 | 1.863 |
| 骆马湖系统 | 0.203 | 0.050 | 0.256 | 0.740 |

根据两水系长系列来水资料，分别选定 1996—1997 年、1961—1962 年为洪泽湖 20% 丰水典型年、90% 枯水典型年，1964—1965 年、1996—1997 年为骆马湖 20% 丰水典型年、90% 枯水典型年。设定以下三个计算方案。

方案一：洪泽湖 20% 丰水，骆马湖 90% 枯水，两湖联合调度计算。

方案二：洪泽湖 90% 枯水，骆马湖 20% 丰水，两湖联合调度计算。

方案三：洪泽湖 20% 丰水、90% 枯水，骆马湖 20% 丰水、90% 枯水，单湖配置计算。

两湖不同频率下来水过程见表 7.4-3。

表 7.4-3　　　　　　　　　　　两湖不同频率下来水过程　　　　　　　　单位：万 $m^3$

| 月份 | 洪泽湖 20% 丰水 | 洪泽湖 90% 枯水 | 骆马湖 20% 丰水 | 骆马湖 90% 枯水 |
|---|---|---|---|---|
| 6 | 439270 | 29263 | 48380 | 26859 |
| 7 | 1330325 | 64554 | 176963 | 67902 |
| 8 | 207459 | 76729 | 273109 | 77046 |
| 9 | 223875 | 140243 | 344326 | 28090 |
| 10 | 154291 | 31678 | 217943 | 13667 |
| 11 | 575476 | 94098 | 43578 | 12430 |
| 12 | 52161 | 39558 | 13220 | 7880 |
| 1 | 34397 | 21030 | 8558 | 6806 |
| 2 | 34802 | 21184 | 8130 | 3990 |
| 3 | 173042 | 11391 | 10892 | 8993 |
| 4 | 69295 | 27501 | 7324 | 7299 |
| 5 | 68019 | 23508 | 4945 | 4818 |

2. 计算结果分析

从不同计算方案的结果（表 7.4-4～表 7.4-6）中，可以得出以下结论。

(1) 两湖联调，水资源"由丰到枯"，改善了缺水湖系的缺水情况。

表 7.4-4　　　　　　　　　　　　两湖联调计算结果（方案一）　　　　　　　　　单位：亿 m³

| 月份 | 互调水量 | 洪泽湖 20% | | | 骆马湖 90% | | |
| --- | --- | --- | --- | --- | --- | --- | --- |
| | | 系统综合满意度 | 余缺水量 | 弃水量 | 系统综合满意度 | 余缺水量 | 弃水量 |
| 6 | 4.99 | 1.00 | 39.08 | 6.95 | 1.00 | 6.89 | 0 |
| 7 | 0 | 1.00 | 144.94 | 117.79 | 1.00 | 9.34 | 2.45 |
| 8 | 0 | 1.00 | 30.62 | 3.47 | 1.00 | 8.95 | 2.06 |
| 9 | 2.60 | 1.00 | 34.06 | 4.30 | 1.00 | 6.89 | 0 |
| 10 | 0.38 | 1.00 | 37.01 | 9.48 | 1.00 | 6.89 | 0 |
| 11 | 0 | 1.00 | 79.74 | 62.79 | 1.00 | 6.40 | 1.09 |
| 12 | 0 | 1.00 | 18.20 | 0.60 | 1.00 | 5.31 | 0 |
| 1 | 0.65 | 1.00 | 15.00 | 0 | 1.00 | 4.56 | 0 |
| 2 | 0 | 1.00 | 14.06 | 0 | 1.00 | 3.52 | 0 |
| 3 | 0 | 1.00 | 25.97 | 0 | 1.00 | 2.71 | 0 |
| 4 | 0 | 1.00 | 23.44 | 0 | 1.00 | 1.97 | 0 |
| 5 | 1.23 | 1.00 | 18.16 | 0 | 1.00 | 0 | 0 |
| 平均 | 0.82 | 1.00 | 40.02 | 17.12 | 1.00 | 5.29 | 0.47 |
| 总和 | 9.85 | | | 205.38 | | | 5.60 |

表 7.4-5　　　　　　　　　　　　两湖联调计算结果（方案二）　　　　　　　　　单位：亿 m³

| 月份 | 互调水量 | 洪泽湖 90% | | | 骆马湖 20% | | |
| --- | --- | --- | --- | --- | --- | --- | --- |
| | | 系统综合满意度 | 余缺水量 | 弃水量 | 系统综合满意度 | 余缺水量 | 弃水量 |
| 6 | −1.92 | 1.00 | 0 | 0 | 1.00 | 2.14 | 0 |
| 7 | −8.65 | 1.00 | 0.14 | 0 | 1.00 | 7.03 | 0 |
| 8 | −21.67 | 1.00 | 12.47 | 0 | 1.00 | 19.36 | 0 |
| 9 | −15.99 | 1.00 | 27.15 | 0 | 1.00 | 35.91 | 13.03 |
| 10 | −2.41 | 1.00 | 27.15 | 0 | 1.00 | 26.94 | 17.64 |
| 11 | 0 | 1.00 | 31.61 | 14.66 | 1.00 | 9.52 | 4.21 |
| 12 | 0 | 1.00 | 16.94 | 0 | 1.00 | 5.19 | 0 |
| 1 | 0 | 1.00 | 13.66 | 0 | 1.00 | 4.62 | 0 |
| 2 | 0 | 1.00 | 11.37 | 0 | 1.00 | 3.99 | 0 |
| 3 | 0 | 1.00 | 7.14 | 0 | 1.00 | 3.37 | 0 |
| 4 | 0 | 1.00 | 0.62 | 0 | 1.00 | 2.62 | 0 |
| 5 | 0 | 1.00 | 0 | 0 | 1.00 | 0 | 0 |
| 平均 | −4.22 | 0.90 | 12.35 | 1.22 | 0.98 | 10.06 | 2.91 |
| 总和 | −50.63 | 0.99 | | 14.66 | 1.00 | | 34.88 |

注　互调水量负值表示骆马湖给洪泽湖调水。

表 7.4-6　　　　　　　子系统单独优化配置结果（方案三）　　　　　　单位：亿 m³

| 月份 | 洪泽湖 20% | | 洪泽湖 90% | | 骆马湖 20% | | 骆马湖 90% | |
|---|---|---|---|---|---|---|---|---|
| | 系统综合满意度 | 余缺水量 | 系统综合满意度 | 余缺水量 | 系统综合满意度 | 余缺水量 | 系统综合满意度 | 余缺水量 |
| 6 | 1.00 | 11.93 | 0.99 | 0 | 1.00 | 0 | 1.00 | 0 |
| 7 | 1.00 | 117.97 | 0.93 | 0 | 1.00 | 10.55 | 1.00 | 0 |
| 8 | 1.00 | 3.47 | 0.93 | 0 | 1.00 | 21.67 | 1.00 | 0 |
| 9 | 1.00 | 6.91 | 0.99 | 0 | 1.00 | 29.02 | 1.00 | 0 |
| 10 | 1.00 | 9.86 | 0.91 | 0 | 1.00 | 20.05 | 1.00 | 0 |
| 11 | 1.00 | 62.79 | 1 | 0 | 1.00 | 4.21 | 1.00 | 0 |
| 12 | 1.00 | 1.25 | 1 | 0 | 1.00 | 0 | 1.00 | 0 |
| 1 | 1.00 | 0 | 1 | 0 | 1.00 | 0 | 1.00 | 0 |
| 2 | 1.00 | 0 | 0.97 | 0 | 1.00 | 0 | 1.00 | 0 |
| 3 | 1.00 | 0 | 0 | 0 | 1.00 | 0 | 0.99 | 0 |
| 4 | 1.00 | 0 | 0.83 | 0 | 1.00 | 0 | 0 | 0 |
| 5 | 1.00 | 0 | 0.64 | 0 | 0.98 | 0 | 0 | 0 |
| 平均 | 1.00 | 17.83 | 0.85 | 0 | 1.00 | 7.13 | 0.83 | 0 |
| 总和 | | 214.00 | | 0 | | 85.50 | | 0 |

（2）方案一的两湖联调，洪泽湖调水 0.82 亿 m³（月平均值）使得 90% 枯水情况下骆马湖系统用户综合满意度从方案三单湖配置的 0.83（月平均值）提高到 1.00（月平均值），提升幅度为 0.17，平均 1 亿 m³ 水提升 0.21 系统综合满意度。

（3）方案二的两湖联调，骆马湖调水 4.22 亿 m³（月平均值）使得 90% 枯水情况下洪泽湖系统用户综合满意度从方案三单湖配置的 0.85（月平均值）提高到 0.99（月平均值），提升幅度为 0.14，平均 1 亿 m³ 水提升 0.03 系统综合满意度。

（4）洪泽湖系统用户的用水需求很大，骆马湖系统用户的用水需求较小。两湖联合调度中，同等数量的水容易改善骆马湖系统的缺水状况，而对洪泽湖的缺水状况改善情况较小。这是由于在实际中，两湖规模相差很大的缘故。

（5）方案一的两湖联调，共弃水 210.98 亿 m³，比两湖进行单独配置时的弃水 214 亿 m³ 减少了 3.01 亿 m³（减少了 1.4% 弃水量）；方案二的两湖联调，共弃水 49.54 亿 m³，比两湖进行单独配置时的弃水 85.5 亿 m³ 减少了 35.96 亿 m³（减少了 42.1% 弃水量）。

（6）洪泽湖系统和骆马湖系统在相同的缺水程度下，洪泽湖系统的缺水量大。两湖联合调度能够有效利用弃水资源，尤其在洪泽湖枯水、骆马湖丰水情况下，弃水资源能够得到较大程度利用。

# 第8章

# 模型应用与水量调度风险分析

　　基于洪泽湖、骆马湖水量调度模型，分析制订两湖水资源联合调度规则与相关调度控制线，为模型的实际应用、编制两湖联合调度方案提供技术支撑。同时，基于水文风险分析与风险识别，对洪泽湖、骆马湖水量调度可能出现的防洪、供水、水质方面的风险进行探索，可为规避有关风险提供参考。

## 8.1　模型应用

### 8.1.1　两湖水资源联合调度准则

　　由第7章的水资源合理配置分析计算成果可知，两湖水资源联合调度能在一定程度上实现两湖水资源以丰补枯的目标，明显提高两湖的水资源利用效率。基于水资源合理配置方法，通过分析洪泽湖和骆马湖长系列来水、需水数据和湖泊连通工程等基础资料，提出洪泽湖和骆马湖水资源调度控制线，以便在相关资料信息不充分，并且考虑优先满足本湖区用户需求的情况下，根据历史经验，进行两湖间的实际调度使用。洪泽湖与骆马湖水资源联合调度示意图如图8.1-1所示。

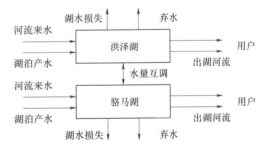

图 8.1-1　洪泽湖与骆马湖水资源联合调度示意图

　　调度线法主要涉及三条调度控制线，即需调水线、可调出线及受水限制线。各调度线关系示意图如图8.1-2所示。

　　以下为调度准则。

　　（1）某一时刻（也可以考虑一定预见期内来水用水情况），当受水湖水位低于其需调水线，且调水湖水位高于其可调出线时，可以从调水湖调水补充受水湖；若调水湖水位低于其可调出线，则不能调水，若受水湖水位高于需调水线，则不需调水。

　　（2）若受水湖可从调水湖调水，则当调水湖水位低于其可调水线时，则停止调水；或

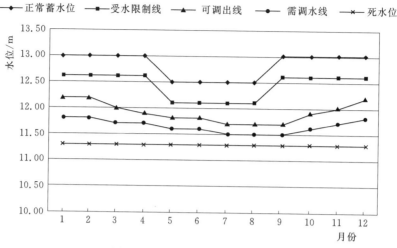

图 8.1-2 各调度线关系示意图

当受水湖水位上升达到其受水限制线时则停止调水。

根据调度线法的调度准则，各调度线制定应考虑如下约束条件。

（1）需调水线：尽可能利用调出湖泊的弃水，以基本满足受水湖区用水需求为目标，并维护受水湖泊和调水湖泊最小下泄生态用水要求。

（2）可调出线：尽量不损害水量调出湖泊各用水户的权益。

（3）受水限制线：不增加受水湖泊的防洪排涝负担。

## 8.1.2 两湖水资源调度控制线制订

### 1. 调度控制线的制订思路与方法

基于调度准则与各调度线的基本约束，调度控制线的制定思路为：需调水线为需水量下限（最低需水量），当本湖水资源量（供水量）低于该线，说明需要调水，否则，用户的最基本用水需求会遭到破坏，各时段需水量下限不一定相同；可调出线可定为需水量上限（理想需水量），当本湖的水资源量超过该线，则可将超过的水调给另一湖，而本区域的用户用水不会受到影响，各时段需水量上限不一定相同；受水限制线可按湖的蓄存能力考虑，各湖的受水能力都有一定的限制，当总水量（调入水量加上本湖的水量）超过一定限度时，再有水量进来，则会对本湖的防洪排涝产生影响，多余的水就不再需要，按洪水、涝水对待，各时段湖泊的蓄存能力不一定相同。因而，需要通过分析湖泊各时段最低需水量、理想需水量与蓄存能力来制订上述三条调度控制线。

以下为各调度控制线的制定方法。

（1）根据两个湖泊各自 1956—2000 年长系列的月来水量过程、月最低需水量过程以及湖泊各月的蓄存能力，采用逆时序递推法推求各月初的预留水量，各月初的预留水量加上湖泊的死库容，即各月初湖泊的总需水量，该总需水量对应的水位即该月的实际需调水线。由此，历年各月都有一个实际需调水线水位，取其外包线作为该月的需调水线水位，全年各月需调水线水位连起来即生成年需调水线（本次计算时，最低需水量包括非农业需水量、船闸需水量与湖泊生态需水量三部分）。

（2）根据两个湖泊各自 1956—2000 年长系列的月来水量过程、月理想需水量过程及湖泊各月的蓄存能力，采用逆时序递推法推求各月初的预留水量，各月初的预留水量加上湖泊的死库容，即各月初湖泊的总需水量，该总需水量对应的水位即该月的实际可调出线。由此，历年各月都有一个实际可调水位，取其外包线作为该月的可调出线，全年各月可调水位连起来即年可调出线（本次计算时，理想需水量包括农业需水量、非农业需水量、船闸需水量与湖泊生态需水量四部分）。

（3）受水限制线初步设定为：汛期为汛限水位，非汛期为正常蓄水位。其实，该控制线以下的水量包括该湖泊的水量与外调水量两部分。针对外调水量的受水限制线应该低于（最多等于）该受水限制线，可结合水文预报或通过历史资料反推求得针对外调水量的受水限制线。

2. 调度控制线的分析制定

根据长系列来水、需水资料，通过调节计算，分析确定与调度控制线相关的成果，见表 8.1-1～表 8.1-4。

表 8.1-1　　　　　　　　　　　洪泽湖需调水水位　　　　　　　　　　单位：m

| 年＼月份 | 6 | 7 | 8 | 9 | 10 | 11 | 12 | 1 | 2 | 3 | 4 | 5 |
|---|---|---|---|---|---|---|---|---|---|---|---|---|
| 1956—1957 | 11.30 | 11.30 | 11.30 | 11.30 | 11.46 | 11.53 | 11.44 | 11.30 | 11.30 | 11.30 | 11.30 | 11.30 |
| 1957—1958 | 11.30 | 11.30 | 11.30 | 11.30 | 11.46 | 11.42 | 11.30 | 11.34 | 11.32 | 11.35 | 11.30 | 11.30 |
| 1958—1959 | 11.30 | 11.30 | 11.41 | 11.30 | 11.30 | 11.30 | 11.30 | 11.30 | 11.30 | 11.30 | 11.30 | 11.30 |
| 1959—1960 | 11.30 | 11.30 | 11.30 | 11.30 | 11.30 | 11.43 | 11.42 | 11.46 | 11.30 | 11.30 | 11.36 | 11.42 |
| 1960—1961 | 11.30 | 11.30 | 11.30 | 11.30 | 11.30 | 11.30 | 11.30 | 11.30 | 11.30 | 11.30 | 11.44 | 11.48 |
| 1961—1962 | 11.42 | 11.30 | 11.34 | 11.30 | 11.30 | 11.30 | 11.30 | 11.30 | 11.30 | 11.30 | 11.30 | 11.44 |
| 1962—1963 | 11.56 | 11.51 | 11.46 | 11.32 | 11.33 | 11.30 | 11.30 | 11.30 | 11.30 | 11.30 | 11.30 | 11.30 |
| 1963—1964 | 11.30 | 11.31 | 11.30 | 11.30 | 11.30 | 11.30 | 11.30 | 11.30 | 11.30 | 11.30 | 11.30 | 11.30 |
| 1964—1965 | 11.30 | 11.30 | 11.30 | 11.30 | 11.30 | 11.30 | 11.30 | 11.30 | 11.30 | 11.30 | 11.30 | 11.30 |
| 1965—1966 | 11.30 | 11.30 | 11.30 | 11.30 | 11.30 | 11.30 | 11.30 | 11.30 | 11.30 | 11.30 | 11.30 | 11.30 |
| 1966—1967 | 11.30 | 11.30 | 11.30 | 11.55 | 11.49 | 11.38 | 11.30 | 11.30 | 11.30 | 11.30 | 12.12 | 12.05 |
| 1967—1968 | 12.25 | 12.13 | 12.00 | 11.83 | 11.69 | 11.52 | 11.33 | 11.31 | 11.30 | 11.30 | 11.30 | 11.30 |
| 1968—1969 | 11.30 | 11.30 | 11.30 | 11.30 | 11.30 | 11.68 | 11.67 | 11.60 | 11.43 | 11.30 | 11.30 | 11.30 |
| 1969—1970 | 11.30 | 11.30 | 11.30 | 11.30 | 11.30 | 11.30 | 11.30 | 11.30 | 11.30 | 11.30 | 11.30 | 11.30 |
| 1970—1971 | 11.30 | 11.30 | 11.30 | 11.30 | 11.30 | 11.30 | 11.54 | 11.54 | 11.46 | 11.30 | 11.30 | 11.30 |
| 1971—1972 | 11.30 | 11.30 | 11.30 | 11.30 | 11.30 | 11.30 | 11.30 | 11.30 | 11.32 | 11.30 | 11.30 | 11.30 |
| 1972—1973 | 11.30 | 11.30 | 11.30 | 11.30 | 11.30 | 11.30 | 11.30 | 11.30 | 11.30 | 11.31 | 11.30 | 11.30 |
| 1973—1974 | 11.30 | 11.30 | 11.30 | 11.30 | 11.30 | 11.30 | 11.30 | 11.30 | 11.30 | 11.30 | 11.30 | 11.30 |
| 1974—1975 | 11.30 | 11.30 | 11.30 | 11.30 | 11.30 | 11.30 | 11.30 | 11.30 | 11.30 | 11.42 | 11.63 | 11.55 |
| 1975—1976 | 11.44 | 11.30 | 11.30 | 11.30 | 11.30 | 11.30 | 11.30 | 11.30 | 11.30 | 11.30 | 11.30 | 11.30 |
| 1976—1977 | 11.30 | 11.34 | 11.30 | 11.38 | 11.30 | 11.30 | 11.30 | 11.30 | 11.30 | 11.30 | 11.30 | 11.30 |
| 1977—1978 | 11.30 | 11.30 | 11.30 | 11.30 | 11.46 | 11.53 | 11.44 | 11.30 | 11.30 | 11.30 | 11.30 | 11.30 |

续表

| 月份 年 | 6 | 7 | 8 | 9 | 10 | 11 | 12 | 1 | 2 | 3 | 4 | 5 |
|---|---|---|---|---|---|---|---|---|---|---|---|---|
| 1978—1979 | 11.30 | 11.30 | 11.30 | 11.30 | 11.30 | 11.30 | 11.30 | 11.30 | 11.30 | 11.30 | 11.30 | 11.30 |
| 1979—1980 | 11.99 | 11.90 | 11.79 | 11.64 | 11.45 | 11.30 | 11.30 | 11.30 | 11.30 | 11.30 | 11.30 | 11.30 |
| 1980—1981 | 11.30 | 11.30 | 11.30 | 11.37 | 11.45 | 11.43 | 11.69 | 11.66 | 11.46 | 11.30 | 11.30 | 11.30 |
| 1981—1982 | 11.42 | 11.67 | 11.63 | 11.47 | 11.49 | 11.30 | 11.30 | 11.30 | 11.30 | 11.30 | 11.30 | 11.30 |
| 1982—1983 | 11.30 | 11.30 | 11.30 | 11.30 | 11.37 | 11.31 | 11.39 | 11.45 | 11.30 | 11.30 | 11.30 | 11.30 |
| 1983—1984 | 11.30 | 11.30 | 11.30 | 11.30 | 11.36 | 11.43 | 11.36 | 11.30 | 11.41 | 11.30 | 11.30 | 11.30 |
| 1984—1985 | 11.30 | 11.30 | 11.30 | 11.30 | 11.30 | 11.30 | 11.30 | 11.33 | 11.38 | 11.30 | 11.30 | 11.30 |
| 1985—1986 | 11.30 | 11.30 | 11.30 | 11.30 | 11.30 | 11.30 | 11.30 | 11.30 | 11.30 | 11.30 | 11.32 | 11.34 |
| 1986—1987 | 11.30 | 11.30 | 11.30 | 11.30 | 11.30 | 11.30 | 11.30 | 11.30 | 11.30 | 11.30 | 11.35 | 11.44 |
| 1987—1988 | 11.45 | 11.30 | 11.30 | 11.30 | 11.30 | 11.30 | 11.30 | 11.30 | 11.30 | 11.30 | 11.30 | 11.30 |
| 1988—1989 | 11.30 | 11.30 | 11.30 | 11.30 | 11.30 | 11.30 | 11.30 | 11.30 | 11.30 | 11.30 | 11.30 | 11.35 |
| 1989—1990 | 11.47 | 11.50 | 11.44 | 11.31 | 11.30 | 11.30 | 11.30 | 11.30 | 11.30 | 11.30 | 11.40 | 11.40 |
| 1990—1991 | 11.32 | 11.30 | 11.30 | 11.30 | 11.30 | 11.30 | 11.30 | 11.30 | 11.30 | 11.30 | 11.30 | 11.30 |
| 1991—1992 | 11.30 | 11.53 | 11.53 | 11.39 | 11.30 | 11.30 | 11.30 | 11.30 | 11.30 | 11.30 | 11.30 | 11.30 |
| 1992—1993 | 11.59 | 11.50 | 11.39 | 11.30 | 11.30 | 11.30 | 11.30 | 11.30 | 11.30 | 11.30 | 11.30 | 11.30 |
| 1993—1994 | 11.30 | 11.30 | 11.30 | 11.30 | 11.30 | 11.30 | 11.30 | 11.30 | 11.30 | 11.30 | 11.30 | 11.30 |
| 1994—1995 | 11.30 | 11.41 | 11.50 | 11.30 | 11.40 | 11.33 | 11.30 | 11.30 | 11.30 | 11.30 | 11.30 | 11.30 |
| 1995—1996 | 11.30 | 11.30 | 11.30 | 11.34 | 11.31 | 11.34 | 11.43 | 11.36 | 11.30 | 11.40 | 11.30 | 11.30 |
| 1996—1997 | 11.30 | 11.30 | 11.30 | 11.30 | 11.30 | 11.65 | 11.49 | 11.30 | 11.30 | 11.30 | 11.30 | 11.30 |
| 1997—1998 | 11.30 | 11.30 | 11.30 | 11.30 | 11.30 | 11.44 | 11.30 | 11.30 | 11.43 | 11.34 | 11.30 | 11.30 |
| 1998—1999 | 11.30 | 11.30 | 11.30 | 11.30 | 11.30 | 11.43 | 11.62 | 11.54 | 11.56 | 11.73 | 11.68 | 11.57 |

表 8.1－2　　　　　　　　　　洪 泽 湖 可 调 出 水 位　　　　　　　　单位：m

| 月份 年 | 6 | 7 | 8 | 9 | 10 | 11 | 12 | 1 | 2 | 3 | 4 | 5 |
|---|---|---|---|---|---|---|---|---|---|---|---|---|
| 1956—1957 | 11.30 | 11.30 | 11.30 | 11.30 | 12.01 | 11.81 | 11.53 | 11.30 | 11.30 | 11.35 | 11.30 | 11.30 |
| 1957—1958 | 11.30 | 11.30 | 11.30 | 12.42 | 12.52 | 12.28 | 12.00 | 11.95 | 11.81 | 11.78 | 11.49 | 11.30 |
| 1958—1959 | 11.54 | 11.30 | 11.94 | 11.30 | 11.30 | 11.30 | 11.30 | 11.30 | 11.53 | 11.47 | 11.30 | 11.30 |
| 1959—1960 | 11.30 | 11.30 | 11.30 | 11.81 | 12.13 | 12.42 | 12.33 | 12.26 | 12.02 | 12.23 | 12.33 | 12.09 |
| 1960—1961 | 11.30 | 11.43 | 11.37 | 11.30 | 11.30 | 11.30 | 11.30 | 11.51 | 13.02 | 12.93 | 13.00 | 13.16 |
| 1961—1962 | 12.50 | 12.50 | 12.56 | 11.89 | 11.30 | 12.08 | 12.02 | 12.25 | 12.48 | 13.15 | 12.95 | 13.15 |
| 1962—1963 | 12.50 | 12.50 | 12.46 | 11.91 | 11.49 | 11.30 | 11.30 | 11.30 | 11.30 | 11.30 | 11.30 | 11.66 |
| 1963—1964 | 12.51 | 12.10 | 11.95 | 11.57 | 11.30 | 11.30 | 11.30 | 11.30 | 11.30 | 11.30 | 11.30 | 12.58 |
| 1964—1965 | 12.50 | 12.58 | 11.64 | 11.30 | 11.30 | 11.30 | 11.30 | 11.30 | 11.30 | 11.30 | 11.30 | 11.30 |

续表

| 月份 年 | 6 | 7 | 8 | 9 | 10 | 11 | 12 | 1 | 2 | 3 | 4 | 5 |
|---|---|---|---|---|---|---|---|---|---|---|---|---|
| 1965—1966 | 11.30 | 12.17 | 12.50 | 12.36 | 11.30 | 11.30 | 11.30 | 11.30 | 11.30 | 11.30 | 11.30 | 11.30 |
| 1966—1967 | 12.50 | 12.50 | 12.50 | 12.50 | 11.84 | 11.51 | 11.30 | 11.30 | 11.30 | 11.30 | 13.26 | 13.04 |
| 1967—1968 | 12.50 | 12.50 | 12.50 | 12.50 | 12.20 | 11.83 | 11.58 | 11.44 | 11.30 | 11.58 | 11.30 | 11.98 |
| 1968—1969 | 11.30 | 11.38 | 11.80 | 11.83 | 11.30 | 11.62 | 12.18 | 12.11 | 11.98 | 11.77 | 11.44 | 11.30 |
| 1969—1970 | 11.81 | 11.30 | 11.49 | 11.30 | 11.30 | 11.47 | 11.30 | 11.30 | 11.30 | 11.30 | 11.30 | 11.30 |
| 1970—1971 | 11.30 | 11.59 | 11.30 | 11.30 | 11.30 | 11.54 | 12.27 | 12.15 | 12.00 | 11.81 | 11.63 | 11.41 |
| 1971—1972 | 11.30 | 11.30 | 11.30 | 11.30 | 11.30 | 11.30 | 11.92 | 12.67 | 12.67 | 12.60 | 12.57 | 12.38 |
| 1972—1973 | 12.02 | 11.30 | 11.30 | 11.30 | 11.30 | 11.30 | 11.30 | 11.30 | 11.30 | 11.79 | 11.57 | 11.49 |
| 1973—1974 | 11.30 | 11.90 | 12.13 | 11.30 | 11.30 | 11.30 | 11.30 | 11.30 | 11.30 | 11.38 | 12.33 | 12.29 |
| 1974—1975 | 11.88 | 11.30 | 11.30 | 11.30 | 11.30 | 11.30 | 11.30 | 12.22 | 12.35 | 13.00 | 13.00 | 13.26 |
| 1975—1976 | 12.61 | 11.74 | 11.72 | 11.30 | 11.30 | 11.30 | 11.30 | 11.30 | 11.30 | 12.58 | 12.69 | 13.04 |
| 1976—1977 | 12.50 | 12.50 | 12.50 | 12.26 | 11.30 | 11.30 | 11.30 | 11.30 | 11.30 | 11.30 | 11.30 | 11.30 |
| 1977—1978 | 11.30 | 11.30 | 11.30 | 11.30 | 12.01 | 11.81 | 11.53 | 11.30 | 11.35 | 11.30 | 11.30 | 11.30 |
| 1978—1979 | 12.22 | 11.84 | 12.10 | 11.30 | 11.30 | 11.30 | 11.30 | 11.30 | 11.30 | 11.30 | 12.08 | 12.66 |
| 1979—1980 | 12.50 | 12.50 | 12.50 | 12.61 | 11.72 | 11.42 | 11.30 | 11.30 | 11.30 | 11.38 | 11.30 | 11.30 |
| 1980—1981 | 12.16 | 12.42 | 12.50 | 12.43 | 12.08 | 11.90 | 12.03 | 11.87 | 11.62 | 11.30 | 12.60 | 12.72 |
| 1981—1982 | 12.50 | 12.50 | 12.50 | 12.50 | 11.90 | 11.50 | 11.31 | 11.30 | 11.30 | 11.30 | 11.30 | 11.30 |
| 1982—1983 | 11.30 | 11.30 | 11.30 | 12.50 | 12.03 | 11.80 | 11.68 | 11.60 | 11.30 | 11.30 | 11.30 | 11.30 |
| 1983—1984 | 11.30 | 11.30 | 11.30 | 11.32 | 11.44 | 12.36 | 12.36 | 12.25 | 12.09 | 12.21 | 11.93 | 11.79 |
| 1984—1985 | 11.30 | 11.89 | 11.93 | 11.30 | 11.30 | 11.30 | 12.23 | 12.60 | 12.54 | 12.35 | 12.26 | 12.02 |
| 1985—1986 | 11.48 | 11.30 | 11.95 | 11.30 | 11.30 | 11.30 | 12.47 | 12.56 | 12.97 | 13.07 | 12.96 | 12.76 |
| 1986—1987 | 12.27 | 11.30 | 11.30 | 11.30 | 11.30 | 11.30 | 11.30 | 11.30 | 12.79 | 13.20 | 13.12 | 12.90 |
| 1987—1988 | 12.28 | 11.31 | 11.30 | 11.30 | 11.30 | 11.30 | 11.30 | 11.30 | 11.30 | 11.30 | 11.30 | 12.14 |
| 1988—1989 | 11.91 | 11.30 | 11.30 | 11.30 | 11.30 | 11.30 | 11.30 | 11.30 | 11.30 | 11.30 | 12.72 | 12.93 |
| 1989—1990 | 12.50 | 12.50 | 12.50 | 12.13 | 11.30 | 11.30 | 11.30 | 11.30 | 12.22 | 12.61 | 13.00 | 13.22 |
| 1990—1991 | 12.49 | 11.90 | 11.56 | 11.30 | 11.30 | 11.30 | 11.30 | 11.30 | 11.30 | 11.30 | 11.30 | 12.44 |
| 1991—1992 | 12.59 | 12.50 | 12.60 | 12.01 | 11.30 | 11.30 | 11.30 | 11.30 | 11.30 | 11.30 | 11.30 | 11.84 |
| 1992—1993 | 12.50 | 12.50 | 12.55 | 11.59 | 11.30 | 11.30 | 11.30 | 11.30 | 11.30 | 11.30 | 11.30 | 11.30 |
| 1993—1994 | 12.43 | 12.37 | 11.67 | 11.78 | 11.32 | 11.30 | 11.30 | 11.30 | 11.30 | 11.30 | 11.30 | 11.30 |
| 1994—1995 | 11.36 | 12.50 | 12.50 | 12.33 | 11.81 | 11.50 | 11.30 | 11.30 | 11.30 | 11.30 | 11.30 | 11.30 |
| 1995—1996 | 11.30 | 11.30 | 11.81 | 12.50 | 11.72 | 11.60 | 11.56 | 11.43 | 11.30 | 11.64 | 11.30 | 11.30 |
| 1996—1997 | 12.22 | 11.50 | 11.43 | 11.84 | 11.60 | 11.84 | 11.56 | 11.30 | 11.30 | 11.30 | 11.44 | 11.30 |
| 1997—1998 | 11.30 | 11.30 | 11.30 | 11.30 | 12.47 | 12.73 | 12.49 | 12.75 | 12.81 | 12.69 | 12.57 | 12.43 |
| 1998—1999 | 12.03 | 11.30 | 12.50 | 12.50 | 12.82 | 13.03 | 13.12 | 13.01 | 12.98 | 13.06 | 12.96 | 12.82 |

表 8.1 - 3 　　　　　　　　骆 马 湖 需 调 水 水 位 　　　　　　　　单位：m

| 年＼月份 | 6 | 7 | 8 | 9 | 10 | 11 | 12 | 1 | 2 | 3 | 4 | 5 |
|---|---|---|---|---|---|---|---|---|---|---|---|---|
| 1956—1957 | 20.50 | 20.50 | 20.50 | 20.50 | 21.13 | 21.59 | 21.38 | 21.25 | 21.05 | 20.93 | 21.09 | 20.82 |
| 1957—1958 | 20.50 | 20.50 | 20.50 | 20.50 | 20.53 | 21.71 | 21.69 | 21.46 | 21.24 | 21.01 | 20.94 | 20.84 |
| 1958—1959 | 20.79 | 20.50 | 20.61 | 20.50 | 20.50 | 20.50 | 21.06 | 21.36 | 21.50 | 21.51 | 21.32 | 21.10 |
| 1959—1960 | 20.89 | 20.75 | 20.50 | 20.50 | 20.50 | 20.53 | 21.08 | 21.65 | 21.55 | 21.39 | 21.22 | 21.05 |
| 1960—1961 | 20.89 | 20.78 | 20.68 | 20.50 | 20.50 | 20.50 | 20.50 | 20.50 | 21.10 | 21.83 | 21.81 | 21.67 |
| 1961—1962 | 21.46 | 21.29 | 20.97 | 20.77 | 20.50 | 20.50 | 20.50 | 20.50 | 20.50 | 21.62 | 21.73 | 21.78 |
| 1962—1963 | 21.65 | 21.41 | 21.18 | 20.87 | 20.76 | 20.50 | 20.50 | 20.50 | 20.50 | 20.50 | 20.50 | 20.50 |
| 1963—1964 | 20.50 | 20.50 | 20.50 | 20.50 | 20.54 | 20.50 | 20.50 | 20.50 | 20.50 | 20.50 | 20.50 | 21.09 |
| 1964—1965 | 21.45 | 21.29 | 21.13 | 20.93 | 20.78 | 20.50 | 20.50 | 20.50 | 20.50 | 20.50 | 20.50 | 20.50 |
| 1965—1966 | 20.50 | 20.50 | 21.03 | 21.11 | 21.02 | 20.90 | 20.90 | 20.75 | 20.50 | 20.50 | 20.50 | 20.50 |
| 1966—1967 | 20.50 | 21.96 | 21.95 | 21.74 | 21.53 | 21.26 | 21.02 | 20.99 | 20.77 | 20.50 | 20.61 | 20.50 |
| 1967—1968 | 21.78 | 22.17 | 22.16 | 22.04 | 21.78 | 21.53 | 21.27 | 21.12 | 20.86 | 20.78 | 20.50 | 20.54 |
| 1968—1969 | 20.50 | 20.50 | 20.50 | 21.23 | 22.04 | 21.89 | 21.69 | 21.47 | 21.25 | 20.95 | 20.78 | 20.50 |
| 1969—1970 | 20.78 | 20.67 | 21.50 | 21.70 | 21.57 | 21.73 | 21.49 | 21.33 | 21.08 | 20.89 | 20.77 | 20.59 |
| 1970—1971 | 20.50 | 20.73 | 20.50 | 20.50 | 20.50 | 20.50 | 21.79 | 21.69 | 21.47 | 21.25 | 21.18 | 20.92 |
| 1971—1972 | 20.80 | 20.50 | 20.50 | 20.50 | 20.50 | 20.50 | 20.88 | 21.29 | 21.17 | 21.07 | 20.94 | 20.98 |
| 1972—1973 | 20.83 | 20.79 | 20.50 | 20.50 | 20.50 | 20.50 | 20.50 | 21.41 | 21.70 | 21.50 | 21.39 | 21.25 |
| 1973—1974 | 21.14 | 20.92 | 20.71 | 20.50 | 20.52 | 20.50 | 20.50 | 20.50 | 20.50 | 21.07 | 21.04 | 20.90 |
| 1974—1975 | 20.80 | 20.65 | 20.55 | 20.54 | 20.50 | 20.50 | 20.50 | 20.50 | 20.50 | 21.19 | 21.51 | 21.37 |
| 1975—1976 | 21.19 | 20.92 | 20.78 | 20.73 | 20.70 | 20.50 | 20.72 | 20.50 | 20.50 | 20.50 | 20.69 | 21.13 |
| 1976—1977 | 21.01 | 20.98 | 20.88 | 20.76 | 20.59 | 20.56 | 20.50 | 20.50 | 20.50 | 20.50 | 20.50 | 20.50 |
| 1977—1978 | 21.24 | 21.41 | 21.31 | 21.09 | 20.96 | 20.74 | 20.67 | 20.50 | 20.55 | 20.50 | 20.50 | 21.09 |
| 1978—1979 | 21.94 | 22.00 | 21.79 | 21.60 | 21.36 | 21.17 | 20.95 | 20.80 | 20.50 | 20.71 | 20.50 | 20.50 |
| 1979—1980 | 20.76 | 20.97 | 21.33 | 21.49 | 21.45 | 21.23 | 21.10 | 20.96 | 20.77 | 20.50 | 20.50 | 20.50 |
| 1980—1981 | 20.50 | 20.98 | 21.58 | 21.71 | 21.57 | 21.37 | 21.11 | 20.96 | 20.79 | 20.69 | 20.50 | 20.50 |
| 1981—1982 | 20.50 | 20.50 | 20.50 | 21.49 | 21.74 | 21.61 | 21.51 | 21.34 | 21.08 | 20.80 | 20.70 | 20.50 |
| 1982—1983 | 20.50 | 20.50 | 20.50 | 20.50 | 21.11 | 21.66 | 21.68 | 21.57 | 21.44 | 21.22 | 20.93 | 20.76 |
| 1983—1984 | 20.50 | 20.50 | 20.50 | 22.15 | 22.22 | 22.04 | 22.17 | 21.95 | 21.71 | 21.44 | 21.20 | 21.00 |
| 1984—1985 | 20.78 | 20.50 | 20.63 | 20.50 | 20.50 | 20.90 | 21.12 | 21.55 | 21.57 | 21.56 | 21.35 | 21.21 |
| 1985—1986 | 20.98 | 20.75 | 20.50 | 21.12 | 21.06 | 21.81 | 21.62 | 21.79 | 21.89 | 21.75 | 21.55 | 21.26 |
| 1986—1987 | 21.11 | 20.88 | 20.75 | 20.50 | 20.50 | 20.50 | 20.50 | 20.50 | 20.68 | 21.17 | 21.34 | 21.29 |
| 1987—1988 | 21.08 | 20.86 | 20.56 | 20.50 | 20.50 | 20.50 | 20.50 | 20.50 | 20.50 | 20.50 | 20.77 | 21.22 |
| 1988—1989 | 21.39 | 21.26 | 21.17 | 20.88 | 20.72 | 20.50 | 20.50 | 20.50 | 20.50 | 21.38 | 21.95 | 21.85 |
| 1989—1990 | 21.67 | 21.50 | 21.32 | 21.24 | 20.95 | 20.79 | 20.50 | 20.61 | 20.50 | 20.50 | 20.50 | 20.50 |

续表

| 年 ＼ 月份 | 6 | 7 | 8 | 9 | 10 | 11 | 12 | 1 | 2 | 3 | 4 | 5 |
|---|---|---|---|---|---|---|---|---|---|---|---|---|
| 1990—1991 | 21.24 | 21.61 | 21.62 | 21.37 | 21.13 | 20.90 | 20.68 | 20.50 | 20.63 | 20.50 | 21.83 | 21.96 |
| 1991—1992 | 21.87 | 21.83 | 21.57 | 21.34 | 21.28 | 21.14 | 20.97 | 20.78 | 20.50 | 21.66 | 22.24 | 22.40 |
| 1992—1993 | 22.27 | 22.16 | 22.03 | 21.76 | 21.50 | 21.25 | 21.06 | 20.92 | 20.80 | 20.50 | 20.50 | 20.50 |
| 1993—1994 | 20.50 | 20.50 | 21.86 | 21.76 | 21.60 | 21.40 | 21.25 | 21.03 | 20.83 | 20.63 | 20.50 | 20.50 |
| 1994—1995 | 20.50 | 20.50 | 20.63 | 21.50 | 21.51 | 21.32 | 21.11 | 20.98 | 20.77 | 20.79 | 20.57 | 20.50 |
| 1995—1996 | 20.71 | 20.50 | 20.50 | 20.61 | 21.58 | 22.18 | 21.95 | 21.70 | 21.44 | 21.16 | 20.92 | 20.78 |
| 1996—1997 | 20.50 | 20.51 | 20.50 | 20.50 | 20.50 | 20.50 | 20.50 | 20.96 | 21.42 | 21.26 | 21.15 | 20.89 |
| 1997—1998 | 20.79 | 20.50 | 20.50 | 20.50 | 20.50 | 20.50 | 20.80 | 21.12 | 21.16 | 21.17 | 21.07 | |
| 1998—1999 | 20.78 | 20.75 | 20.50 | 20.50 | 20.50 | 20.50 | 20.50 | 20.66 | 21.21 | 21.13 | 21.06 | 20.95 |
| 1999—2000 | 20.82 | 20.86 | 20.70 | 20.50 | 20.50 | 20.50 | 20.50 | 20.50 | 20.64 | 20.75 | 20.80 | 20.68 |

表 8.1－4　　　　　　　　骆 马 湖 可 调 出 水 位　　　　　　　单位：m

| 年 ＼ 月份 | 6 | 7 | 8 | 9 | 10 | 11 | 12 | 1 | 2 | 3 | 4 | 5 |
|---|---|---|---|---|---|---|---|---|---|---|---|---|
| 1956—1957 | 20.50 | 20.50 | 20.50 | 21.13 | 23.00 | 22.70 | 21.51 | 20.50 | 20.50 | 20.72 | 20.50 | 20.50 |
| 1957—1958 | 20.50 | 20.50 | 20.50 | 22.50 | 23.00 | 23.00 | 23.00 | 23.00 | 22.70 | 22.58 | 21.33 | 20.50 |
| 1958—1959 | 21.52 | 20.50 | 22.50 | 20.50 | 20.50 | 20.50 | 20.50 | 20.50 | 21.47 | 21.23 | 20.50 | 20.50 |
| 1959—1960 | 20.50 | 20.50 | 20.50 | 20.50 | 21.64 | 23.00 | 23.03 | 22.67 | 21.50 | 22.52 | 23.00 | 23.00 |
| 1960—1961 | 20.50 | 21.07 | 20.80 | 20.50 | 20.50 | 20.50 | 20.50 | 20.50 | 21.64 | 21.11 | 23.00 | 23.00 |
| 1961—1962 | 22.50 | 22.50 | 22.50 | 22.50 | 20.50 | 20.85 | 20.50 | 20.50 | 20.50 | 23.04 | 21.91 | 23.00 |
| 1962—1963 | 22.50 | 22.50 | 22.50 | 22.50 | 21.33 | 20.50 | 20.50 | 20.50 | 20.50 | 20.50 | 20.50 | 20.50 |
| 1963—1964 | 22.50 | 22.50 | 22.50 | 21.66 | 20.50 | 20.50 | 20.50 | 20.50 | 20.50 | 20.50 | 20.50 | 22.29 |
| 1964—1965 | 22.50 | 22.50 | 21.96 | 20.50 | 20.50 | 20.50 | 20.50 | 20.50 | 20.50 | 20.50 | 20.50 | 20.50 |
| 1965—1966 | 20.50 | 20.50 | 22.50 | 22.50 | 20.50 | 20.50 | 20.50 | 20.50 | 20.50 | 20.50 | 20.50 | 20.50 |
| 1966—1967 | 22.50 | 22.50 | 22.50 | 22.50 | 22.82 | 21.42 | 20.50 | 20.50 | 20.50 | 20.50 | 23.00 | 23.00 |
| 1967—1968 | 22.50 | 22.50 | 22.50 | 22.50 | 23.00 | 22.77 | 21.72 | 21.11 | 20.50 | 21.73 | 20.50 | 23.00 |
| 1968—1969 | 20.50 | 20.54 | 22.39 | 22.50 | 20.50 | 20.50 | 23.00 | 23.00 | 23.00 | 22.54 | 21.13 | 20.50 |
| 1969—1970 | 22.50 | 20.50 | 21.33 | 20.50 | 20.50 | 21.25 | 20.50 | 20.50 | 20.50 | 20.50 | 20.50 | 20.50 |
| 1970—1971 | 20.50 | 21.76 | 20.50 | 20.50 | 20.50 | 20.50 | 23.00 | 23.00 | 23.00 | 22.67 | 21.94 | 20.97 |
| 1971—1972 | 20.50 | 20.50 | 20.50 | 20.50 | 20.50 | 20.50 | 20.50 | 23.00 | 23.00 | 23.00 | 23.00 | 23.00 |
| 1972—1973 | 22.50 | 20.50 | 20.50 | 20.50 | 20.50 | 20.50 | 20.50 | 20.50 | 20.50 | 22.59 | 21.66 | 21.34 |
| 1973—1974 | 20.50 | 21.41 | 22.50 | 20.50 | 20.50 | 20.50 | 20.50 | 20.50 | 20.50 | 20.50 | 23.00 | 23.00 |
| 1974—1975 | 22.50 | 20.50 | 20.50 | 20.50 | 20.50 | 20.50 | 20.50 | 20.50 | 20.50 | 23.00 | 23.00 | 23.00 |
| 1975—1976 | 22.50 | 22.41 | 22.31 | 20.50 | 20.50 | 20.50 | 20.50 | 20.50 | 20.50 | 20.50 | 21.07 | 23.00 |

续表

| 年\月份 | 6 | 7 | 8 | 9 | 10 | 11 | 12 | 1 | 2 | 3 | 4 | 5 |
|---|---|---|---|---|---|---|---|---|---|---|---|---|
| 1976—1977 | 22.50 | 22.50 | 22.50 | 22.50 | 20.50 | 20.50 | 20.50 | 20.50 | 20.50 | 20.50 | 20.50 | 20.50 |
| 1977—1978 | 22.50 | 21.27 | 22.50 | 20.50 | 20.50 | 20.50 | 20.50 | 20.50 | 20.50 | 20.50 | 20.50 | 22.75 |
| 1978—1979 | 22.50 | 22.50 | 22.50 | 22.50 | 22.29 | 21.01 | 20.50 | 20.50 | 20.50 | 20.84 | 20.50 | 20.50 |
| 1979—1980 | 20.50 | 21.46 | 22.50 | 22.50 | 23.00 | 22.48 | 23.00 | 22.93 | 21.90 | 20.50 | 22.38 | 23.00 |
| 1980—1981 | 22.50 | 22.50 | 22.50 | 22.50 | 23.00 | 21.36 | 20.56 | 20.50 | 20.50 | 20.50 | 20.50 | 20.50 |
| 1981—1982 | 20.50 | 20.50 | 20.50 | 22.50 | 23.00 | 22.66 | 22.15 | 21.77 | 20.50 | 20.50 | 20.50 | 20.50 |
| 1982—1983 | 20.50 | 20.50 | 20.50 | 20.50 | 20.50 | 23.00 | 23.00 | 23.00 | 22.49 | 23.00 | 23.00 | 22.61 |
| 1983—1984 | 20.50 | 22.31 | 22.50 | 20.50 | 20.50 | 20.50 | 21.09 | 23.00 | 23.00 | 23.00 | 23.00 | 23.00 |
| 1984—1985 | 21.28 | 20.50 | 22.50 | 20.50 | 20.50 | 20.50 | 20.50 | 20.50 | 22.46 | 23.00 | 23.00 | 23.00 |
| 1985—1986 | 22.50 | 20.50 | 20.50 | 20.50 | 20.50 | 20.50 | 20.50 | 20.70 | 23.00 | 23.00 | 23.00 | 23.00 |
| 1986—1987 | 22.50 | 20.54 | 20.50 | 20.50 | 20.50 | 20.50 | 20.50 | 20.50 | 20.50 | 20.50 | 20.50 | 23.00 |
| 1987—1988 | 22.50 | 20.50 | 20.50 | 20.50 | 20.50 | 20.50 | 20.50 | 20.50 | 20.50 | 20.50 | 21.86 | 23.00 |
| 1988—1989 | 22.50 | 22.50 | 22.50 | 22.50 | 20.50 | 20.50 | 20.50 | 20.50 | 20.50 | 23.00 | 23.00 | 23.00 |
| 1989—1990 | 22.50 | 22.50 | 21.60 | 20.50 | 20.50 | 20.50 | 20.50 | 20.50 | 20.50 | 20.50 | 20.50 | 21.55 |
| 1990—1991 | 22.33 | 22.50 | 22.50 | 22.50 | 20.50 | 20.50 | 20.50 | 20.50 | 20.50 | 20.50 | 20.50 | 20.50 |
| 1991—1992 | 22.50 | 22.50 | 22.50 | 21.75 | 20.50 | 20.50 | 20.50 | 20.50 | 20.50 | 20.50 | 20.50 | 20.50 |
| 1992—1993 | 22.50 | 22.50 | 22.00 | 22.50 | 20.59 | 20.50 | 20.50 | 20.50 | 20.50 | 20.50 | 20.50 | 20.50 |
| 1993—1994 | 20.50 | 20.50 | 20.50 | 22.68 | 21.38 | 20.50 | 20.50 | 20.50 | 20.50 | 20.50 | 20.50 | 20.50 |
| 1994—1995 | 20.50 | 20.50 | 20.50 | 22.50 | 22.31 | 21.79 | 21.63 | 21.05 | 20.50 | 21.97 | 20.50 | 20.50 |
| 1995—1996 | 22.50 | 21.03 | 20.69 | 22.50 | 21.80 | 22.81 | 21.64 | 20.50 | 20.50 | 20.50 | 21.10 | 20.50 |
| 1996—1997 | 20.50 | 20.50 | 20.50 | 20.50 | 21.18 | 22.62 | 21.34 | 22.75 | 23.00 | 23.00 | 23.00 | 23.00 |
| 1997—1998 | 22.50 | 20.50 | 22.50 | 22.50 | 21.35 | 22.57 | 23.00 | 22.76 | 22.60 | 23.00 | 23.00 | 23.00 |
| 1998—1999 | 22.50 | 21.80 | 22.50 | 22.50 | 20.50 | 20.50 | 23.00 | 23.03 | 23.00 | 23.00 | 23.00 | 23.00 |
| 1999—2000 | 22.50 | 22.50 | 22.50 | 20.50 | 20.50 | 20.50 | 20.50 | 20.50 | 20.50 | 20.50 | 23.00 | 23.00 |

由表 8.1-1~表 8.1-4 可得出，洪泽湖历年各月的需调水水位线与可调出水位线为一组曲线，取其外包线，即为其需调水线与可调出线，如图 8.1-3 所示。同理，由表 8.1-3、表 8.1-4 可得出骆马湖历年各月的需调水水位线与可调出水位线为一组曲线，取其外包线，即为其需调水线与可调出线，如图 8.1-4 所示。

分析图 8.1-3 可知，洪泽湖的需调水线位于死水位以上，在 4—8 月略高于其他月；可调出水线在汛期 6—9 月为汛限水位，在非汛期为正常蓄水位。分析图 8.1-4 可知，骆马湖的需调水线远高于死水位，并且在 4—12 月相对更高；可调出线在汛期 6—9 月为汛限水位，在非汛期为正常蓄水位。

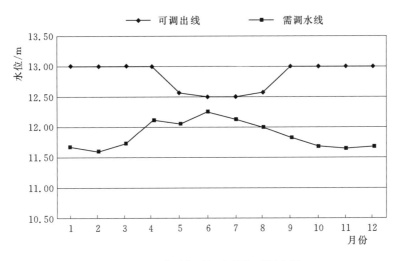

图 8.1 - 3　洪泽湖需调水线与可调出线

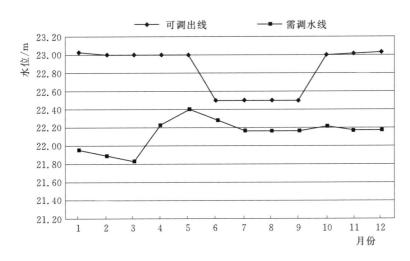

图 8.1 - 4　骆马湖需调水线与可调出线

### 8.1.3　两湖水资源生活预警控制线制订

**1. 生活预警调度线分析**

按照洪泽湖与骆马湖水资源联合调度的地域优先原则，骆马湖水资源优先供给骆马湖供水区用户，骆马湖供水区用户优先考虑由骆马湖水资源供给；洪泽湖水资源优先供给洪泽湖供水区用户，洪泽湖供水区用户优先考虑由洪泽湖水资源供给。在进行水资源调度时，应优先保证本地区用户的用水，不能破坏其用户的基本需水要求。但是在一些特殊情况下，调度水资源时可不受此约束条件限制。

当某个子系统中居民的基本生活需水不能保证，而另一个子系统除能满足本地区居民基本生活用水需求外尚有余水。此时，按照坚持以人为本原则，将这部分水量调给另一个子系统去满足其居民基本生活需求。根据上述分析，制定预警调度线，指导两湖水资源特殊枯水情况下水资源调度。

预警调度线的制定思路为：根据各子系统 1956—2000 年长系列月来水量过程、预警水量过程以及湖泊各月的蓄存能力，采用逆时序递推法推求各月初的预留水量，各月初的预留水量加上湖泊的死库容，即各月初湖泊的总需水量，该总需水量对应的水位即为该月的预警水位。历年各月预警水位取外包线，作为规划水平年 2020 年各月的预警水位。

**2. 预警调度线的制订**

根据历史水文资料，经相关水利计算，洪泽湖供水范围内 2008 年现状城市生活用水量为 0.51 亿 $m^3$。骆马湖供水范围内 2008 年现状城市生活用水量为 0.05 亿 $m^3$。按照 2% 的增长率计算到规划水平年 2020 年，其城镇生活用水量分别为 0.65 亿 $m^3$ 和 0.07 亿 $m^3$，除以 12 得到 0.05 亿 $m^3$ 和 0.01 亿 $m^3$ 作为城镇生活月最低需水量。洪泽湖与骆马湖出湖月生态水量分别为 1.84 亿 $m^3$ 和 0.74 亿 $m^3$。

根据长系列来水资料，进行调节计算，得到相关成果见表 8.1-5～表 8.1-8。

表 8.1-5　　　　　　　　　　洪泽湖各月初需预留水量（预警水量调算）　　　　　　单位：万 $m^3$

| 月份＼年 | 6 | 7 | 8 | 9 | 10 | 11 | 12 | 1 | 2 | 3 | 4 | 5 |
|---|---|---|---|---|---|---|---|---|---|---|---|---|
| 1956—1957 | 0 | 0 | 0 | 0 | 0 | 10368 | 7034 | 0 | 0 | 0 | 0 | 0 |
| 1957—1958 | 0 | 0 | 0 | 0 | 2000 | 4854 | 0 | 0 | 0 | 0 | 0 | 0 |
| 1958—1959 | 0 | 0 | 3713 | 0 | 0 | 0 | 0 | 0 | 0 | 0 | 0 | 0 |
| 1959—1960 | 0 | 0 | 0 | 0 | 0 | 0 | 10042 | 0 | 0 | 0 | 0 | 5186 |
| 1960—1961 | 0 | 0 | 0 | 0 | 0 | 0 | 0 | 0 | 0 | 0 | 0 | 4410 |
| 1961—1962 | 4947 | 0 | 0 | 0 | 0 | 0 | 0 | 0 | 0 | 0 | 0 | 0 |
| 1962—1963 | 3077 | 5213 | 7503 | 0 | 0 | 0 | 0 | 0 | 0 | 0 | 0 | 0 |
| 1963—1964 | 0 | 0 | 0 | 0 | 0 | 0 | 0 | 0 | 0 | 0 | 0 | 0 |
| 1964—1965 | 0 | 0 | 0 | 0 | 0 | 0 | 0 | 0 | 0 | 0 | 0 | 0 |
| 1965—1966 | 0 | 0 | 0 | 0 | 0 | 0 | 0 | 0 | 0 | 0 | 0 | 0 |
| 1966—1967 | 0 | 0 | 0 | 4713 | 5034 | 1354 | 0 | 0 | 0 | 0 | 33740 | 33347 |
| 1967—1968 | 67029 | 58285 | 49028 | 34768 | 25509 | 13658 | 0 | 0 | 0 | 0 | 0 | 0 |
| 1968—1969 | 0 | 0 | 0 | 0 | 0 | 0 | 12591 | 18896 | 18262 | 6924 | 0 | 0 |
| 1969—1970 | 0 | 0 | 0 | 0 | 0 | 0 | 0 | 0 | 0 | 0 | 0 | 0 |
| 1970—1971 | 0 | 0 | 0 | 0 | 0 | 0 | 3680 | 11633 | 9802 | 0 | 0 | 0 |
| 1971—1972 | 0 | 0 | 0 | 0 | 0 | 0 | 0 | 0 | 0 | 0 | 0 | 0 |
| 1972—1973 | 0 | 0 | 0 | 0 | 0 | 0 | 0 | 0 | 0 | 0 | 0 | 0 |
| 1973—1974 | 0 | 0 | 0 | 0 | 0 | 0 | 0 | 0 | 0 | 0 | 0 | 0 |
| 1974—1975 | 0 | 0 | 0 | 0 | 0 | 0 | 0 | 0 | 0 | 0 | 13766 | 11947 |
| 1975—1976 | 7043 | 0 | 0 | 0 | 0 | 0 | 0 | 0 | 0 | 0 | 0 | 0 |
| 1976—1977 | 0 | 0 | 0 | 380 | 0 | 0 | 0 | 0 | 0 | 0 | 0 | 0 |
| 1977—1978 | 0 | 0 | 0 | 0 | 0 | 0 | 0 | 0 | 0 | 0 | 0 | 0 |

| 年 \ 月份 | 6 | 7 | 8 | 9 | 10 | 11 | 12 | 1 | 2 | 3 | 4 | 5 |
|---|---|---|---|---|---|---|---|---|---|---|---|---|
| 1978—1979 | 43252 | 39648 | 33404 | 23160 | 9157 | 0 | 0 | 0 | 0 | 0 | 0 | 0 |
| 1979—1980 | 0 | 0 | 0 | 0 | 0 | 0 | 21445 | 24745 | 10134 | 0 | 0 | 0 |
| 1980—1981 | 0 | 10382 | 14006 | 3313 | 12722 | 0 | 0 | 0 | 0 | 0 | 0 | 0 |
| 1981—1982 | 0 | 0 | 0 | 0 | 0 | 0 | 0 | 8635 | 0 | 0 | 0 | 0 |
| 1982—1983 | 0 | 0 | 0 | 0 | 0 | 0 | 215 | 0 | 0 | 4021 | 0 | 0 |
| 1983—1984 | 0 | 0 | 0 | 0 | 0 | 0 | 0 | 0 | 1133 | 0 | 0 | 0 |
| 1984—1985 | 0 | 0 | 0 | 0 | 0 | 0 | 0 | 0 | 0 | 0 | 0 | 0 |
| 1985—1986 | 0 | 0 | 0 | 0 | 0 | 0 | 0 | 0 | 0 | 0 | 0 | 0 |
| 1986—1987 | 8912 | 0 | 0 | 0 | 0 | 0 | 0 | 0 | 0 | 0 | 0 | 0 |
| 1987—1988 | 0 | 0 | 0 | 0 | 0 | 0 | 0 | 0 | 0 | 0 | 0 | 0 |
| 1988—1989 | 0 | 5931 | 6447 | 0 | 0 | 0 | 0 | 0 | 0 | 0 | 0 | 859 |
| 1989—1990 | 0 | 0 | 0 | 0 | 0 | 0 | 0 | 0 | 0 | 0 | 0 | 0 |
| 1990—1991 | 0 | 1924 | 9979 | 2379 | 0 | 0 | 0 | 0 | 0 | 0 | 0 | 0 |
| 1991—1992 | 9199 | 6953 | 2052 | 0 | 0 | 0 | 0 | 0 | 0 | 0 | 0 | 0 |
| 1992—1993 | 0 | 0 | 0 | 0 | 0 | 0 | 0 | 0 | 0 | 0 | 0 | 0 |
| 1993—1994 | 0 | 0 | 13862 | 0 | 167 | 0 | 0 | 0 | 0 | 0 | 0 | 0 |
| 1994—1995 | 0 | 0 | 0 | 0 | 0 | 0 | 193 | 0 | 0 | 2780 | 0 | 0 |
| 1995—1996 | 0 | 0 | 0 | 0 | 0 | 23376 | 12692 | 0 | 0 | 0 | 0 | 0 |
| 1996—1997 | 0 | 0 | 0 | 0 | 0 | 7569 | 0 | 0 | 1658 | 0 | 0 | 0 |
| 1997—1998 | 0 | 0 | 0 | 0 | 0 | 0 | 2456 | 0 | 0 | 18012 | 19138 | 13958 |
| 1998—1999 | 934 | 0 | 0 | 0 | 0 | 0 | 0 | 0 | 7167 | 6925 | 0 | 0 |

表 8.1-6 　　　　　　　　　　洪 泽 湖 预 警 水 位 　　　　　　　单位：m

| 年 \ 月份 | 6 | 7 | 8 | 9 | 10 | 11 | 12 | 1 | 2 | 3 | 4 | 5 |
|---|---|---|---|---|---|---|---|---|---|---|---|---|
| 1956—1957 | 11.30 | 11.30 | 11.30 | 11.30 | 11.30 | 11.40 | 11.37 | 11.30 | 11.30 | 11.30 | 11.30 | 11.30 |
| 1957—1958 | 11.30 | 11.30 | 11.30 | 11.30 | 11.32 | 11.35 | 11.30 | 11.30 | 11.30 | 11.30 | 11.30 | 11.30 |
| 1958—1959 | 11.30 | 11.30 | 11.34 | 11.30 | 11.30 | 11.30 | 11.30 | 11.30 | 11.30 | 11.30 | 11.30 | 11.30 |
| 1959—1960 | 11.30 | 11.30 | 11.30 | 11.30 | 11.30 | 11.30 | 11.30 | 11.39 | 11.30 | 11.30 | 11.30 | 11.35 |
| 1960—1961 | 11.30 | 11.30 | 11.30 | 11.30 | 11.30 | 11.30 | 11.30 | 11.30 | 11.30 | 11.30 | 11.30 | 11.34 |
| 1961—1962 | 11.35 | 11.30 | 11.30 | 11.30 | 11.30 | 11.30 | 11.30 | 11.30 | 11.30 | 11.30 | 11.30 | 11.30 |
| 1962—1963 | 11.33 | 11.35 | 11.37 | 11.30 | 11.30 | 11.30 | 11.30 | 11.30 | 11.30 | 11.30 | 11.30 | 11.30 |
| 1963—1964 | 11.30 | 11.30 | 11.30 | 11.30 | 11.30 | 11.30 | 11.30 | 11.30 | 11.30 | 11.30 | 11.30 | 11.30 |
| 1964—1965 | 11.30 | 11.30 | 11.30 | 11.30 | 11.30 | 11.30 | 11.30 | 11.30 | 11.30 | 11.30 | 11.30 | 11.30 |

续表

| 月份<br>年 | 6 | 7 | 8 | 9 | 10 | 11 | 12 | 1 | 2 | 3 | 4 | 5 |
|---|---|---|---|---|---|---|---|---|---|---|---|---|
| 1965—1966 | 11.30 | 11.30 | 11.30 | 11.30 | 11.30 | 11.30 | 11.30 | 11.30 | 11.30 | 11.30 | 11.30 | 11.30 |
| 1966—1967 | 11.30 | 11.30 | 11.30 | 11.34 | 11.35 | 11.31 | 11.30 | 11.30 | 11.30 | 11.30 | 11.60 | 11.60 |
| 1967—1968 | 11.88 | 11.81 | 11.73 | 11.61 | 11.53 | 11.43 | 11.30 | 11.30 | 11.30 | 11.30 | 11.30 | 11.30 |
| 1968—1969 | 11.30 | 11.30 | 11.30 | 11.30 | 11.30 | 11.30 | 11.42 | 11.47 | 11.47 | 11.36 | 11.30 | 11.30 |
| 1969—1970 | 11.30 | 11.30 | 11.30 | 11.30 | 11.30 | 11.30 | 11.30 | 11.30 | 11.30 | 11.30 | 11.30 | 11.30 |
| 1970—1971 | 11.30 | 11.30 | 11.30 | 11.30 | 11.30 | 11.30 | 11.33 | 11.41 | 11.39 | 11.30 | 11.30 | 11.30 |
| 1971—1972 | 11.30 | 11.30 | 11.30 | 11.30 | 11.30 | 11.30 | 11.30 | 11.30 | 11.30 | 11.30 | 11.30 | 11.30 |
| 1972—1973 | 11.30 | 11.30 | 11.30 | 11.30 | 11.30 | 11.30 | 11.30 | 11.30 | 11.30 | 11.30 | 11.30 | 11.30 |
| 1973—1974 | 11.30 | 11.30 | 11.30 | 11.30 | 11.30 | 11.30 | 11.30 | 11.30 | 11.30 | 11.30 | 11.30 | 11.30 |
| 1974—1975 | 11.30 | 11.30 | 11.30 | 11.30 | 11.30 | 11.30 | 11.30 | 11.30 | 11.30 | 11.30 | 11.43 | 11.41 |
| 1975—1976 | 11.37 | 11.30 | 11.30 | 11.30 | 11.30 | 11.30 | 11.30 | 11.30 | 11.30 | 11.30 | 11.30 | 11.30 |
| 1976—1977 | 11.30 | 11.30 | 11.30 | 11.30 | 11.30 | 11.30 | 11.30 | 11.30 | 11.30 | 11.30 | 11.30 | 11.30 |
| 1977—1978 | 11.30 | 11.30 | 11.30 | 11.30 | 11.30 | 11.30 | 11.30 | 11.30 | 11.30 | 11.30 | 11.30 | 11.30 |
| 1978—1979 | 11.68 | 11.65 | 11.60 | 11.51 | 11.39 | 11.30 | 11.30 | 11.30 | 11.30 | 11.30 | 11.30 | 11.30 |
| 1979—1980 | 11.30 | 11.30 | 11.30 | 11.30 | 11.30 | 11.30 | 11.50 | 11.53 | 11.39 | 11.30 | 11.30 | 11.30 |
| 1980—1981 | 11.30 | 11.40 | 11.43 | 11.33 | 11.42 | 11.30 | 11.30 | 11.30 | 11.30 | 11.30 | 11.30 | 11.30 |
| 1981—1982 | 11.30 | 11.30 | 11.30 | 11.30 | 11.30 | 11.30 | 11.30 | 11.38 | 11.30 | 11.30 | 11.30 | 11.30 |
| 1982—1983 | 11.30 | 11.30 | 11.30 | 11.30 | 11.30 | 11.30 | 11.30 | 11.30 | 11.30 | 11.34 | 11.30 | 11.30 |
| 1983—1984 | 11.30 | 11.30 | 11.30 | 11.30 | 11.30 | 11.30 | 11.30 | 11.30 | 11.31 | 11.30 | 11.30 | 11.30 |
| 1984—1985 | 11.30 | 11.30 | 11.30 | 11.30 | 11.30 | 11.30 | 11.30 | 11.30 | 11.30 | 11.30 | 11.30 | 11.30 |
| 1985—1986 | 11.30 | 11.30 | 11.30 | 11.30 | 11.30 | 11.30 | 11.30 | 11.30 | 11.30 | 11.30 | 11.30 | 11.30 |
| 1986—1987 | 11.38 | 11.30 | 11.30 | 11.30 | 11.30 | 11.30 | 11.30 | 11.30 | 11.30 | 11.30 | 11.30 | 11.30 |
| 1987—1988 | 11.30 | 11.30 | 11.30 | 11.30 | 11.30 | 11.30 | 11.30 | 11.30 | 11.30 | 11.30 | 11.30 | 11.30 |
| 1988—1989 | 11.30 | 11.36 | 11.36 | 11.30 | 11.30 | 11.30 | 11.30 | 11.30 | 11.30 | 11.30 | 11.30 | 11.31 |
| 1989—1990 | 11.30 | 11.30 | 11.30 | 11.30 | 11.30 | 11.30 | 11.30 | 11.30 | 11.30 | 11.30 | 11.30 | 11.30 |
| 1990—1991 | 11.30 | 11.32 | 11.39 | 11.32 | 11.30 | 11.30 | 11.30 | 11.30 | 11.30 | 11.30 | 11.30 | 11.30 |
| 1991—1992 | 11.39 | 11.37 | 11.32 | 11.30 | 11.30 | 11.30 | 11.30 | 11.30 | 11.30 | 11.30 | 11.30 | 11.30 |
| 1992—1993 | 11.30 | 11.30 | 11.30 | 11.30 | 11.30 | 11.30 | 11.30 | 11.30 | 11.30 | 11.30 | 11.30 | 11.30 |
| 1993—1994 | 11.30 | 11.30 | 11.43 | 11.30 | 11.30 | 11.30 | 11.30 | 11.30 | 11.30 | 11.30 | 11.30 | 11.30 |
| 1994—1995 | 11.30 | 11.30 | 11.30 | 11.30 | 11.30 | 11.30 | 11.30 | 11.30 | 11.30 | 11.33 | 11.30 | 11.30 |
| 1995—1996 | 11.30 | 11.30 | 11.30 | 11.30 | 11.30 | 11.51 | 11.42 | 11.30 | 11.30 | 11.30 | 11.30 | 11.30 |
| 1996—1997 | 11.30 | 11.30 | 11.30 | 11.30 | 11.30 | 11.37 | 11.30 | 11.30 | 11.32 | 11.30 | 11.30 | 11.30 |
| 1997—1998 | 11.30 | 11.30 | 11.30 | 11.30 | 11.30 | 11.30 | 11.32 | 11.30 | 11.30 | 11.47 | 11.48 | 11.43 |
| 1998—1999 | 11.31 | 11.30 | 11.30 | 11.30 | 11.30 | 11.30 | 11.30 | 11.30 | 11.37 | 11.36 | 11.30 | 11.30 |

表 8.1－7　　　　　骆马湖各月初需预留水量（预警水量调算）　　　单位：万 m³

| 年＼月份 | 6 | 7 | 8 | 9 | 10 | 11 | 12 | 1 | 2 | 3 | 4 | 5 |
|---|---|---|---|---|---|---|---|---|---|---|---|---|
| 1956—1957 | 0 | 0 | 0 | 0 | 0 | 3465 | 1622 | 1647 | 0 | 0 | 7543 | 4142 |
| 1957—1958 | 0 | 0 | 0 | 0 | 0 | 4341 | 7375 | 4652 | 2394 | 0 | 207 | 1238 |
| 1958—1959 | 3583 | 0 | 0 | 0 | 0 | 0 | 0 | 0 | 4074 | 7964 | 6472 | 4166 |
| 1959—1960 | 2318 | 2441 | 0 | 0 | 0 | 0 | 0 | 2109 | 3015 | 2148 | 1224 | 328 |
| 1960—1961 | 0 | 0 | 642 | 0 | 0 | 0 | 0 | 0 | 0 | 9404 | 12577 | 12262 |
| 1961—1962 | 10062 | 9110 | 4490 | 3084 | 0 | 0 | 0 | 0 | 0 | 128 | 6626 | 11573 |
| 1962—1963 | 11668 | 8811 | 6307 | 1957 | 2635 | 0 | 0 | 0 | 0 | 0 | 0 | 0 |
| 1963—1964 | 0 | 0 | 0 | 0 | 0 | 0 | 0 | 0 | 0 | 0 | 0 | 0 |
| 1964—1965 | 6237 | 5745 | 5075 | 3481 | 3209 | 0 | 0 | 0 | 0 | 0 | 0 | 0 |
| 1965—1966 | 0 | 0 | 0 | 0 | 0 | 0 | 2651 | 2515 | 0 | 0 | 0 | 0 |
| 1966—1967 | 0 | 9461 | 12680 | 10476 | 8377 | 4825 | 2115 | 4892 | 3093 | 0 | 0 | 0 |
| 1967—1968 | 0 | 11641 | 14884 | 15365 | 11639 | 8576 | 5098 | 4695 | 1764 | 3247 | 0 | 0 |
| 1968—1969 | 0 | 0 | 0 | 0 | 15196 | 14632 | 12799 | 10427 | 8290 | 3894 | 3232 | 0 |
| 1969—1970 | 0 | 0 | 0 | 354 | 489 | 8412 | 5523 | 4841 | 1783 | 457 | 1057 | 0 |
| 1970—1971 | 0 | 1849 | 0 | 0 | 0 | 0 | 8348 | 9177 | 6871 | 4728 | 6429 | 3201 |
| 1971—1972 | 3769 | 0 | 0 | 0 | 0 | 0 | 0 | 0 | 0 | 0 | 0 | 1131 |
| 1972—1973 | 972 | 3400 | 0 | 0 | 0 | 0 | 0 | 0 | 5857 | 4117 | 4628 | 4486 |
| 1973—1974 | 5366 | 3185 | 1391 | 0 | 0 | 0 | 0 | 0 | 0 | 0 | 0 | 0 |
| 1974—1975 | 126 | 0 | 0 | 0 | 0 | 0 | 0 | 0 | 0 | 0 | 4769 | 4622 |
| 1975—1976 | 3375 | 0 | 0 | 0 | 1184 | 0 | 1718 | 0 | 0 | 0 | 0 | 0 |
| 1976—1977 | 0 | 0 | 49 | 678 | 0 | 0 | 0 | 0 | 0 | 0 | 0 | 0 |
| 1977—1978 | 0 | 2928 | 3914 | 1633 | 1886 | 0 | 554 | 0 | 0 | 0 | 0 | 0 |
| 1978—1979 | 8970 | 14052 | 11916 | 10209 | 7607 | 6088 | 3887 | 3622 | 0 | 1354 | 0 | 0 |
| 1979—1980 | 0 | 0 | 0 | 3807 | 6363 | 4005 | 4134 | 4189 | 2904 | 0 | 0 | 0 |
| 1980—1981 | 0 | 0 | 0 | 6220 | 6033 | 4285 | 1020 | 702 | 0 | 1023 | 0 | 0 |
| 1981—1982 | 0 | 0 | 0 | 0 | 6904 | 7027 | 7898 | 6958 | 3779 | 190 | 1151 | 0 |
| 1982—1983 | 0 | 0 | 0 | 0 | 0 | 4950 | 8827 | 9580 | 9529 | 7491 | 3363 | 2683 |
| 1983—1984 | 0 | 0 | 0 | 7478 | 13166 | 11637 | 18788 | 16180 | 13352 | 9552 | 6851 | 5260 |
| 1984—1985 | 3163 | 0 | 0 | 0 | 0 | 0 | 0 | 1924 | 5919 | 9375 | 7186 | 7139 |
| 1985—1986 | 4828 | 2507 | 0 | 0 | 0 | 1483 | 0 | 4782 | 11155 | 10720 | 8996 | 4863 |
| 1986—1987 | 4483 | 2303 | 2576 | 0 | 0 | 0 | 0 | 0 | 0 | 0 | 5620 | 7980 |
| 1987—1988 | 6022 | 3950 | 0 | 0 | 0 | 0 | 0 | 0 | 0 | 0 | 0 | 0 |
| 1988—1989 | 4608 | 4859 | 5978 | 2274 | 1650 | 0 | 0 | 0 | 0 | 0 | 9100 | 10116 |
| 1989—1990 | 8562 | 7776 | 6458 | 8032 | 3981 | 3576 | 0 | 0 | 0 | 0 | 0 | 0 |

续表

| 月份 \ 年 | 6 | 7 | 8 | 9 | 10 | 11 | 12 | 1 | 2 | 3 | 4 | 5 |
|---|---|---|---|---|---|---|---|---|---|---|---|---|
| 1990—1991 | 0 | 7136 | 11002 | 7864 | 5007 | 2606 | 632 | 0 | 0 | 0 | 0 | 5997 |
| 1991—1992 | 7037 | 9438 | 6009 | 3419 | 5487 | 5269 | 4510 | 3178 | 0 | 0 | 6441 | 14499 |
| 1992—1993 | 14455 | 15089 | 14887 | 11020 | 7617 | 4490 | 3336 | 3075 | 3782 | 0 | 0 | 0 |
| 1993—1994 | 0 | 0 | 7210 | 8238 | 7378 | 5637 | 5108 | 2939 | 1497 | 0 | 0 | 0 |
| 1994—1995 | 0 | 0 | 0 | 1169 | 5158 | 3527 | 1627 | 1824 | 0 | 2042 | 0 | 0 |
| 1995—1996 | 1540 | 0 | 0 | 0 | 0 | 19196 | 16285 | 13069 | 9567 | 5728 | 3149 | 3160 |
| 1996—1997 | 0 | 0 | 0 | 0 | 0 | 0 | 0 | 0 | 5398 | 4982 | 5495 | 2377 |
| 1997—1998 | 3453 | 0 | 0 | 0 | 0 | 0 | 0 | 0 | 0 | 0 | 2967 | 3893 |
| 1998—1999 | 0 | 2556 | 0 | 0 | 0 | 0 | 0 | 0 | 0 | 0 | 0 | 0 |
| 1999—2000 | 0 | 1630 | 1156 | 0 | 0 | 0 | 0 | 0 | 0 | 0 | 234 | 654 |

表 8.1-8　　　　　　　　　　　　　骆 马 湖 预 警 水 位　　　　　　　　　　　单位：m

| 月份 \ 年 | 6 | 7 | 8 | 9 | 10 | 11 | 12 | 1 | 2 | 3 | 4 | 5 |
|---|---|---|---|---|---|---|---|---|---|---|---|---|
| 1956—1957 | 20.50 | 20.50 | 20.50 | 20.50 | 20.50 | 20.65 | 20.57 | 20.57 | 20.50 | 20.50 | 20.81 | 20.67 |
| 1957—1958 | 20.50 | 20.50 | 20.50 | 20.50 | 20.50 | 20.68 | 20.80 | 20.70 | 20.60 | 20.50 | 20.52 | 20.56 |
| 1958—1959 | 20.65 | 20.50 | 20.50 | 20.50 | 20.50 | 20.50 | 20.50 | 20.50 | 20.67 | 20.83 | 20.77 | 20.68 |
| 1959—1960 | 20.60 | 20.61 | 20.50 | 20.50 | 20.50 | 20.50 | 20.50 | 20.59 | 20.63 | 20.59 | 20.56 | 20.52 |
| 1960—1961 | 20.50 | 20.50 | 20.53 | 20.50 | 20.50 | 20.50 | 20.50 | 20.50 | 20.50 | 20.88 | 21.01 | 21.00 |
| 1961—1962 | 20.91 | 20.87 | 20.69 | 20.63 | 20.50 | 20.50 | 20.50 | 20.50 | 20.51 | 20.77 | 20.97 | |
| 1962—1963 | 20.97 | 20.86 | 20.76 | 20.59 | 20.61 | 20.50 | 20.50 | 20.50 | 20.50 | 20.50 | 20.50 | 20.50 |
| 1963—1964 | 20.50 | 20.50 | 20.50 | 20.50 | 20.50 | 20.50 | 20.50 | 20.50 | 20.50 | 20.50 | 20.50 | 20.50 |
| 1964—1965 | 20.76 | 20.74 | 20.71 | 20.65 | 20.64 | 20.50 | 20.50 | 20.50 | 20.50 | 20.50 | 20.50 | 20.50 |
| 1965—1966 | 20.50 | 20.50 | 20.50 | 20.50 | 20.50 | 20.50 | 20.61 | 20.61 | 20.50 | 20.50 | 20.50 | 20.50 |
| 1966—1967 | 20.50 | 20.89 | 21.01 | 20.93 | 20.84 | 20.70 | 20.59 | 20.70 | 20.63 | 20.50 | 20.50 | 20.50 |
| 1967—1968 | 20.50 | 20.97 | 21.10 | 21.12 | 20.97 | 20.85 | 20.71 | 20.70 | 20.58 | 20.64 | 20.50 | 20.50 |
| 1968—1969 | 20.50 | 20.50 | 20.50 | 20.50 | 21.11 | 21.09 | 21.02 | 20.92 | 20.84 | 20.66 | 20.64 | 20.50 |
| 1969—1970 | 20.50 | 20.50 | 20.50 | 20.52 | 20.53 | 20.84 | 20.73 | 20.70 | 20.58 | 20.53 | 20.55 | 20.50 |
| 1970—1971 | 20.50 | 20.58 | 20.50 | 20.50 | 20.50 | 20.50 | 20.84 | 20.87 | 20.78 | 20.70 | 20.77 | 20.64 |
| 1971—1972 | 20.66 | 20.50 | 20.50 | 20.50 | 20.50 | 20.50 | 20.50 | 20.50 | 20.50 | 20.50 | 20.50 | 20.55 |
| 1972—1973 | 20.55 | 20.64 | 20.50 | 20.50 | 20.50 | 20.50 | 20.50 | 20.50 | 20.74 | 20.67 | 20.69 | 20.69 |
| 1973—1974 | 20.72 | 20.64 | 20.56 | 20.50 | 20.50 | 20.50 | 20.50 | 20.50 | 20.50 | 20.50 | 20.50 | 20.50 |
| 1974—1975 | 20.51 | 20.50 | 20.50 | 20.50 | 20.50 | 20.50 | 20.50 | 20.50 | 20.50 | 20.50 | 20.70 | 20.69 |
| 1975—1976 | 20.64 | 20.50 | 20.50 | 20.50 | 20.56 | 20.50 | 20.58 | 20.50 | 20.50 | 20.50 | 20.50 | 20.50 |

续表

| 年 \ 月份 | 6 | 7 | 8 | 9 | 10 | 11 | 12 | 1 | 2 | 3 | 4 | 5 |
|---|---|---|---|---|---|---|---|---|---|---|---|---|
| 1976—1977 | 20.50 | 20.50 | 20.51 | 20.53 | 20.50 | 20.50 | 20.50 | 20.50 | 20.50 | 20.50 | 20.50 | 20.50 |
| 1977—1978 | 20.50 | 20.63 | 20.67 | 20.57 | 20.58 | 20.50 | 20.53 | 20.50 | 20.50 | 20.50 | 20.50 | 20.50 |
| 1978—1979 | 20.87 | 21.07 | 20.98 | 20.92 | 20.81 | 20.75 | 20.66 | 20.65 | 20.50 | 20.56 | 20.50 | 20.50 |
| 1979—1980 | 20.50 | 20.50 | 20.50 | 20.66 | 20.76 | 20.67 | 20.67 | 20.68 | 20.62 | 20.50 | 20.50 | 20.50 |
| 1980—1981 | 20.50 | 20.50 | 20.50 | 20.76 | 20.75 | 20.68 | 20.55 | 20.54 | 20.55 | 20.50 | 20.50 | 20.50 |
| 1981—1982 | 20.50 | 20.50 | 20.50 | 20.50 | 20.78 | 20.79 | 20.82 | 20.79 | 20.66 | 20.51 | 20.55 | 20.50 |
| 1982—1983 | 20.50 | 20.50 | 20.50 | 20.50 | 20.50 | 20.71 | 20.86 | 20.89 | 20.89 | 20.81 | 20.64 | 20.62 |
| 1983—1984 | 20.50 | 20.50 | 20.50 | 20.81 | 21.03 | 20.97 | 21.25 | 21.15 | 21.04 | 20.89 | 20.78 | 20.72 |
| 1984—1985 | 20.64 | 20.50 | 20.50 | 20.50 | 20.50 | 20.50 | 20.50 | 20.59 | 20.75 | 20.88 | 20.80 | 20.79 |
| 1985—1986 | 20.70 | 20.61 | 20.50 | 20.50 | 20.50 | 20.57 | 20.50 | 20.70 | 20.95 | 20.94 | 20.87 | 20.70 |
| 1986—1987 | 20.69 | 20.60 | 20.61 | 20.50 | 20.50 | 20.50 | 20.50 | 20.50 | 20.50 | 20.50 | 20.73 | 20.83 |
| 1987—1988 | 20.75 | 20.67 | 20.50 | 20.50 | 20.50 | 20.50 | 20.50 | 20.50 | 20.50 | 20.50 | 20.50 | 20.50 |
| 1988—1989 | 20.69 | 20.70 | 20.75 | 20.60 | 20.57 | 20.50 | 20.50 | 20.50 | 20.50 | 20.50 | 20.87 | 20.91 |
| 1989—1990 | 20.85 | 20.82 | 20.77 | 20.83 | 20.67 | 20.65 | 20.50 | 20.50 | 20.50 | 20.50 | 20.50 | 20.50 |
| 1990—1991 | 20.50 | 20.79 | 20.95 | 20.82 | 20.71 | 20.61 | 20.53 | 20.50 | 20.50 | 20.50 | 20.50 | 20.75 |
| 1991—1992 | 20.79 | 20.88 | 20.75 | 20.65 | 20.73 | 20.72 | 20.69 | 20.64 | 20.50 | 20.50 | 20.77 | 21.08 |
| 1992—1993 | 21.08 | 21.11 | 21.10 | 20.95 | 20.81 | 20.69 | 20.64 | 20.63 | 20.66 | 20.50 | 20.50 | 20.50 |
| 1993—1994 | 20.50 | 20.50 | 20.80 | 20.84 | 20.80 | 20.73 | 20.71 | 20.63 | 20.57 | 20.50 | 20.50 | 20.50 |
| 1994—1995 | 20.50 | 20.50 | 20.50 | 20.55 | 20.72 | 20.65 | 20.57 | 20.58 | 20.50 | 20.59 | 20.50 | 20.50 |
| 1995—1996 | 20.57 | 20.50 | 20.50 | 20.50 | 20.50 | 21.26 | 21.15 | 21.03 | 20.89 | 20.74 | 20.63 | 20.64 |
| 1996—1997 | 20.50 | 20.50 | 20.50 | 20.50 | 20.50 | 20.50 | 20.50 | 20.50 | 20.72 | 20.71 | 20.73 | 20.60 |
| 1997—1998 | 20.65 | 20.50 | 20.50 | 20.50 | 20.50 | 20.50 | 20.50 | 20.50 | 20.50 | 20.50 | 20.63 | 20.66 |
| 1998—1999 | 20.50 | 20.61 | 20.50 | 20.50 | 20.50 | 20.50 | 20.50 | 20.50 | 20.50 | 20.50 | 20.50 | 20.50 |
| 1999—2000 | 20.50 | 20.57 | 20.55 | 20.50 | 20.50 | 20.50 | 20.50 | 20.50 | 20.50 | 20.50 | 20.52 | 20.53 |

由表 8.1-5~表 8.1-8 可得出，洪泽湖和骆马湖历年各月的预警水位线为一组曲线，取其外包线，即为预警水位线。如图 8.1-5 和图 8.1-6 所示。

由图 8.1-5 可以知，洪泽湖预警水位位于死水位以上正常蓄水位（汛限水位）以下，比较靠近死水位，在 7—9 月略高于其他月；由图 8.1-6 可以知，骆马湖预警水位位于死水位以上正常蓄水位（汛限水位）以下，比较靠近死水位，和死水位线较平行。

上述的洪泽湖与骆马湖预警调度线可以指导特殊枯水情况下的两湖水资源调度，有助于两湖水资源调度决策。

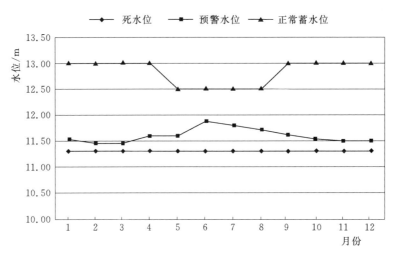

图 8.1-5 洪泽湖预警水位线

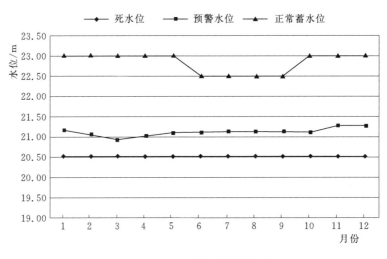

图 8.1-6 骆马湖预警水位线

## 8.2 水量调度风险分析

### 8.2.1 风险理论研究

**1. 风险的基本概念**

从词义角度来分析，风险早期用于航海业，意为可能发生的危险，特指自然灾害或触礁事件，后演变为保险业或法律术语，意为遇到破坏或损失的机会或危险，在 20 世纪自然科学和社会科学等诸多学科相关研究中，逐步将风险看作是人为行为和决策的产物。

基于不同的理解，目前存在多种定义。按照传统的理解，风险总是与灾害或损失联系在一起的，风险的本质是有害或是不利的。如英国风险管理学会将风险定义为："不利结果出现或不幸事件发生的机会。"此外，一些学者对风险仍有多种定义，包括如下典型的定义。

（1）风险是意外结果出现的概率。

（2）风险是事件出现差错并影响工作（任务）完成的可能性。

（3）风险是特定威胁发生的概率或频率以及后果的严重性。

（4）风险是影响工作（任务）成功完成的高概率事件。

（5）风险是因采取特定的活动涉及的可变性导致经济或财务损失、身体伤害或伤亡等的可能性。

不同的行业，风险有着不同定义。在保险界，风险被定义为可保险以规避事故或损失的项目或条款，它表明承担责任的保险公司存在损失机会；在管理术语中，风险被视为变化或不确定性；在加工工业特别是化学工业中，风险指火灾、泄露、爆炸、人员伤亡、财产损失、环境损害、经济损失等灾害事件。

以上定义被称为狭义的风险。其只反映风险的一个方面，即风险是有害的和不利的，将给项目带来威胁。而风险的另一面，即风险也可能是有利的和可以利用的，将给项目带来机会，被称为广义的风险。越来越多的国际性项目管理组织开始接受"风险是中性的"这一概念，英国项目管理学会因此将"风险"定义为"对项目目标产生影响的一个或若干个不确定事件"，英国土木工程师学会更明确定义"风险是一种将影响目标实现的不利威胁或有利机会"。国际标准化组织则定义风险为"某一事件发生的概率和其后果的组合"。概括起来，广义的风险可以定义为：风险是未来变化偏离预期的可能性以及对目标产生影响的大小。其特征是：①风险是中性的，既可能产生不利影响，也可能带来有利影响；②风险的大小与变动发生的可能有关，也与变动发生后对项目影响的大小有关。变动出现的可能性越大，变动出现后对目标的影响越大，风险就越高。

2. 风险的性质

（1）客观性。风险是客观存在的，无论是自然现象中的地震、洪水等自然灾害，还是现实社会中的矛盾、冲突等社会冲突，不可能完全根除，只能采取措施降低其不利影响。随着社会发展和科技进步，人们对自然界和社会的认识逐步加深，对风险的认识也逐步提高，有关风险防范的技术不断完善，但仍然存在大量的风险。

（2）可变性。风险可能发生，造成损失甚至重大损失，也可能不发生。风险是否发生，风险事件的后果都是难以确定的。但是可以通过历史数据和经验，对风险发生的可能性和后果进行一定的分析预测。

（3）阶段性。建设项目的不同阶段存在的主要风险有所不同，投资决策阶段的风险主要包括政策风险、融资风险等，项目实施阶段的主要风险可能是工程风险和建设风险等，而在项目运营阶段的主要风险可能是市场风险、管理风险等。因此，风险对策是因时而变的。

（4）多样性。依据行业和项目不同具有特殊性，不同的行业和不同的项目具有不同的风险，如高新技术行业的主要风险可能是技术风险和市场风险，而基础设施行业投资项目的主要风险则可能是工程风险和政策风险，必须结合行业特征和不同项目的情况来识别风险。

（5）相对性。对于项目的有关各方（不同的风险管理主体）可能会有不同的风险，而且对于同一风险因素，对不同主体的影响是不同的，甚至是截然相反的；如工程风险对业主而言可能产生不利后果，而对保险公司而言，正是由于工程风险的存在，才使得保险公司有了通过工程保险而获利的机会。

（6）层次性。风险的表现具有层次性，需要层层剖析，才能深入到最基本的风险单元，以明确风险的根本来源。如市场风险，可能表现为市场需求量的变化、价格的波动以及竞争对手的策略调整等，而价格的变化又可能包括产品或服务的价格、原材料的价格和其他投入物价格的变化等，必须挖掘最关键的风险因素，才能制订有效的风险应对措施。

3. 风险分类

风险分类就是根据风险分析的目的不同，按照一定的标准，对各种不同的风险进行区分的过程。风险分类是为一定的目的服务的。对风险进行科学的分类，首先是不断加深对风险本质认识的需要。通过风险分类，可以使人们更好地把握风险的本质及变化的规律性。其次，对风险进行分类，是对企业风险实行科学管理，确定科学控制手段的必要前提。由于对风险分析的目的不同，可以按照不同的标准，从不同的角度对风险进行分类。

4. 风险分析方法

风险分析方法主要有综合评价法、蒙特卡洛模拟、专家调查法、风险概率估计、风险解析法、层次分析法。

（1）综合评价法。风险综合评价的方法中，最常用、最简单的分析方法是通过调查专家的意见，获得风险因素的权重和发生概率，进而获得项目的整体风险程度。其步骤主要包括：①建立风险调查表。在风险识别完成后，建立投资项目主要风险清单，将该投资项目可能遇到的所有重要风险全部列入表中；②判断风险权重；③确定每个风险发生的概率。可采用1~5标度，分别表示可能性很小、较小、中等、较大、很大，代表5种程度；④计算每个风险因素的等级；⑤最后将风险调查表中全部风险因素的等级相加，得出整个项目的综合风险等级。

（2）蒙特卡洛模拟。当项目评价中输入的随机变量个数多于三个，每个输入变量可能出现三个以上至无限多种状态时（如连续随机变量），就不能用理论计算法进行风险分析，这时就必须采用模特卡洛模拟技术。这种方法的原理是用随机抽样的方法抽取一组输入变量的数值，并根据这组输入变量的数值计算项目评价指标，如内部收益率、净现值等，用这样的办法抽样计算足够多的次数可获得评价指标的概率分布及累计概率分布、期望值、方差、标准差，计算项目由可行转变为不可行的概率，从而估计项目投资所承担的风险。

1）蒙特卡洛模拟的程序。①确定风险分析所采用的评价指标，如净现值、内部收益率等；②确定对项目评价指标有重要影响的输入变量；③经调查确定输入变量的概率分布；④为各输入变量独立抽取随机数；⑤为抽得的随机数转化为各输入变量的抽样值；⑥根据抽得的各输入随机变量的抽样值组成一组项目评价基础数据；⑦根据抽样值所组成的基础数据计算出评价指标值；⑧重复第四步至第七步，直至预定模拟次数；⑨整理模拟结果所得评价指标的期望值、方差、标准差和期望值的概率分布，绘制累计概率图；⑩计算项目由可行转变为不可行的概率。

2）应用蒙特卡洛模拟法应注意的问题。应用模特卡洛模拟法时，需假设输入变量之间是相互独立的。在风险分析中会遇到输入变量的分解程度问题，一般而言，变量分解得越细，输入变量也就越多，模拟结果的可靠性也就越高；变量分解程度低，变量个数少，模拟可靠性降低，但能较快获得模拟结果。对一个具体项目，在确定输入变量分解程度时，往往与输入变量之间的相关性有关。变量分解过细往往造成变量之间有相关性，例如产品销售收入与产品结构方案中各种产品数量和各种产品价格有关，而产品销售往往与售价存在负相关的关系，各种产品的价格之间同样存在或正或负的相关关系。如果输入变量本来是相关的，模拟中都视为独立的，就可能导致错误的结论。为避免此问题，可采用以下办法处理。

蒙特卡洛法的模拟次数。从理论上来说，模拟次数越多越正确，但实际上模拟次数过多不仅费用高，整理结果费时费力。因此，模拟次数过多也无必要，但模拟次数过少，随机数的分布就不均匀，影响模拟结果的可靠性，一般在 200～500 次之间为宜。由于计算量巨大，蒙特卡洛模拟需要借助计算机来完成。

（3）专家调查法。专家调查法是基于专家的知识、经验和直觉，通过发函、开会或其他形式向专家进行调查，发现项目潜在的风险的分析方法，对项目风险因素及其风险程度进行评定，将多位专家的经验集中起来形成分析结论的一种方法，它适用于风险分析的全过程，包括分析识别、风险估计、分析评价与分析对策研究。专家调查法是由于它比一般的经验识别法更具客观性，因此应用更为广泛。专家调查法有很多种，其中头脑风暴法、德尔菲法、风险识别调查表、风险对照检查表和风险评价表是最常用的几种方法。

（4）风险概率估计。风险概率估计包括客观概率估计和主观概率估计。在项目评价中，风险概率估计中较常用正态分布、三角形分布、贝塔分布等概率分布形式，由项目评价人员或专家估计。

1）客观概率估计。客观概率是实际发生的概率，它不取决于人的主观意志，可以根据历史统计数据或是大量的试验来推定。它有两种方法：一种方法是将一个事件分解为若干个子事件，通过计算子事件的概率来获得主要事件的概率；另一种方法是通过足够量的试验，统计出事件的概率。由于客观概率是基于同样事件历史观测数据的，它只能用于完全可重复事件，因而并不适用于大部分现实事件。应用客观概率对项目风险进行的估计称为客观估计，它利用同一事件的历史数据，或是类似事件的数据资料，计算出客观概率。该方法的最大缺点是需要足够的信息，但通常是不可得的。

2）主观概率估计。主观概率是基于个人经验、预感或直觉而估算出来的概率，是一种个人的主观判断，反映了人们对风险现象的一种测度。当有效统计数据不足或是不可能进行试验时，主观概率是唯一选择。基于经验、知识或类似事件比较的专家推断概率便是主观估计。在实践中，许多项目风险是不可预见并且不能精确计算的。主观概率的专家估计具体包括以下步骤。

a. 根据需要调查问题的性质组成专家组。专家组成员由熟悉该风险因素的现状和发展趋势的专家、有经验的工作人员组成。

b. 查某一变量可能出现的状态数或状态范围和各种状态出现的概率或变量发生在状态范围内的概率，由每个专家独立使用书面形式反映出来。

c. 整理专家组成员的意见，计算专家意见的期望值和意见分歧情况，反馈给专家组。

d. 专家组讨论并分析意见分歧的原因。由专家组成员重新背靠背地独立填写变量可能出现的状态或状态范围和各种状态出现的概率或变量发生在状态范围内的概率，如此重复进行，直至专家意见分歧程度满足要求值为止。

3）风险概率分布。

a. 离散型概率分布。当输入变量可能值是有限个数，称这种随机变量为离散型随机变量。如产品市场销售量可能出现低销售量、中等销售量、高销售量三种状态，即认为销售量为离散型随机变量。各种状态的概率取值之和等于 1，它适用于变量取值个数不多的输入变量。

b. 连续型概率分布。当输入变量的取值充满一个区间，无法按一定次序一一列举出来时，这种随机变量称连续随机变量。如市场需求量在某一数量范围内，无法按一定次序一一列举，列出区间内 $a$、$b$ 两个数，则总还有无限多个数 $x$（$b>x>a$），这时的产品销售量就是一个连续型随机变量，它的概率分布用概率密度和分布函数表示，常用的连续概率分布有正态分布、三角形分布、贝塔分布和经验分布。

4）风险概率分析指标。描述风险概率分布的指标主要有期望值、方差、标准差、离散系数等。期望值是风险变量的加权平均值。方差和标准差都是描述风险变量偏离期望值程度的绝对指标。离散系数是描述风险变量偏离期望值的离散程度的相对指标。

5. 风险解析法

风险解析法，也称为风险结构分解法（Risk Breakdown Structure，RBS），是风险分析识别的主要方法之一，它是将一个复杂系统分解为若干子系统进行分析的常用方法，通过对子系统的分析进而把握整个系统的特征。例如，市场风险可以分解为市场供求、竞争力、价格偏差三类风险。对于市场供求总量的偏差，首先将其分为供方市场和需方市场，然后各自进一步分解为国内和国外。其风险可能来自区域因素，又可细分为品种质量、生产成本以及竞争对手因素等；价格偏差因素可分解为诸多影响国内价格和国际价格的因素，随项目和产品的不同可能有很大的不同。

6. 层次分析法

层次分析法（Analytic Hierarchy Process，AHP）的基本思路与人对一个复杂的决策问题的思维、判断过程大体是一样的。不妨用假期旅游为例：假如有三个旅游胜地甲、乙、丙供选择，一般会根据诸如景色、费用和居住、餐饮、旅途条件等一些准则去反复比较这三个候选目的地。首先，你会确定这些准则在你的心中各占多大比重，如果你经济宽裕、醉心旅游，自然分别看重景色条件，而经济条件一般的人则会优先考虑费用，中老年游客还会对居住、餐饮等条件给予较大的关注。其次，会就每一个准则将三个地点进行对比，譬如甲景点景色最好，乙景点次之；乙景点费用最低，丙次之；丙居住条件最好等。最后，你要将这两个层次的比较判断进行综合，在甲、乙、丙中确定哪个作为最佳景点。

运用 AHP 法进行决策时，需要经历以下 4 个步骤：①建立系统的递阶层次结构；②构造两两比较判断矩阵（正负反矩阵）；③针对某一个标准，计算各备选元素的权重；④计算当前一层元素关于总目标的排序权重；⑤进行一致性检验。运用层次分析法有很多优点，层次分析法不仅适用于存在不确定性和主观信息的情况，还允许以合乎逻辑的方式运用经验、洞察力和直觉。

### 8.2.2　水文风险分类与风险管理

#### 1. 水文风险的内涵

水文风险是指在一定的时空范围内，水文事件（洪水或干旱）可能造成损失的概率及其不利后果。水文风险是水文事件所造成损失的概率和导致的不利后果的集合。即

$$HR = W(X_i, P_i, C_i) \tag{8.2-1}$$

式中　　$HR$——水文风险；

　　　　$X_i$——水文事件；

　　　　$P_i$——水文事件发生的概率；

　　　　$C_i$——对于水文事件所产生的后果，可以直接损失或者损失的可能性分布来
　　　　　　　表示。

上述定义体现了水文风险密不可分的三个方面，即水文事件、损失和概率；反映了水文风险中的不确定性，并将这种不确定性用概率进行描述；通过直接人员或财产损失来反映风险的危害程度，或者用损失的可能性分布描述水文风险的模糊不确定性。水文风险往往是自然因素和人为因素综合作用的结果，既有自然属性，也受人类活动的影响。水文风险具有客观性、不确定性、动态性、可管理性、时空性、相对性、潜在性、传递性等特性。

#### 2. 水文风险分类

水文风险的分类可以从不同角度、按照不同的标准进行划分，以下介绍几种不同的风险分类。

按照风险影响的范围来划分，可以将水文风险分为局部风险、区域风险和流域风险。局部风险是指那些影响范围小、损失不大的水文风险，如水库蓄水不足或弃水过多，虽有一定的损失，但一般不大；区域风险是指在一定区域范围内普遍发生的水文风险，如水库调洪不利造成人为的洪水事件，则局部风险上升为区域风险，造成区域范围内的人员或财产损失；流域风险是指在流域范围内普遍发生某种危害较大的水文风险，如发生流域性大洪水，造成流域性洪涝灾害。

按照风险的可预测性，可将水文风险分为已知风险、可预测风险和不可预测风险。已知风险是指根据现有知识和技术水平能够准确预知的风险；可预测风险是指按照现有的知识和技术水平能够预见其发生，但无法预见其发生后果大小或者发生的时间；不可预测风险是指在现有知识和技术水平下无法预知其发生的可能性以及造成后果的风险。

按照人们对水文风险的控制力和可管理性，可分为可管理的水文风险和不可管理的水文风险。可管理的水文风险是指可以预测和控制的风险；反之，则为不可管理的水文风险。

按照风险产生来源可将水文风险分为自然风险和人为风险两大类。自然风险是由于气候、暴雨、地质地貌等自然因素存在的不确定性，频繁产生洪涝、干旱等危害人类生命财产和社会安全的自然灾害事件，自然因素造成的水文风险具有不可控性、周期性及风险事故引起后果的共沾性，即事故一旦发生，其涉及的对象和造成影响的范围往往较为广泛；

人为风险主要是由于人类参与改造、利用和破坏水文循环系统所引起的风险，这类风险又可分为行为风险、工程风险、技术风险、政治风险、经济风险、社会风险等。

3. 水文风险管理

水文风险管理是在一定时空范围内，通过对可能导致风险的水文事件进行风险识别、风险评估、风险处置和风险监控，进而规避水文风险或最大程度降低水文风险（洪涝或干旱缺水）造成的损失所进行的管理过程，包括管理方法或管理手段。水文风险管理的核心内容是水文风险识别、水文风险评估、水文风险处置和水文风险监控。

水文风险识别。水文风险识别也称水文风险辨识，是风险管理的基础，其主要任务是找出风险所在和引起风险的主要因素，分析识别这些风险因素的来源，确定风险发生的条件，描述风险特征及其影响过程。例如，由水库防护的城市被洪水淹没，其原因可能是洪水太大，超过水库的防洪能力，或者是大坝失事，或者是水库调度不当，究竟是哪种因素引起的，就要进行风险识别。概括地讲，风险识别是从系统的观点出发，将引起风险的极其复杂的事物分解成比较简单的、容易识别的基本单元，从错综复杂的关系中找出因素间的本质联系，抓住主要风险因素。水文风险识别的基本思路是确定风险问题对象，调查风险因子之间及其与风险问题之间的逻辑关系，计算分析各类因子作用下的风险概率，对风险因子的重要程度进行敏感性分析，最后结合定性和定量分析结果确定水文风险的主要影响因子。水文风险识别的主要方法有事件树法、故障树法、专家调查法、系统分析法、情景分析法、贝叶斯网络分析法、SWOT 分析法等。

水文风险评估。水文风险评估包括风险分析和风险评价两部分。风险分析着眼于定性或定量估算风险的大小，包括估计风险发生的概率大小、风险发生将造成的损失程度等。风险分析方法可分为定性分析、定量分析和半定量分析。水文风险分析的程序包括明确水文风险目标、划分水文风险分析时空范围、选取水文风险分析方法、准备水文风险分析数据资料、计算水文风险概率、估算水文风险影响。水文风险评价是在风险识别和风险估计的基础上，依据风险评价准则判定风险的等级，确定风险是否在人们的承受范围内，评估回答风险事件的严重程度及应当采取的风险应对措施。其基本框架包括确定水文风险评价目标、构建水文风险评价指标体系、选择水文风险评价方法、进行目标水文风险评估、提出水文风险应对措施及建议。风险评价的结果通常是以不同等级的风险列表来表示，水文风险等可分为低风险、较低风险、一般风险、较高风险和高风险。

水文风险处置。水文风险处置的目的是对识别出来的风险采取什么措施以及由谁负责处理，风险处置需要根据可行性、代价、风险管理目标制定合适的处置方法，把风险降低到可容忍的程度。常见的风险处置方法有回避风险、降低风险、转移风险、接受风险等。风险处置应制定处置计划，建立风险处置机制。

水文风险监控。随着时间变化和新技术应用，原来评估的风险可能会过时，有时还会有新的风险产生，各种风险的重要程度也会发生变化。因此，需要进行定期检查和反馈，避免因风险重心转移而导致遗漏，或者风险应对措施不当而引起不必要的损失。对风险进行定期或连续监控可以保证及时将新风险纳入风险监测和管理之中，从而提前制定风险处置计划，避免产生损失或将风险损失降到最低。

### 8.2.3　调水工程水文风险分析

水文风险识别的主要任务是通过考虑系统与系统之间、系统与其他系统要素之间、系统内部要素之间错综复杂的关联关系或作用机理，筛选、识别出对水文系统有主要影响的因子。对于调水系统来讲，主要是考虑水源区的供水水文风险、受水区的需水水文风险、水源区与受水区供需不协调导致的水文风险。准确识别这些风险的主要影响因子是进行调水工程水文风险评估的基础。

水源区的供水水文风险是指调水工程水源地可供水量发生变化所引起的调水需求不能满足的情况，以及该风险发生后所造成的影响程度和范围。其风险大小取决于水源地可供水量大小及其变化。从水量角度来看，水源区供水水文风险包括暴雨洪水风险和干旱缺水风险。水源区可供水量的大小首先取决于水源区调入水库的上游入库径流量和水库下游的基本下泄水量和最小生态流量。若受水区的各类用水户需水量增加，而水源区的入库径流量没有相应增加或者减少，则水源区的可调水量就会减少，不能满足受水区的用水需求。

受水区需水水文风险取决于受水区的需水变化过程，与用水户的需水量密切相关，包括农业需水风险、工业需水风险、生活需水风险、航运需水风险以及生态环境需水风险，其风险大小取决于区域内各类用水户的用水特点及其发展情况。受水区的需水水文风险主要是区域城市与经济社会发展对水资源的需求量过大造成的，受水区对水资源的需求量已经超过水源区的供水能力。

水源区与受水区供需不协调风险是指在某一时间段内供不应求或供大于求导致水资源供需不协调风险。水源区水量供不应求是由两方面因素造成的，一是水源区供水量不足，二是受水区需水量过大。从风险角度考虑，需要重点考虑不利于调水的情景，即水源区和受水区同时出现枯水的情况，该情形下产生的风险及危害比其他情形大。水源区水量供大于求情形主要是水源区和受水区同时遭遇相对丰水年，水源区供水量充足，而受水区需水动力不足，该情形可能会导致调水工程效益得不到充分发挥。

### 8.2.4　防洪风险分析

#### 1. 洪水风险基本概念

洪水是指由暴雨、急速融冰化雪、风暴潮等自然因素引起的江河湖海水量迅速增加或水位迅猛上涨的水文现象，当其给人类的生存和发展造成不利影响时即形成洪灾。

洪水风险既不是洪水现象本身，也不同于洪水灾害损失，它是指不同强度洪水发生的概率及其造成的洪灾损失，包括人员伤亡数或其占总人口的比例、洪水灾害造成的直接与间接经济损失及其所占流域内资产的比例、洪水灾害发生的频率、洪水损失的可能性或其期望值、典型频率洪水的流速、洪水达到时间与淹没历时等。

洪水风险属于一种客观存在的自然现象，人类很难完全将其消除。那种认为只要提高了防洪工程的建设标准即可消除洪水风险的认识至少在可预见的历史时期内是不现实的。通过人为努力，风险可以在有限的时空范围内得到有效降低。但还应认识到，许多所谓的降低风险，实则仅仅是改变了风险的存在形式。而就更大的时空范畴或对人类的长远利益而言，风险形式的改变，既可能是有利的，也可能是不利的。换言之，许多风险的改变在短时期是有利的，长时期则是不利的；对一个区域是有利的，对另一个区域是有害的。

虽然洪水风险不可消除，但是洪水灾害的损失及其不利影响是完全可以通过努力得到限制乃至化解的。就自然属性而言，洪水的发生过程具有可预见性与可调控性，如通过历史洪水的调查与分析，可以掌握洪水的变化规律；通过洪水预报系统，可以对即将发生的洪水进行实时预报；通过数学模型，可以科学地制定防洪工程规划与调度方案。就社会属性而言，洪水损失也与灾区的承灾能力有关。通过完善灾害预警系统、避难救援系统、灾后恢复重建系统，都可以显著降低洪灾风险。

2. 两湖水资源调度防洪风险分析

淮沂两大水系水资源互调能够减小淮河水系或沂沭泗水系遭遇枯水年时由于干旱缺水导致的不利影响，提高水资源利用效率，促进经济社会的可持续发展。同时，也应注意分析由两大水系水量调度带来的防洪风险。

本书提出的两湖水资源调度依据本次拟定的调度方案实施，而调度方案主要依据两湖长系列来水资料推求出的调度线编制，由于受到资料系列长度、实际来水的不确定等因素的影响，因此，理论上的调度线存在一定的局限性。水资源调度一般在汛期实施，汛期到来时，若洪泽湖水位高于可调水位，而骆马湖水位略低于可调水位时，则可启动水资源调度，此时若从洪泽湖调水入骆马湖至可调水线（受水限制线），而后期骆马湖来水量较大，则可能导致骆马湖汛期水位持续维持在汛限水位以上，在加重骆马湖防洪压力的同时，由于调水导致骆马湖弃水量相对增加，对下游河道防洪也有一定影响。同理，若汛期从骆马湖向洪泽湖调水，则会增加洪泽湖防洪风险及洪泽湖下游的入江水道、入海水道的防洪风险。

针对水资源调度出现的防洪风险，按照风险控制理论，可通过工程措施和非工程措施对可能出现的风险进行控制。非工程措施包括：建立洪水预报系统，对即将发生的洪水进行实时预报，建立数学模型，对调度方案进行不断优化；工程措施包括：实施入海水道二期工程，该工程实施后可有效降低洪泽湖蓄水的防洪风险，一定程度上增加洪泽湖汛前蓄水能力，对提高水资源的利用效率有积极作用；对新沂河进行扩挖、疏浚，清理河道内非法建筑设施，保障、扩大河道过水能力。

## 8.2.5 供水水源风险分析

1. 供水水源风险基本概念

供水水源风险主要针对水量调出区而言。对缺水地区或水量调入区而言，调水工程是缓解区域水资源短缺的有效措施，在很大程度上改善了受水区资源型缺水带来的不利影响，但也在一定程度上将受水区的水资源短缺风险转移至水源区。由于水源区水资源相对较丰富，对供水风险的研究多偏向于受水区，然而，随着水源区经济社会的持续发展，人口数量的增加及生活水平的不断提高等因素影响，需水量将不可避免的有所增加，未来水平年水源区供水风险不容忽视。

水源区供水风险主要受供水和需水两方面的影响。受水区需水量受自然降水、经济社会发展状况等不确定因素影响而呈现一定的不确定性；供水量受水源区来水、下游用户需求等不确定因素影响也存在一定的不确定性。

2. 两湖水资源调度供水水源风险分析

本调度方案确定的两湖水资源常规调度以完全不影响水量调出地区用水需求为基本原则，主要利用水量调出区汛期弃水进行调度，缓解或满足受水区水资源短缺问题，以提高水资源利用效率。因此，常规调度基本不会损害水资源调出地区用水户的正当权益，也就是说常规调度下由两湖水资源调度引起的供水水源风险很低。

当遇到骆马湖（洪泽湖）水位低于需调水线时，即最基本的需求都不能满足时，而此时洪泽湖（骆马湖）水位在需调水线以上时，需采取应急调度以保证受水区用户最基本用水需求。此时，水量调出地区部分用户的需求将得不到保证，会对水源调出地区用水安全有一定影响，由此引发出现供水水源风险的概率较高。

洪泽湖与骆马湖均是南水北调东线工程调水线路上的调蓄湖泊，为解决由两湖水资源调度引起的供水水源风险问题提供了必要的工程条件。因此，在加强两湖水资源调度管理的基础上，通过对两湖水位的实时监控，加之南水北调东线工程的供水保障，可使两湖水资源调度引发的供水水源风险大大降低。

## 8.2.6 水质风险分析

1. 水质风险基本概念

目前，由于调水量大、输水距离长等多种原因影响，多数调水工程均采用明渠的方式输水。在调水过程中，随着新鲜水体的引入，由于稀释冲刷等作用，一般情况下，大部分河段水质可得到改善，但在此过程中也有部分河段由于污染物二次迁移、外部污水汇入等原因，造成水质恶化，产生水质风险。

在调水过程中，水体中污染物在沉积物和间隙水之间进行着不间断的平衡交换，当上覆水体中氮磷含量较低时，沉积物中的营养物质又会通过吸附或解吸作用重新释放到水体中，成为引起水体水质恶化的内源。有研究表明，沉积物对氨氮的吸附或解吸行为受外部水体环境变化影响很大，随着调水的进行，氨氮从底泥向水体迁移，引起氨氮质量浓度上升，水质恶化。根据有关研究，有机物从沉积物中释放存在着明显的滞后效应，因此可能造成调水过程中水体中的有机物含量增加。

2. 两湖水资源调度水质风险分析

按照水功能区水质管理目标要求，洪泽湖和骆马湖水质目标均为Ⅲ类。根据 2011 年水质常规监测结果分析，水质达标率为 91.7%，其中小柳巷断面 6 月 COD 超标为Ⅳ类、盱眙水文站 1 月氨氮超标为Ⅳ类、骆马湖湖区 6 月 COD 和总磷超标为Ⅳ类，其余各月水质均达标，水质基本可以满足洪泽湖和骆马湖相互调水的水质要求；根据 2014 年洪泽湖、骆马湖各监测点水质监测结果，洪泽湖、骆马湖汛期及非汛期水质均有劣于Ⅲ类的时段，其中洪泽湖汛期及全年期水质均劣于Ⅲ类；根据 2015 年洪泽湖、骆马湖水质监测结果，洪泽湖汛期及全年期水质均在Ⅲ类及以上，骆马湖汛期部分湖区水质劣于Ⅲ类，全年期水质在Ⅲ类及以上。可见，从调水水源区来看，两湖水资源调度均存在一定的水质风险。2014 年、2015 年洪泽湖、骆马湖湖区水质监测结果见表 8.2-1 和表 8.2-2。

表 8.2-1                                2014 年洪泽湖、骆马湖湖区水质监测结果

| 测站名称 | 评价面积 /km² | 水质目标类别 | 监测频次 /(次/a) | 全年期 | 汛期 | 非汛期 |
|---|---|---|---|---|---|---|
| 洪泽湖区（宿迁南） | 172.3 | Ⅲ | 按月 | Ⅴ | 劣Ⅴ | 劣Ⅴ |
| 洪泽湖区（淮安西） | 172 | Ⅲ | 按月 | Ⅳ | Ⅴ | Ⅴ |
| 洪泽湖区（宿迁北） | 172.3 | Ⅲ | 按月 | Ⅳ | Ⅳ | Ⅳ |
| 洪泽湖区（淮安南） | 172 | Ⅲ | 按月 | Ⅴ | Ⅴ | Ⅴ |
| 洪泽湖区（淮安东） | 172 | Ⅲ | 按月 | Ⅴ | Ⅴ | Ⅴ |
| 洪泽湖区（淮安北） | 172 | Ⅲ | 按月 | Ⅳ | Ⅴ | Ⅴ |
| 骆马湖区（北） | 44 | Ⅲ | 按月 | Ⅲ | Ⅲ | Ⅲ |
| 骆马湖区（西） | 44 | Ⅲ | 按月 | Ⅲ | Ⅲ | Ⅲ |
| 骆马湖（C1 北） | 44 | Ⅲ | 按季 | Ⅲ | Ⅳ | Ⅳ |
| 骆马湖（C2 北） | 44 | Ⅲ | 按季 | Ⅳ | 劣Ⅴ | Ⅳ |
| 骆马湖（B1 东） | 22 | Ⅲ | 按季 | Ⅲ | Ⅲ | Ⅲ |
| 骆马湖（A1 北） | 22 | Ⅲ | 按季 | Ⅲ | Ⅱ | Ⅱ |
| 骆马湖区（东） | 31 | Ⅲ | 按月 | Ⅳ | Ⅳ | Ⅳ |
| 骆马湖区（南） | 31 | Ⅲ | 按月 | Ⅲ | Ⅲ | Ⅲ |

表 8.2-2                    2015 年洪泽湖、骆马湖湖区水质监测结果                    单位：km²

| 湖泊 | 时段 | 评价面积 | Ⅰ类 | Ⅱ类 | Ⅲ类 | Ⅳ类 | Ⅴ类 | 劣Ⅴ类 |
|---|---|---|---|---|---|---|---|---|
| 洪泽湖 | 全年期 | 2152 | | 172 | 1980 | | | |
| | 汛期 | 2152 | | 430 | 1722 | | | |
| | 非汛期 | 2152 | | 774 | 1378 | | | |
| 骆马湖 | 全年期 | 375 | | 313 | 62 | | | |
| | 汛期 | 375 | | 344 | | 31 | | |
| | 非汛期 | 375 | | 313 | 62 | | | |

　　中运河及徐洪河均为南水北调东线工程主要输水线路，也是洪泽湖、骆马湖水资源调度的输水线路，按照水功能区水质管理目标，两河水质目标均为Ⅲ类。根据 2015 年中运河（调水输水河段）、徐洪河（调水输水河段）主要监测断面水质监测结果，两河水质均在Ⅲ类及以上，因此，由输水河段引发的水资源调度水质风险较低。2015 年中运河、徐洪河（调水输水河段）水质监测结果见表 8.2-3 和表 8.4-4。

　　洪泽湖、骆马湖及中运河、徐洪河均为南水北调东线工程调水线路涉及河湖，在南水北调东线工程治污规划完全实施后，洪泽湖、骆马湖及中运河、徐洪河水质将进一步得到修复与保护。但在常规水质监测中存在水质不达标状况，在调水时需要加强水质监测，水质不达标时需要采取相应的水环境保护措施。

表 8.2 - 3　　　　　2015 年中运河（调水输水河段）水质监测结果

| 测站名称 | 评价河长<br>/km | 水质目标类别 | 监测频次<br>/(次/a) | 全年期 | 汛期 | 非汛期 |
|---|---|---|---|---|---|---|
| 三湾 | 4.8 | Ⅲ | 按月 | Ⅱ | Ⅱ | Ⅱ |
| 皂河闸 | 11.4 | Ⅲ | 按月 | Ⅲ | Ⅲ | Ⅲ |
| 泗阳闸 | 5.0 | Ⅲ | 按月 | Ⅱ | Ⅱ | Ⅱ |
| 泗阳水厂 | 21.1 | Ⅲ | 按月 | Ⅲ | Ⅲ | Ⅲ |
| 刘老涧闸 | 26.3 | Ⅲ | 按月 | Ⅱ | Ⅱ | Ⅱ |
| 宿迁闸 | 12.6 | Ⅲ | 按月 | Ⅱ | Ⅲ | Ⅲ |
| 宿迁水厂 | 10.6 | Ⅲ | 按月 | Ⅲ | Ⅱ | Ⅱ |
| 竹络坝 | 22.2 | Ⅲ | 按月 | Ⅱ | Ⅲ | Ⅲ |

表 8.2 - 4　　　　　2015 年徐洪河（调水输水河段）水质监测结果

| 测站名称 | 评价河长<br>/km | 水质目标类别 | 监测频次<br>/(次/a) | 全年期 | 汛期 | 非汛期 |
|---|---|---|---|---|---|---|
| 沙集闸上 | 20.0 | Ⅲ | 按月 | Ⅲ | Ⅲ | Ⅲ |
| 八议公路桥 | 10.0 | Ⅲ | 按水期 | Ⅲ | Ⅱ | Ⅱ |
| 小王庄 | 42.4 | Ⅲ | 按月 | Ⅲ | Ⅲ | Ⅲ |
| 江桥大桥 | 18.5 | Ⅲ | 按月 | Ⅳ | Ⅲ | Ⅲ |
| 金镇 | 22.9 | Ⅲ | 按月 | Ⅲ | Ⅲ | Ⅲ |
| 徐洪河口 | 16.2 | Ⅲ | 按月 | Ⅲ | Ⅲ | Ⅲ |

# 第 9 章

# 系统设计与开发

针对所建立的模型，寻找适宜的求解方法，并开发优化配置与调度计算软件。本系统的基本模型有三个，即洪泽湖子系统优化模型、骆马湖子系统优化模型、两湖系统协调配置模型。洪泽湖子系统优化模型与骆马湖子系统优化模型的框架结构是一样的，本书研究采用线性规划单纯形法。基于协调层配置管理的基本思路，可建立其相应的配置软件。系统模型将与系统界面融合为一体，系统界面为前台，系统模型为后台，通过系统界面调用执行后台的模型，实现该系统水资源联合配置的优化计算与显示。

## 9.1　设计原则

系统设计原则的确立将指导系统的开发和建设方向，系统设计原则概括如下。

（1）开放性。考虑到水资源调度工作的不断发展、变化，需求在不断调整，信息在不断扩充，相关技术在不断进步，因此，系统平台在结构、管理及信息处理能力等设计方面具有较强的可扩充性和升级的能力，随时可以根据用户需求和软件技术的发展添加使用功能。

（2）实用性。系统设计应以水资源的合理利用为目标，针对淮沂水系洪泽湖与骆马湖的特点，具体分析、设计并优化相应的系统，使计算机技术、信息技术有机地融入水资源配置决策中。

（3）可靠性。系统必须可靠地连续运行，以保证领导和管理者随时调用和查询。设计在经济条件允许范围内，从系统结构、设计方案、技术保障等方面综合考虑，使得系统稳定可靠，尽量减少故障及其影响面。

## 9.2　系统设计思想

淮沂水系洪泽湖与骆马湖水资源联合优化调度与管理系统以第 7 章中建立的水资源联合调度模型为核心，模型中线性规划部分采用改进单纯形法求解，系统的开发编制使用 VB 6.0 语言，结合 ACCESS 数据库技术以及 ArcGIS Engine 组件嵌入技术，采用可视化图标技术，达到系统运算的输入、输出可视化。本系统中使用的 ArcGIS Engine 控件主要包括：Toolbar Control、TOC Control、License Control、Map Control。系统总体框架结构如图 9.2-1 所示。

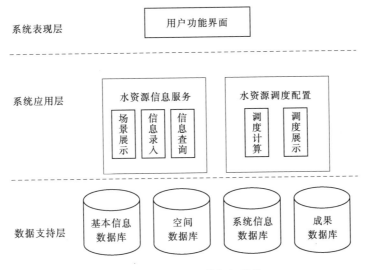

图 9.2-1　系统总体框架结构

## 9.3　系统数据流程

洪泽湖（骆马湖）水资源优化配置系统的子系统是整个系统的核心，数据录入、结果输出及核心算法都在此系统中。联合配置层提供联合配置的规则。

第一步，联合配置层接受洪泽湖（骆马湖）水资源配置系统此时段的优化计算结果。

第二步，联合配置层对两个子系统的结果进行对比判定，确定配置水量、制定互调规则，然后反馈到子系统去。

第三步，洪泽湖（骆马湖）水资源配置系统，进行水量调整，然后进行优化计算，直至满足联合配置层要求，至此时段的联合配置计算完毕，结果仍然显示在子系统中。

系统数据流程如图 9.3-1 所示，系统调度流程如图 9.3-2 所示。

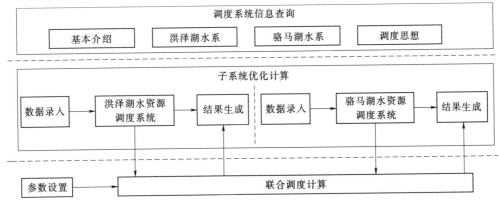

图 9.3-1　系统数据流程

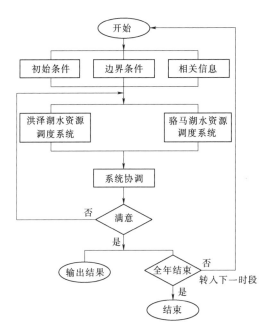

图 9.3-2　系统调度流程

## 9.4　系统菜单结构

基于系统设计原则与界面功能要求，设计系统菜单结构见表 9.4-1～表 9.4-4。

表 9.4-1　　　　　　　淮沂水系洪泽湖与骆马湖联合配置模型系统菜单结构

| 功能名称 | 一级菜单 | 二级菜单 | 功　　能 |
|---|---|---|---|
| 配置系统简介 | 流域基本情况 | 地理位置 | 两湖配置系统介绍 |
| | | 水文气象 | |
| | | 水系分布 | |
| | | 社会经济状况 | |
| | | 联合配置背景 | |
| | 洪泽湖水系 | 地理位置 | 洪泽湖水系基本情况介绍 |
| | | 水文气象 | |
| | | 水系组成 | |
| | | 用户状况 | |
| | | 水利工程设施 | |
| | 骆马湖水系 | 地理位置 | 骆马湖水系基本情况介绍 |
| | | 水文气象 | |
| | | 水系组成 | |
| | | 用户状况 | |
| | | 水利工程设施 | |
| | 联合配置思想 | | 两湖联合配置思想介绍 |

续表

| 功能名称 | 一级菜单 | 二级菜单 | 功　能 |
|---|---|---|---|
| 水资源配置系统 | 洪泽湖配置系统 | | 联合配置的子系统，详见表 9.4-2 |
| | 骆马湖配置系统 | | 联合配置的子系统，详见表 9.4-2 |
| | 联合配置系统 | | 进行两湖联合配置参数设定及运行计算 |
| 调节水位求解系统 | 洪泽湖求解系统 | | 洪泽湖调节水位求解系统详情见表 9.4-4 |
| | 骆马湖求解系统 | | 骆马湖调节水位求解系统详情见表 9.4-4 |

表 9.4-2　　　　　**洪泽湖（骆马湖）水资源配置系统菜单结构**

| 一级菜单 | 二级菜单 | 功　能 |
|---|---|---|
| 打开方案 | 方案管理 | 方案的保存、删除、载入功能 |
| | 方案保存 | |
| 配置模型参数 | 用户最低净需水量 | （1）设定系统的模型参数；<br>（2）洪泽湖（骆马湖）水位-库容互查功能 |
| | 用户理想净需水量 | |
| | 输水损失系数 | |
| | 出湖河流生态需水量 | |
| | 湖水位限制及水量损失 | |
| | 水位-库容关系曲线 | |
| | 用户权重系数 | |
| 可用水量 | 预报入湖水量 | 预报系统来水量，显示当前蓄水情况，设定计算初始条件，并进行优化配置计算 |
| | 起始年月 | |
| | 终止年月 | |
| | 起始水位 | |
| 配置结果 | 总体满意度 | 显示优化计算结果，并实现方案以 Excel 格式的保存 |
| | 实际毛供给量 | |
| | 月末库容 | |
| | 供水毛总差值 | |
| | 余缺水量 | |
| | 蓄存可利用水量 | |
| | 弃水量 | |
| | 月末水位 | |
| | 湖水系统蓄水能力 | |
| | 配置详情 | 点击可查看各用户实际净供给量、供水净差值 |
| 配置展示 | | 展示水量分配结果、输水相关的水利工程设施和输水路径 |

表 9.4 - 3                                  两湖联合配置系统菜单结构

| 一级菜单 | 二级菜单 | 功 能 |
|---|---|---|
| 计算设定 | 联合定量配置 | 两湖水量的定量配置，水量算在子系统来水预报的来水中 |
| | 优化计算参数设定 | 参数 $a$ 表示两湖子系统满意度允许差值（默认值 0.05）；参数 $b$ 表示联合配置计算精度，不能大于 0.1（默认值 0.05）；参数 $c$ 表示调水系统（丰水系统）调水时满意度限制 |
| | 弃水量配置 | 互调水量为调水湖水系统的弃水量，进行水量调配 |
| 计算结果 | 结果显示 | 显示洪泽湖调给骆马湖的水量（不包括定量配置水量）、联合配置后子系统满意度 |
| | 结果保存 | 联合配置计算方案以 Excel 格式保存 |

表 9.4 - 4                          洪泽湖（骆马湖）调节水位求解系统菜单结构

| 一级菜单 | 二级菜单 | 功 能 |
|---|---|---|
| 来水 | | 实现长系列来水资料的输入、修改和保存功能 |
| 需水 | | 设置长系列调算中系统最低需水量和理想需水量，具备输入、修改和保存功能 |
| 需调水线 | 各月水量差值 | 使用最低需水量进行逆时序长系列水量调算，得出各月水量差值、各月初需预留水量。预留水量加上死库容转换成水位，得出各月需调水水位 |
| | 各月初需预留水量 | |
| | 各月需调水水位 | |
| 可调出线 | 各月水量差值 | 使用理想需水量进行逆时序长系列水量调算，得出各月水量差值、各月初需预留水量。预留水量加上死库容转换成水位，得出各月需调水水位 |
| | 各月初需预留水量 | |
| | 各月可调水水位 | |

## 9.5 系统运行环境

本系统利用 VB 语言编制，生成 EXE 可执行程序。鉴于方便性、兼容性考虑，数据的存储采用 TXT 格式，并具备方案的保存、删除、载入功能。计算结果直接显示在系统可视化界面上，其计算结果也可生成相应的 Excel 文件。采用 Microsoft 系列及其兼容的操作系统和开发工具。操作系统可选用 Windows 2000 Professional、Windows XP Professional、Windows Server 2003 等；开发工具采用 Microsoft 开发工具集，以及其兼容产品，包括 Visual Studio. Net 等。

## 9.6 系统简介

基于系统界面设计原则及功能要求，开发了淮沂水系洪泽湖与骆马湖水资源联合配置模型系统，主要介绍如下。

系统的登录界面，如图 9.6 - 1 所示，输入正确的用户名和密码，点击"登录"就可

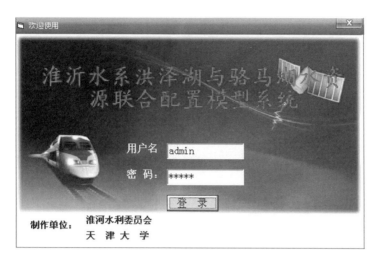

图 9.6-1　系统登录界面

以进入系统的主界面。

　　系统的主界面主要有 3 个一级菜单：两湖配置简介、水资源配置系统、调节水位求解系统。"两湖配置简介"菜单下面设置了 4 个二级菜单：流域基本情况、洪泽湖水系、骆马湖水系、联合配置思想。"水资源配置系统"菜单下面设置了 3 个二级菜单：洪泽湖配置系统、骆马湖配置系统、联合配置系统。"调节水位求解系统"菜单下面设置了 2 个二级菜单：洪泽湖求解系统、骆马湖求解系统。点击二级菜单可进入相应的子界面。

　　二级菜单"流域基本情况"对应的界面如图 9.6-2 所示，设置了 5 个三级菜单：地理位置、水文气象、水系分布、社会经济状况、联合配置背景。相应于三级菜单的主题，有一段文字描述，可对其进行修改，点击"保存修改"按钮，修改内容会更新至数据库。

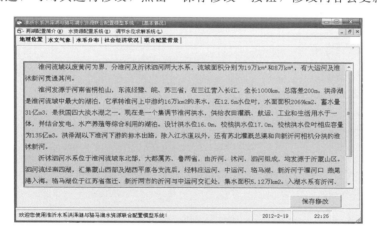

图 9.6-2　"流域基本情况"对应界面

　　二级菜单"洪泽湖配置系统"对应的子界面，也是子系统的主界面。子系统设置 5 个一级菜单：打开方案（界面如图 9.6-3 所示）、配置模型参数、可用水量、配置结果、配置展示。"打开方案"菜单对应的界面设置了方案的载入、删除及保存功能。

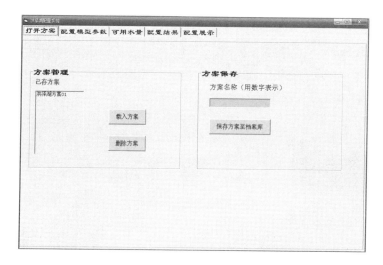

图 9.6 - 3 "打开方案"子菜单界面

子系统一级菜单"配置模型参数"对应的界面，如图 9.6 - 4 所示，设置了 7 个二级菜单：用户最低净需水量、用户理想净需水量、输水损失系数、出湖河流生态需水量、湖水位限制及水量损失、水位-库容关系曲线、用户权重系数。二级菜单下面设置了模型参数的修改、保存功能。其中二级菜单"用户最低净需水量"对应的界面还设置了用户名的修改功能。

图 9.6 - 4 "配置模型参数"子菜单界面

子系统二级菜单"水位-库容关系曲线"所对应的界面，设置了水位和库容的互查功能，界面如图 9.6 - 5 所示。

子系统一级菜单"可用水量"所对应的界面如图 9.6 - 6 所示，可进行入湖水量的输入、起始年月、终止年月及起始水位的设置。还具备入湖水量的载入、保存功能。

子菜单"配置结果"所对应的界面如图 9.6 - 7 所示，可实现计算结果的展示功能，还设置了方案的保存（Excel 文件）功能及方案保存路径的修改功能。配置结果包括：总

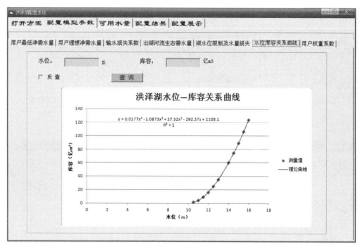

图 9.6-5　洪泽湖"水位-库容关系曲线"界面

图 9.6-6　"可用水量"子菜单界面

图 9.6-7　"配置结果"子菜单界面

体满意度、实际毛供给量、月末库容、供水毛总差值、余缺水量、蓄存可用水量、弃水量、月末水位、湖系蓄水能力。点击"配置详情"可进入图9.6-8所示界面，查看各个用户实际净供给量和供水净差值。

在子系统"配置结果"所对应的界面中点击"配置详情"按钮弹出此界面，可以查看各个用户实际净供给量和供水净差值，同时点击"保存"按钮可以把配置结果以 TXT 格式输出到电脑桌面，如图9.6-8所示。

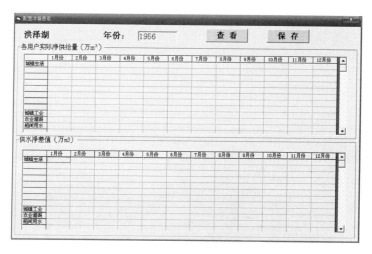

图9.6-8　"配置详情"界面

二级菜单"联合配置系统"对应的子界面，也是联合配置子系统的主界面。联合配置子系统设置2个一级菜单：计算设定、计算结果。如图9.6-9所示。

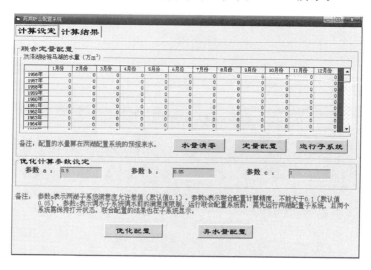

图9.6-9　"联合配置系统"界面

"计算设定"包括三种计算：水资源定量配置、弃水量配置、水资源优化配置。水资源定量配置包括三个功能键："水量清零""定量配置""运行子系统"。"水量清零"按钮可以把联合定量配置表的数据清零。"定量配置"按钮，把联合定量配置表中的水量（正负皆可）加到骆马湖子系统的预报来水中，同时洪泽湖子系统预报来水减去相应的水量。当完成两湖水资源的定量配置后，点击"运行子系统"，进行子系统各自的水资源优化配置。弃水量配置是指两湖的互调水量完全为调水湖水系统的弃水量。优化配置包括三个优化参数的设置。

联合配置子系统一级菜单"计算结果"所对应的界面如图 9.6-10 所示，一部分联合运算结果在此显示，同时设置了联合运算结果的保存（Excel 文件）、文档保存路径的修改等功能。

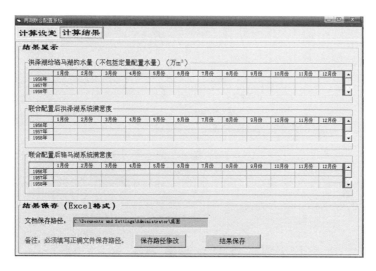

图 9.6-10　联合配置系统"计算结果"界面

调节水位求解子系统分为 4 个一级菜单："来水""需水""需调水线""可调出线"。在二级菜单"来水"对应的界面具备数据的修改、保存功能。如图 9.6-11 所示。

图 9.6-11　"来水"子菜单界面

调节水位求解子系统二级菜单"需水"对应的界面，如图 9.6-12 所示，具备数据的修改、保存功能，同时在此界面进行计算的时间设定。点击"需调水线计算"按钮进入需调水位的逆时序的计算。点击"可调出线计算"按钮进入可调出水位的逆时序的计算。计算完成后，点击"输出成 EXCEL"按钮，实现计算结果的保存功能。

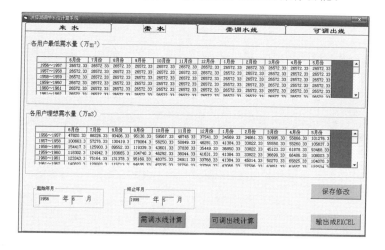

图 9.6-12 "需水"子菜单界面

调节水位求解子系统二级菜单"需调水线"对应的界面，也是计算结果的显示界面，如图 9.6-13 所示，包括：各月水量差值（来水减用水）、各月初需预留水量、各月需调水水位。

图 9.6-13 "需调水线"子菜单界面

# 第10章

# 结语

## 10.1 结论

水资源调度作为水资源管理不可或缺的一部分，是水资源管理决策的具体手段，是落实江河流域水量分配和用水总量控制指标的管理过程。水资源调度的实质是按照流域水资源综合管理的理念，以防洪安全保证为前提，以流域水生态功能目标需求为导向，依托各类工程或非工程措施，优化调整径流的时空分布，从而实现水资源优化配置与合理开发利用。跨水系水资源调度是解决不同地区水资源与经济社会发展不匹配问题的有效手段，是解决水资源时空分布不均匀的有效途径之一。针对淮沂洪水丰枯不同步的特点，在淮沂水系丰枯不同遭遇年份，充分利用洪泽湖、骆马湖蓄水功能及现有两湖沟通工程，开展两湖丰枯水期水资源互调，对于缓解淮河水系、沂沭泗水系水资源供需矛盾具有重要意义。

本书前半部分是关于水资源调度的理论与实践，阐述了当前国内外水资源调度领域研究进展，介绍了我国典型河流水资源调度工作开展情况，简述了近年来淮河流域水资源调度研究成果的主要内容；后半部分是淮沂水系水资源配置调度模型研究与应用，为本书的重点，包含三项关键技术，即两湖水资源配置系统分析、两湖水资源联合配置数学模型研制、水资源调度控制线确定。本书有如下主要结论。

（1）阐述了水资源调度的内涵、类型和特点，详细介绍了目前几种常用的水资源调度方法，包括最优化方法、系统模拟方法、大系统分解协调技术以及智能优化算法，并比较其优缺点。通过分析比较，认为基于大系统分解协调理论的大系统分解协调技术是解决复杂水资源系统运行调度问题的主要方法。介绍了国内外跨流域水资源调度研究进展，论述了水资源调度研究的关键技术及发展趋势。

（2）通过分析国内外典型河流水资源调度现状，系统总结了目前国内外重大调水工程水资源调度的管理模式、成功经验及存在问题。详细介绍了淮河流域已开展的水资源调度实践。论述了跨流域调水的特点、作用，并进行调水可行性分析。

（3）简述了近年来淮河流域已经开展的水资源调度研究成果的主要内容，如淮河干流洪泽湖以上水资源量分配及调度研究，淮河中游枯水期水资源配置与调度技术综合研究，特枯水期淮河蚌埠闸上水资源应急调度方案研究，南水北调东线工程水量调度模拟研究，淮河、沂河、沭河水量调度方案研究，这些研究内容和方法为淮沂水系水资源调度研究提供了经验借鉴。

（4）系统总结我国各地水资源调度工作所取得的主要成效，主要成效是水资源统一调度的格局正在形成，水资源调度工程格局不断完善，应急调度逐步向常态化调度转变，单一工程调度向流域统一调度转变，单一目标调度向水量、水质、生态等多目标调度转变，调度手段也不断完善等。

（5）介绍了洪泽湖、骆马湖水资源及其开发利用现状，周边主要水利工程情况及调度运用方案，进行洪泽湖、骆马湖水文特征分析、现状用水的控制运用条件及供水次序分析（包括行业供水次序分析和供水水源次序分析）。

（6）开展淮沂水系丰枯遭遇分析，依据洪泽湖、骆马湖、南四湖径流量资料，对湖泊历年不同时期径流进行丰枯评述，统计分析了洪泽湖、骆马湖、南四湖年径流、汛期径流、灌溉期径流、最枯期径流的丰枯情况，提出洪泽湖、骆马湖及洪泽湖、南四湖各种时期情况下丰枯遭遇频次，并对连续丰水年组、连续枯水年组遭遇几率进行了分析。

（7）基于两湖水资源优化配置原则，制订了水资源优化配置的技术路线，研究提出两湖水资源优化配置调度的基本思路与方法，采用系统层次优化协调的方法开展研究，即将系统分为三个层次：第一层为系统概况介绍层，第二层为两湖子系统优化层，第三层为系统协调层。

（8）对洪泽湖、骆马湖水资源系统进行概化，基于大系统分解协调理论建立了两湖水资源联合优化配置模型。两湖水资源联合配置模型是淮沂水系水资源调度研究的核心内容，包括洪泽湖、骆马湖子系统水资源优化配置模型与系统协调模型。子系统优化配置模型是通过各自的优化配置，得到本系统的水资源优化配置结果；系统协调模型是利用大系统分解协调原理，将两子系统联合起来，通过两湖间的水资源协调和以丰补枯，以达到整体水资源配置效果最好。

（9）利用两湖调度模型，按照调度准则，进行两湖水资源的联合调度，以实现两湖系统水资源余缺互补。结合 1956—2000 年长系列来水资料和各用户规划 2020、2030 两水平年需水预测，分别进行单湖水资源优化配置计算和两湖水资源联合优化调度计算，分别得到单湖、两湖水资源联合配置成果，两湖水资源联合配置成果包括历年各月互调水量、联合配置后洪泽湖与骆马湖系统满意度等，验证了模型的合理性。

（10）通过分析两湖长系列来水、需水序列和湖泊连通工程等基础资料，采用逆时序法分析制定了两湖水资源调度控制线（需调水线、可调出线、受水限制线），可为两湖水资源联合调度提供指导和技术支持。建立了洪泽湖、骆马湖预警调度线，用以指导特殊枯水情况下的两湖水资源调度，有助于两湖水资源调度决策的分析制定。

（11）以洪泽湖与骆马湖水资源优化调度模型为支撑，基于 VB 6.0 语言，结合 ACCESS数据库技术和 ArcGIS Engine 组件嵌入技术，开发了洪泽湖与骆马湖水资源调度与展示系统软件，开发了实用、便捷、友好的界面系统。

## 10.2　展望

21 世纪，水资源问题已经成为制约人类生存和经济社会可持续发展的瓶颈，水资源时空分布不均匀性与人类社会需水不均衡性的客观存在使得调水成为必然。

近年来，国内外许多学者对水资源调度进行了大量研究。在水文水资源专家、学者的努力下，水资源调度在理论、方法和模型研究方面都取得了长足进步，很多研究成果相继问世，水资源调度新理论、新学科、新技术也在不断涌现。随着水资源调度研究的不断深入，水资源调度研究也逐渐由理论研究转向实践应用，由单一方法转向多种技术综合。在时间尺度上，由单一水期调度向汛期、非汛期联合调度发展，由年调度向月调度、旬调度发展；在空间尺度上，由干流调度向全流域调度发展；在调度类型上，由单一的水量调度向水质水量联合调度、生态调度发展，由单一水源调度向多水源联合调度发展；在调度理念上，由经验型调度向精细化调度转变；在调度手段上，从过去单纯依靠行政手段向行政手段与技术手段相结合转变。

跨流域水资源调度是一个复杂大系统和多目标多约束决策问题，涉及面广，部门多，牵涉利益复杂，其研究在理论上和实践上具有重要的价值。但目前的这些成果仍不能解决跨流域调水所面临的所有问题，研究方法、研究手段、研究内容仍需要进一步发展和完善。下一步需要研究如下内容。

（1）开展来水中长期预报方案研究，建立区间水文预报模型，为制订水资源调度方案提供来水过程。

（2）做好需水预测工作，特别是大型灌区需水预测，通过建立灌区需水模型，根据未来雨水情和灌区墒情监测信息计算各灌区需水过程。

（3）逐步建立引退水监控系统，支流水文站信息采集系统，以实现主要支流取水全面监控。

（4）逐步实现年调度方案与月、旬调度方案编制的嵌套，及月和旬调度过程的滚动修正功能，提高水资源调度的科学性、精确性和可操作性。

（5）由于水资源配置调度的复杂性，仅仅使用数学优化方法难以贴近实际情况，完全采用模拟方法则又难以有效控制众多的参数、条件。可以将优化方法与模拟方法相结合，既发挥优化方法的强大搜索能力，又体现模拟模型的仿真性、可靠性的优势。

# 参　考　文　献

[ 1 ]　朱正山，张宇亮. 骆马湖地区水资源调度工作的思考 [J]. 治淮，2005 (4)：14－16.
[ 2 ]　王玉，侍翰生，张艳，等. 骆马湖水量调度与水资源利用研究 [J]. 江苏科技信息，2014 (13)：32－33.
[ 3 ]　李其梁，苑希民，杨敏，等. 淮沂水系洪泽湖-骆马湖水资源联合优化调度研究 [J]. 南水北调与水利科技，2013，11 (2)：10－13.
[ 4 ]　苑希民，王华煜，李其梁，等. 洪泽湖与骆马湖水资源联通分析与优化调度耦合模型研究 [J]. 水利水电技术，2016，47 (2)：9－14.
[ 5 ]　陈鹏飞，顾世祥，谢波，等. 分解协调技术在水资源大系统优化配置中的应用 [J]. 中国农村水利水电，2006 (11)：44－47.
[ 6 ]　张世法，汪静萍. 模拟模型在北京市水资源系统规划中的应用 [J]. 北京水利科技，1988，34 (4)：1－15.
[ 7 ]　顾文权，邵东国，等. 调水工程水源区需水长系列模拟与供水风险分析 [J]. 水力发电学报，2012，31 (5)：24－28.
[ 8 ]　许新宜，尹宏伟，姚建文. 南水北调东线治污及其输水水质风险分析 [J]. 水资源保护，2004，78 (2)：1－2.
[ 9 ]　乔西现. 黄河水资源统一管理调度制度建设与实践 [J]. 人民黄河，2016，38 (10)：83－87.
[ 10 ]　鲁帆，王浩，蒋云钟，等. 流域级水量调度模型研究述评 [J]. 水利水电技术，2007，38 (8)：16－18.
[ 11 ]　刘荣华，魏加华，陈志祥，等. 塔里木河流域水量调度优化模型研究 [J]. 南水北调与水利科技，2009，7 (1)：26－30.
[ 12 ]　孙金华，陈静，朱乾德，等. 我国重大调水工程水资源调度管理现状研究 [J]. 人民长江，2016，47 (5)：31－33.
[ 13 ]　邹洁玉，张锐. 海河流域水资源调度简介及调度模式分析 [J]. 海河水利，2010 (1)：7－9.
[ 14 ]　张金才. 洪泽湖、骆马湖、南四湖径流丰枯遭遇探讨 [J]. 湖泊科学，1999，11 (3)：214－217.
[ 15 ]　张金才. 洪泽湖、骆马湖、南四湖及淮、沂径流丰枯遭遇探讨 [J]. 水利科技，1998 (7)：31－33.
[ 16 ]　韩鹏，张锐. 海河流域水资源调度模式的设计与应用 [J]. 水利信息化，2017 (1)：26－28.
[ 17 ]　张洪义. 辽宁省水资源优化配置体系及统一调度方案研究 [J]. 水利信息化，2016 (2)：20－23.
[ 18 ]　张洪义，王海政，仝允桓. 可持续发展视角下的区域水资源优化配置模型 [J]. 清华大学学报 (自然科学版)，2007，47 (9)：32－37.
[ 19 ]　邓坤，张璇，杨永生，等. 流域水资源调度研究综述 [J]. 2011，29 (6)：23－26.
[ 20 ]　王式成，王敬磊，刘方，等. 淮河中游枯水期水量配置与调度技术综合研究 [J]. 治淮，2015 (12)：14－16.
[ 21 ]　赵家祥，朱梅，赵博，等. 淮河中游枯水期水资源利用及缺水态势研究 [J]. 治淮，2016 (3)：8－10.
[ 22 ]　李开峰. 淮河流域水量应急调度工作实践与思考 [J]. 治淮，2016 (11)：8－9.
[ 23 ]　杨晓茹. 基于大系统分解协调理论的引汉济渭调水工程受水区水资源优化配置研究 [J]. 陕西水利水电技术，2006，90 (2)：6－13.
[ 24 ]　张学仁，何文华. 塔里木河流域水量调度管理系统在流域水资源管理统一调度中的应用 [J]. 水

利规划与设计，2006（5）：15－20．

[25] 王峰，李树荣．多目标随机规划在区域水资源优化调度中的应用［J］．济南大学学报，2011，25（3）：282－286．

[26] 李翊，梁川．都江堰灌区水资源优化调度系统研究［J］．应用基础与工程科学学报，2007（4）：97－101．

[27] 程建忠．黑河水量变化规律分析与水量调度对策［J］．河西学院学报，2005，21（2）：53－55．

[28] 王武科，李同升，徐冬平，等．基于SD模型渭河流域关中地区水资源调度系统优化［J］．资源科学，2008，30（7）：983－988．

[29] 杨志勇，王卓甫，王道冠，等．南水北调后海河流域水资源调度计划及水价形成机制［J］．水利水电技术，2013，44（12）：126－134．

[30] 梅青，章杭惠．太湖流域防洪与水资源调度实践与思考［J］．中国水利，2015（9）：19－21．

[31] 马斌，解建仓，阮本清，等．基于构件式的水资源调度管理模式及其应用研究［J］．水利学报，2000（12）：26－29．

[32] 梁庆华，李灿灿．江苏省阳澄淀泖区水资源调度最低目标水位研究［J］．水资源保护，2012，28（5）：90－94．

[33] 袁超，陈永柏．三峡水库生态调度的适应性管理研究［J］．长江流域资源与环境，2011，20（3）：269－274．

[34] 梅亚东，杨娜，瞿丽妮．雅砻江下游梯级水库生态友好型优化调度［J］．水科学进展，2009，20（5）：721－725．

[35] 王晓妮，尹雄锐．MIKE 11模型在水资源调度中的应用［J］．东北水利水电，2017（3）：32－33．

[36] 王浩，常炳炎．黑河流域水资源调配研究［J］．中国水利，2004（9）：18－21．

[37] 鲁志文．东江流域枯水期水资源调度水质改善效果分析［J］．人民长江，2010，41（zl）：48－49．

[38] 张长征，黄德春，Upmanu Lall，等．基于情境和知识集成的水资源调度流程的知识管理框架研究［J］．资源科学，2012，32（10）：1935－1942．

[39] 朱成涛，梁忠民，张文明．区域水资源调度分配迭代优化模型［J］．水资源保护，2009，25（5）：32－36．

[40] 钟惠钰．浅析太湖流域控制性水利枢纽工程在防洪和水资源调度中的作用［J］．水利发展研究，2013，13（4）：39－41．

[41] 贺新春，黄芬芬，汝向文，等．珠江三角洲典型河网区水资源调度策略与技术研究［J］．华北水利水电大学学报（自然科学版），2016，37（6）：55－60．

[42] 石赟赟，万东辉，杨芳．基于闸泵群调度的感潮河网区水量水质调控［J］．水资源研究，2016，5（1）：40－51．

[43] 蒋云钟，赵红莉，董延军，等．南水北调中线水资源调度关键技术研究［J］．南水北调与水利科技，2007，5（4）：1－5．

[44] 何斌，金鹏飞，羊丹．上海市水资源调度现状与思考［J］．中国水利，2015（3）：25－26．

[45] 胡玉林，邓凤华，孔凯．漳河上游管理局跨省水资源调度模式分析［J］．海河水利，2009（6）：18－19．

[46] 梅青，冯大蔚．引江济太对保障太湖流域供水安全的作用分析［J］．中国水利，2015（21）：24－27．

[47] 闫弈博，毛文耀，文丹．汉江流域多水源、多目标、多工程联合调度模型研究［J］．人民长江，2014，45（7）：27－30．

[48] 乔西现，石国安．黑河水量统一调度实践与探索［J］．人民黄河，2006，28（4）：3－4．

[49] 刘建林，马斌．跨流域多水源、多目标、多工程联合调水仿真模型——南水北调东线工程［J］．

水土保持学报，2003，17（1）：75－79.

[50] 曾国熙，裴源生. 黑河流域水资源配置方案合理性评价 [J]. 海河水利，2009（6）：1－4.

[51] 常炳炎. 黑河水量调度的技术实践与效果 [J]. 水利水电技术，2003（1）：41－43.

[52] 程广河. 黄河流域水资源调度及流域安全监测系统 [J]. 山东科学，2007，20（5）：74－76.

[53] 邓安利，王帅，王敏黛. 基于多目标模糊优选模型的水资源优化调度——以山西东山供水工程区为例 [J]. 安全与环境工程，2015，22（3）：18－21.

[54] 王丽萍，黄海涛，张验科，等. 水库多目标调度风险决策技术研究 [J]. 水力发电，2014，40（3）：63－66.

[55] 李红艳. 南水北调东线一期工程水资源调度系统分析 [J]. 科技管理研究，2008（5）：65－66.

[56] 李建坤，卜继勘，胡恺诗. 丰水地区缺水期水资源调度思路与方法 [J]. 中国水利，2007（5）：14－16.

[57] 莫铠. 松花江流域水资源配置与调度系统的开发和应用 [J]. 水利信息化，2013（5）：19－25.

[58] 熊莹，张洪刚，徐长江，等. 汉江流域水资源配置模型研究 [J]. 人民长江，2008，39（17）：99－102.

[59] 吴俊秀，郭清. 大凌河流域 MIKE BASIN 水资源模型 [J]. 水文，2011，31（1）：70－75.

[60] 王海潮，来海亮，尚静石，等. 基于 MIKE BASIN 的水库供水调度模型构建 [J]. 水利水电技术，2012，43（2）：94－98.

[61] 裴源生，赵勇，王建华. 流域水资源实时调度研究——以黑河流域为例 [J]. 水科学进展，2006，17（3）：395－401.

[62] 赵勇，解建仓，马斌. 基于仿真理论的南水北调东线水量调度 [J]. 水利学报，2002（11）：38－43.

[63] 王文杰，吴学文，方国华，等. 南水北调东线工程江苏段水量优化调度研究 [J]. 南水北调与水利科技，2015，13（3）：422－426.

[64] 闫大鹏，冯久成，王玉明. 黄河水量统一调度水资源配置效果评估 [J]. 人民黄河，2007，29（5）：11－12.

[65] 陈鸣，王钢，郑兴发. 流域水库群水资源调度系统开发及应用 [J]. 水利信息化，2010（6）：37－40.

[66] 陈良程，蔡治国，王晓霖. 黄河流域水量调度方案编制方法研究 [J]. 应用基础与工程科学学报，2003，11（2）：208－215.

[67] 刘卫林，王永文. 赣江中下游枯水期水量调度研究 [J]. 长江科学院院报，2013，30（9）：11－16.

[68] 付永锋，王煜，李福生，等. 黄河下游枯水调度模型开发研究 [J]. 人民黄河，2007，29（11）：52－53.

[69] 黄薇，陈进. 长江干流河口地区枯水季水量分配研究 [J]. 水利水电技术，2006，37（10）：3－5.

[70] 王永文，刘丽娜. 赣江中下游枯水期水量应急调度预案研究 [J]. 南昌工程学院学报，2006，33（6）：20－22.

[71] 尹正杰，黄薇，陈进. 长江流域大型水利水电工程水量调度初步探讨 [J]. 长江科学院院报，2011，28（7）：7－11.

[72] 王煜，黄强，王义民. 黄河干流水量调配分解协调组合模型的构造研究 [J]. 水科学进展，2014，15（3）：387－390.

[73] 王道席，张婕，杜得彦. 黑河生态水量调度实践 [J]. 人民黄河，2016，38（10）：96－99.

[74] 魏加华，王光谦，翁文斌. 流域水量调度自适应模型研究 [J]. 中国科学E辑，2004，34（zl）：185－192.

[75] 贺顺德，李荣容，李保国. 南水北调东线一期工程东平湖水量调度方案 [J]. 人民黄河，2014，36 (2)：52-54.

[76] 董增川，马红亮，王明昊. 基于组合决策的黄河流域水量调度方案评价方法 [J]. 水资源保护，2015，31 (2)：89-94.

[77] 邹俊. 赣江中下游河道枯水期水量调度探讨 [J]. 人民长江，2016，47 (6)：27-29.

[78] 王玉，程建华，侍翰生. 南水北调东线一期工程实施后的洪泽湖水量调度研究 [J]. 中国水利，2014 (12)：39-40.

[79] 杨永生，刘聚涛，李荣昉. 基于水量分配方案的非汛期水量调度方案编制——以江西抚河流域为例 [J]. 人民长江，2011，42 (15)：10-12.

[80] 鲁帆，王浩，蒋云钟，等. 流域级水量调度模型研究评述 [J]. 水利水电技术，2007，38 (8)：16-18.

[81] 蔡治国，王光谦，魏加华，等. 塔里木河流域水量调度方法研究 [J]. 人民黄河，2006，28 (1)：29-31.

[82] 张广林，李晓春. 陕西渭河水量调度问题探讨 [J]. 水资源与水工程学报，2009，20 (3)：148-151.

[83] 郑利民，鲁学纲，黄福贵. 黑河干流水量调度关键期情势分析 [J]. 西北水电，2016 (2)：12-15.

[84] 任祖春，朱景亮，曹东，等. 嫩江干流水量调度流程研究与典型应用建设 [J]. 水利信息化，2016 (5)：15-20.

[85] 王桂风，宋丽花，李灿灿. 江苏省武澄锡虞区水量调度方案研究 [J]. 江苏水利，2016 (10)：67-72.

[86] 蔡治国，王光谦，魏加华，等. 塔里木河流域水量调度方法研究 [J]. 人民黄河，2006，28 (1)：29-31.

[87] 安东，宋倍，张昂. 广东省东江流域水量调度优化算法研究及应用 [J]. 科技展望，2016 (35)：281.

[88] 王道席，朱元甡，侯传河. 黄河下游水量调度风险分析 [J]. 河海大学学报（自然科学版），2001，29 (2)：71-74.

[89] 魏加华，王光谦，刘荣华. 塔里木河流域水量调度决策支持系统 [J]. 南水北调与水利科技，2009，7 (1)：17-20.

[90] 柳小龙. 黑河中游水量调度方案编制 [J]. 农业科技与信息，2012 (20)：44-45.

[91] 郝庆凡，楚永伟，陈吕平. 黑河中游水量调度方案的编制 [J]. 人民黄河，2001，23(12)：37-38.

[92] 苏律文，李娟芳，于吉红，等. 伊洛河流域水资源系统优化调度模型研究 [J]. 人民黄河，2016，38 (4)：38-42.

[93] 李开峰，邱沛炯. 淮河干流水量应急调度预案分析研究 [J]. 中国防汛抗旱，2016，26 (2)：51-55.

[94] 张宇，李瑞花. 黄河流域水量调度相关问题探讨 [J]. 安徽农业科学，2015 (4)：245-246.

[95] 魏鸿，张慧成. 跨流域调水工程水量调度模拟演算研究 [J]. 南水北调与水利科技，2013，11 (z2)：137-139.

[96] 郭生练，陈炯宏，刘攀，等. 水库群联合优化调度研究进展与展望 [J]. 水科学进展，2010，21 (4)：496-503.

[97] 张翔，李良，吴绍飞. 淮河水量水质联合调度风险分析 [J]. 中国科技论文，2014，9 (11)：1237-1242.

[98] 张永勇，夏军，王纲胜，等. 淮河流域闸坝联合调度对河流水质影响分析 [J]. 武汉大学学报（工学版），2007，40 (4)：31-35.

［99］ 刘玉年，施勇，程绪水，等．淮河中游水量水质联合调度模型研究［J］．水科学进展，2009，20（2）：177－183.

［100］ 彭卓越，张丽丽，殷峻暹，等．水量水质联合调度模型研究进展与展望［J］．水利水电技术，2015，46（4）：6－10.

［101］ 郭旭宁，胡铁松，吕一兵，等．跨流域供水水库群联合调度规则研究［J］．水利学报，2012，43（7）：757－766.

［102］ 郭旭宁，胡铁松，黄兵，等．基于模拟-优化模式的供水水库联合调度规则研究［J］．水利学报，2011，42（6）：705－712.

［103］ 黄燕敏，张双虎，蒋云钟，等．丹江口水库水资源调度模型及方法研究［J］．中国水利水电科学研究院学报，2010，8（3）：187－194.

［104］ 邹进．水库长期优化调度的可持续性模型初探［J］．水文，2010，30（1）：35－38.

［105］ 刘子慧，刘志然，等．水资源系统调度的模拟模型［J］．武汉水利水电大学学报，2000，33（6）：11－15.

［106］ 王维平，范明元，杨金忠，等．缺水地区枯水期城市水资源预分配管理模型［J］．水利学报，2003（9）：60－65.

［107］ 王宏江．跨流域调水系统研究与实践［J］．中国水利，2004（11）：11－13.

［108］ 郑大鹏．跨水系洪水资源调度的初步尝试［J］．中国水利，2001（11）：75.

［109］ 韩宇平，蒋任飞，阮本清．南水北调中线水源区与受水区丰枯遭遇分析［J］．华北水利水电学院学报，2007，28（1）：8－11.

［110］ 郑红星，刘昌明．南水北调东中两线不同水文区降水丰枯遭遇性分析［J］．地理学报，2000，55（5）：523－532.

［111］ 闫宝伟，郭生练，肖义．南水北调中线水源区与受水区降水丰枯遭遇研究［J］．水利学报，2007，38（10）：1178－1185.

［112］ 王伟，钟永华，雷晓辉，等．引汉济渭工程水源区与受水区丰枯遭遇分析［J］．南水北调与水利科技，2012，10（5）：23－26.

［113］ 陈锋，谢正辉．气候变化对南水北调中线工程水源区与受水区降水丰枯遭遇的影响［J］．气候与环境研究，2012，17（2）：139－148.

［114］ 冯平，牛军宜，张永，等．南水北调西线工程水源区河流与黄河的丰枯遭遇分析［J］．水利学报，2010，41（8）：900－907.

［115］ 唐荣贵．洪泽湖管理现状及保护的对策思考［J］．治淮，2011（10）：41－42.

［116］ 朱卫斌．洪泽湖管理及保护体制探析［J］．水利发展研究，2011（10）：46－49.

［117］ 张秀菊，罗伯明．洪泽湖利用存在问题及对策探讨［J］．江苏水利，2006（3）：14－16.

［118］ 左顺荣，张敏，朱建伟．新形势下洪泽湖管理体制的困惑与对策研究［J］．水利发展研究，2012（11）：39－43.

［119］ 储德义，苗建中，张宇亮．情景共享模型在淮河干流水量分配中的应用［J］．中国水利，2006（12）：11－13.

［120］ 陈浩然．沂沭泗流域洪水调度的特点、难点及对策［J］．江苏水利，2003（11）：31－33.

［121］ 张金魁．沂沭泗流域洪水调度若干问题的探讨［J］．江苏水利，2001（9）：11－12.

［122］ 叶新霞，翟高勇，张炜．洪泽湖保护规划研究［J］．水利科技与经济，2012（7）：25－27.

［123］ 桑国庆．南水北调受水区干旱灾害风险评估方法探讨［J］．南水北调与水利科技，2008（1）：22－25.

［124］ 赵晓军，田富强，胡和平．粒子群优化算法在水量调度方案优化中的应用［J］．人民黄河，2005，27（11）：26－28.

［125］ 闫堃，钟平安，万新宇．滨海地区水资源多目标优化调度模型研究［J］．南水北调与水利科技，

2016，14（1）：59-66.

[126] 钟平安，王会容，刘静楠，等. 深圳市水资源系统优化调度模型研究［J］. 河海大学学报（自然科学版），2003（6）：616-620.

[127] 王强，周惠成，梁国华，等. 浑太流域水库群联合供水调度模型研究［J］. 水力发电学报，2014（3）：42-54.

[128] 张玲，徐宗学，张志果. 基于粒子群算法的水资源优化配置［J］. 水文，2009，29（3）：41-45.

[129] 毛耀，邵东国，沈佩军. 南水北调中线水量优化调度［J］. 武汉水利电力大学出版社学报，1998.

[130] 邵东国，郭元裕，沈佩军，等. 跨流域调水多层次分解协调模型［J］. 武汉水利电力大学出版社学报，1994 增刊.

[131] 麻林，刘凌，等. 调水过程中望虞河的水质风险分析［J］. 河海大学学报（自然科学版），2014，42（1）：13-17.

[132] 顾文权，邵东国，蒋玉芳. 调水工程水源区需水长系列模拟与供水风险分析［J］. 水力发电学报，2012，31（5）：23-27.

[133] 许新宜，尹宏伟，姚建文. 南水北调东线治污及其输水水质风险分析［J］. 水资源保护，2004（2）：1-2.

[134] 吴泽宁，丁大发，蒋水心. 跨流域水资源系统自优化模拟规划模型［J］. 系统工程理论与实践，1997（2）：78-83.

[135] 卢华友，沈佩君，邵东国，等. 跨流域调水工程实时优化调度模型研究［J］. 武汉水利电力大学学报，1997（5）：11-15.

[136] 贺海挺. 跨流域调水工程系统风险评估的基础性研究［D］. 浙江大学，2005.

[137] 陈志祥. 塔里木河水量调度方案编制与适度化研究［D］. 清华大学，2005.

[138] 王伟. 石羊河流域水资源调度决策支持系统［D］. 天津大学，2013.

[139] 郭建玮. 石羊河流域水量调度研究及软件开发［D］. 天津大学，2007.

[140] 佘国云. 丰水区域缺水期水资源调度研究［M］. 北京：中国水利水电出版社，2007.

[141] 叶永毅. 水资源大系统优化规划与优化调度经验汇编［M］. 合肥：中国科学技术出版社，1995.

[142] 蒋云钟，鲁帆，雷晓辉，等. 水资源综合调配模型技术与实践［M］. 北京：中国水利水电出版社，2009.

[143] 尚松浩. 水资源系统分析方法及应用［M］. 北京：清华大学出版社，2006.

[144] 王浩，陈敏建，秦大庸. 西北地区水资源合理配置与承载能力研究［M］. 郑州：黄河水利出版社，2003.

[145] 左其亭，窦明，吴泽宁，等. 水资源规划与管理［M］. 北京：中国水利水电出版社，2014.

[146] 许虎安，张学仁，王永勤. 塔里木河流域水量调度管理系统建设回顾与展望［M］. 北京：中国水利水电出版社，2006.

[147] 叶秉如. 水资源系统优化规划与调度［M］. 北京：中国水利水电出版社，2001.

[148] 贾仰文，周祖昊，雷晓辉，等. 渭河流域水循环模拟与水资源调度［M］. 北京：中国水利水电出版社，2010.

[149] 珠江水利委员会. 珠江水量调度［M］. 北京：中国水利水电出版社，2013.

[150] 刘晓岩，魏加华，刘晓伟，等. 黄河水量调度决策支持系统的理论方法与实践［M］. 北京：中国水利水电出版社，2005.

[151] 方红远. 区域水资源合理配置中的水量调控理论［M］. 郑州：黄河水利出版社，2004.

[152] 常炳炎，薛松贵，张会言，等. 黄河流域水资源合理分配和优化调度［M］. 郑州：黄河水利出版社，1998.

[153] 彭少明，王煜，郑少康，等. 黄河水质水量一体化配置和调度研究［M］. 郑州：黄河水利出版

社，2016.

[154] 王振龙，朱梅，章启兵. 皖中皖北水资源演变与配置技术 [M]. 合肥：中国科学技术大学出版社，2015.

[155] 王浩，谢新民. 流域生态调度理论与实践 [M]. 北京：中国水利水电出版社，2010.

[156] 刘猛，王式成，陈竹青，等. 淮河中游枯水期水资源调度技术与实践 [M]. 合肥：中国科技大学出版社，2016.

[157] 谷长叶，等. 跨流域调水联合调度研究 [M]. 北京：中国水利水电出版社，2014.

[158] 邵东国，等. 跨流域调水工程规划调度决策理论与应用 [M]. 武汉：武汉大学出版社，2000.

[159] 赵勇，翟家齐，康玲，等. 调水工程水文风险管理理论与实践 [M]. 北京：中国水利水电出版社，2014.

[160] 李燕，徐迎春. 淮河行蓄洪区和易涝洼地水灾防治实践与探索 [M]. 北京：中国水利水电出版社，2013.

[161] 中国河湖大典编纂委员会. 中国河湖大典-淮河卷 [M]. 北京：中国水利水电出版社，2010.

[162] 宋玉，朱建英. 江苏省淮河流域水资源调度管理的实践与思考 [C]. 青年治淮论坛论文集，2005.

[163] 曹先树，王式成，王向东. 淮河中游枯水期径流情势演变分析 [C]. 2015年治淮论坛暨淮河研究会第六届学术研讨会论文集，2015.

[164] 吴文娇，黄海标，罗慈兰. 东江流域水资源调度成效研究 [C]. 中国水利学会2013年学术年会论文集，2013.

[165] 陈富川. 淮河干流与城西湖蓄洪区洪水资源化利用研究 [C]. 淮河研究会第六届学术研究会论文集，2017.

[166] 黄河水利科学研究院. 黑河干流应急水量调度预案 [R]. 黄河水利科学研究院，2010.

[167] 淮河水利委员会，海河水利委员会. 南水北调东线工程总体规划报告 [R]. 2001.

[168] 淮河水利委员会. 淮河流域及山东半岛水资源综合规划 [R]. 2009.

[169] 淮河水利委员会. 淮沂水系水资源调度方案编制 [R]. 2009.

[170] 淮河水利委员会. 淮河干流（洪泽湖以上）水资源量分配及调度研究 [R]. 2003.

[171] 淮河水利委员会. 特枯水期淮河蚌埠闸上（淮南—蚌埠段）水资源应急调度方案研究 [R]. 2005.

[172] 淮河水利委员会. 淮河流域水资源年度调度方案编制 [R]. 2014.

[173] 淮河水利委员会. 沂河、沭河水量调度方案编制 [R]. 2015.

[174] 江苏省水利厅. 江苏省骆马湖保护规划 [R]. 2006.

[175] 江苏省水利厅. 江苏省洪泽湖保护规划 [R]. 2006.